Wolfgang Schumann

Biologie bakterieller Plasmide

Wolfgang Schumann

BIOLOGIE BAKTERIELLER PLASMIDE

Mit 63 Abbildungen und 16 Tabellen

vieweg

Prof. Dr. Wolfgang Schumann
Lehrstuhl für Genetik
Universität Bayreuth
Postfach 10 12 51
8580 Bayreuth

Der Verlag Vieweg ist ein Unternehmen der Verlagsgruppe Bertelsmann International.

Ursprünglich erschienen bei Friedr. Vieweg & Sohn Verlagsgesellschaft mbH, Braunschweig 1990

ISBN 978-3-528-06322-1 ISBN 978-3-663-19708-9 (eBook)
DOI 10.1007/978-3-663-19708-9

Vorwort

Die Entdeckung des F-Faktors, der R-Faktoren und der colicinogenen Faktoren als extrachromosomale DNA-Moleküle bei *E. coli* in den 50er Jahren wurde zunächst als Besonderheit bei einigen wenigen Stämmen angesehen. In den 60er Jahren wurden Plasmide dann als Modell-Systeme zur Erforschung grundlegender molekulargenetischer Prozesse, wie z.B. der Replikation und der Rekombination entdeckt. Nach der Einführung der Gentechnik sind Plasmide seit Mitte der 70er Jahre zu unverzichtbaren Vektoren bei der Klonierung, Sequenzierung und Genexpression von beliebigen DNA-Fragmenten geworden. Seit etwa Ende der 70er Jahre steht neben der gentechnischen Anwendung die Erforschung der Plasmid-Biologie im Vordergrund.

Fast wöchentlich erscheinen Publikationen über neu-entdeckte Plasmide mit neuen Eigenschaften, und bei bereits bekannten Plasmiden werden immer mehr Details über ihren molekularen Aufbau bekannt. Daher ist es schwierig, wenn nicht unmöglich, auf dem gesamten Gebiet der Plasmid-Biologie up-to-date zu sein. Dieser Umstand hat mich lange zögern lassen, ein Lehrbuch über Plasmide zu schreiben. Aber mit diesem Problem hat jeder Autor zu kämpfen, der heutzutage ein Lehrbuch aus dem Bereich der Molekularen Biologie in Angriff nimmt.

Erste Überlegungen zur Abfassung dieses Lehrbuchs stammen aus dem Jahr 1983, als ich mir bei meinem Kollegen R. Knippers von der Universität Konstanz Rat holte. Er hat mich damals zu diesem Projekt ausdrücklich ermuntert. Dann vergingen aber weitere fünf Jahre, bis ich mich an den Computer gesetzt habe, um das vorliegende Buch, ausgehend von Vorlesungsnotizen, niederzuschreiben.

Den größten Teil des Manuskripts habe ich in der Zeit von Mai 1988 bis Mai 1989 verfaßt, wobei ich versucht habe, die bis Mai 1989 verfügbaren Daten mit einzubeziehen, um bei Erscheinen die Aktualität zu wahren. Die Auswahl des Stoffes ist, wie immer bei einem Lehrbuch, subjektiv, ich hoffe aber, die wichtigsten Eigenschaften der Plasmide dargestellt zu haben. Für Anregungen und Verbesserungswünsche bin ich jedoch dankbar, um sie in der nächsten Auflage berücksichtigen zu können.

Zum Abschluß möchte ich dem Verlag, insbesondere seinem Lektor, Herrn Björn Gondesen, für die fruchtbare Zusammenarbeit, die zur Realisierung dieses Projekts geführt hat, danken. Mein besonderer Dank gilt meiner Frau Christa Schumann, die alle Abbildungen in diesem Lehrbuch angefertigt hat und dabei geduldig auf meine vielen Änderungswünsche eingegangen ist.

Bayreuth, im Dezember 1989 — Wolfgang Schumann

Inhaltsverzeichnis

1 Einführung

Bakterien enthalten den größten Teil ihrer genetischen Determinanten auf einem einzelnen, zirkularen Chromosom einer Größe von 2000 bis 5000 kb, welches für 3000-5000 verschiedene Proteine codiert. Die meisten aus der Natur isolierten Bakterien besitzen zusätzliche, kleine zirkulare DNA-Moleküle, die eine Größe von 2 bis 600 kb aufweisen. Diese zusätzlichen, autonom replizierenden DNA-Moleküle werden Plasmide genannt.

Plasmide sind demnach extrachromosomale, doppelsträngige DNA-Moleküle, die unabhängig von dem Wirts-Chromosom replizieren und mit diesem koexistieren. Mit wenigen Ausnahmen sind Plasmide zirkular; lineare Plasmide sind bislang nur bei Streptomyceten nachgewiesen worden.

Man kennt allerdings auch Plasmide mit einer Größe von über 1000 kb, sog. Megaplasmide. Da sie in ihrer Größe kleinen Bakterien-Chromosomen nahekommen, verwischt sich hier die Grenze zwischen Plasmid und Chromosom. Ob diese Megaplasmide tatsächlich Plasmide im Sinne der Definition darstellen, also für das Bakterienwachstum unter normalen Umständen entbehrlich sind, wird erst dann bewiesen sein, wenn es gelingt, die Megaplasmide vollständig aus den Bakterien zu entfernen (zu kurieren), ohne daß dadurch die Lebensfähigkeit der Bakterien beeinträchtigt wird.

Plasmide codieren zum einen für Funktionen, die für ihre Replikation, ihre Stabilität und ggf. auch für ihre Übertragung in andere Bakterienzellen verantwortlich sind (die Plasmid-inhärenten Funktionen; sie werden in den Kapiteln 3 bis 8 behandelt). Zusätzlich codieren die meisten Plasmide für Funktionen, die ihre Wirtszellen mit Eigenschaften ausstatten, die ihnen entweder ein Überleben oder zumindest einen Wachstumsvorteil unter bestimmten Umweltbedingungen verleihen (die phänotypischen Funktionen). Es sind allerdings auch Plasmide bekannt, die für keine nachweisbaren phänotypischen Funktionen codieren. Solche Plasmide werden als kryptische Plasmide bezeichnet.

Die Entdeckung der Plasmide begann mit der Entdeckung der Konjugation, der gerichteten DNA-Übertragung zwischen zwei Bakterienzellen, bei *E. coli* im Jahre 1946 durch J. Lederberg und E. Tatum. Anfang der 50er Jahre erkannten J. Lederberg, W. Hayes und Mitarbeiter, daß der Verursacher der Konjugation, der F-Faktor, kein Teil des bakteriellen Chromosoms darstellt, und J. Lederberg prägte den Begriff Plasmid. Gegen Ende der 50er Jahre beschrieb P. Frédéricq ein weiteres genetisches Element, welches per Konjugation in andere *E.-coli*-Zellen übertragen werden kann. Es handelt sich um das Plasmid ColI, welches für ein Colicin codiert. Colicine sind Proteine mit Antibiotikum-Charakter, die andere *E.-coli*-Zellen und nahe verwandte Spezies am Wachstum hindern oder abtöten (siehe Kapitel 12). Ebenfalls in die zweite Hälfte der 50er Jahre fiel die Entdeckung von Plasmiden, die für Antibiotika-Resistenzen codieren und die ebenfalls per Konjugation in andere Stämme übertragen werden können. Diese Gruppe von Plasmiden wurde R-Faktoren (für Resistenz-Faktor) genannt (siehe Kapitel 16).

In den darauffolgenden Jahren wurden dann aufgrund der sie codierenden phänotypischen Funktionen weitere Plasmide bzw. Plasmidgruppen entdeckt. Dazu gehören Plasmide bei *Agrobacterium tumefaciens*, die bei dikotyledonen Pflanzen Tumoren induzieren (Kapitel 13); weitere Plasmide codieren für den Abbau von Schwermetallen (Kapitel 17), von natürlich vorkommenden oder synthetisch produzierten aromatischen und aliphatischen Verbindungen (Kapitel 14) und für die Nodulation und Stickstoffixierung bei Leguminosen durch Rhizobien (Abschnitt 18.1).

1.1 Klassifizierung von Plasmiden

Identifizierung und Klassifizierung war und ist immer ein wichtiger Aspekt beim Studium lebender Organismen. Dies gilt nicht nur für Pflanzen und Tiere, sondern auch für Bakterien, Viren und nicht zuletzt für Plasmide. Die Klassifizierung erfolgt aufgrund bestimmter Merkmale und erlaubt Aussagen über die Verwandtschaft der untersuchten Organismen oder auch von Plasmiden. Dabei lassen gemeinsame oder sehr ähnliche Merkmale auf eine nahe Verwandtschaft und unterschiedliche Merkmale auf eine weite Verwandtschaft, oder im Extremfall, auf den unabhängigen Erwerb zweier Merkmale schließen.

Die Klassifizierung der Plasmide begann Ende der 50er Jahre nach der Entdeckung des F-Faktors, der colicinogenen Faktoren und der R-Faktoren. Da alle diese Plasmide zur Konjugation befähigt waren, war das Merkmal Konjugation ein erstes wichtiges Kriterium. Während der F-Faktor mit hoher Frequenz übertragen wurde, erfolgte der konjugative Transfer der meisten R-Faktoren mit niedriger Frequenz. Außerdem wurde beobachtet, daß einige R-Faktoren den Transfer des F-Faktors hemmten, wenn beide Plasmide in der gleichen Zelle anwesend waren, während andere R-Faktoren dazu nicht in der Lage waren (siehe Abschnitt 11.5). Aufgrund dieser Eigenschaft teilte T. Watanabe 1969 die R-Faktoren in Fi^+ (fertility inhibition; Hemmung der Fertilität) und Fi^- ein.

In den 60er Jahren wurden dann nicht-konjugative Plasmide beschrieben, die den konjugativen Transfer des F-Faktors nicht hemmen konnten, und die sich daher nicht als Fi^+ oder Fi^- klassifizieren ließen. Daher erwies sich dieses Klassifizierungsschema als untauglich. Auch die Einteilung der Plasmide nach ihrem Pilus-Typ (alle konjugativen Plasmide der Gram-negativen Bakterien codieren für einen Pilus oder mehrere Pili, "Proteinröhren" auf der

Oberfläche der Zellen, die für den Konjugationsprozeß essentiell sind) in F-ähnlich (durch den F-Faktor codiert) oder I-ähnlich (durch ColI codiert) erwies sich als wenig hilfreich, da immer neue Pilus-Typen entdeckt wurden.

Eine weitere, universell verbreitete Eigenschaft von Plasmiden ist ihre Inkompatibilität. Unter Inkompatibilität versteht man die Eigenschaft, daß zwei verschiedene Plasmide nicht gemeinsam in einer Zelle koexistieren können. Anders ausgedrückt: zwei Plasmide sind miteinander kompatibel, wenn sie in einer Zelle in Abwesenheit von selektivem Druck koexistieren können und stabil vererbt werden. Zwei Plasmide sind inkompatibel, wenn ein Plasmid ein anderes verdrängt (siehe Kapitel 8).

Gemäß dieser Definition gehören miteinander kompatible Plasmide in die gleiche Inkompatibilitätsgruppe. Dieses Klassifizierungsschema wurde am Anfang der 70er Jahre hauptsächlich von N. Datta und R. Hedges entwickelt. Momentan (1989) sind etwa 30 Inkompatibilitätsgruppen bei den Enterobacteriaceen und neun bei den Staphylococcen bekannt. Inkompatibilitätsgruppen werden mit Inc und bei den Enterobacteriaceen zusätzlich mit einem Buchstaben (z.B. IncF) und bei den Staphylococcen mit einer Zahl (z.B. Inc3) bezeichnet. Allerdings hat auch dieses Klassifizierungsschema Mängel. Ein technisches Problem taucht dann auf, wenn das zu klassifizierende Plasmid kein geeignetes Markergen (Gen, das einen Phänotyp vermittelt, auf den getestet werden kann, z.B. eine Antibiotikum-Resistenz) enthält (es sich also um ein kryptisches Plasmid handelt), oder wenn kein Transfersystem vorhanden ist (der Teststamm kann nicht transformiert und das zu testende Plasmid nicht konjugativ übertragen werden).

Ein weiteres technisches Problem stellt der Oberflächen-Ausschluß dar. Er ist Plasmid-codiert und verhindert das Eindringen eines nahe verwandten Plasmids per Konjugation (siehe Abschnitt 3.1.1.4.4). Oberflächen-Ausschluß kann Inkompatibilität vortäuschen.

Einige dieser technischen Probleme wurden durch die Konstruktion von nicht-konjugativen Miniplasmiden gelöst, die ein Gen für Galaktose-Verwertung enthalten. Diese Miniplasmide werden als Rezipienten in Kreuzungen mit zu klassifizierenden Plasmiden eingesetzt. Inkompatibilität dokumentiert sich durch das Auftauchen von Gal$^-$-Segreganten auf geeigneten Indikator-Platten.

Ein weiteres Problem bei der Klassifizierung von Plasmiden in Inkompatibilitätsgruppen besteht bei solchen Plasmiden, die mehr als ein essentielles Replicon enthalten. Unter einem essentiellen Replicon versteht man all die DNA-Sequenzen, die für die Vermehrung des Plasmids notwendig sind; sie umfassen in der Regel 2 bis 3 kb (siehe Kapitel 5). Viele Plasmide der IncF-Gruppe besitzen zwei oder sogar drei verschiedene essentielle Replicons, die für unterschiedliche Inkompatibilitäten codieren können. Besonders medizinisch relevante Plasmide, die für Toxin-Produktion, Kolonisierungsfaktoren, Invasivität, Hämolysine und weitere Eigenschaften codieren (siehe Kapitel

15), gehören zu den IncF- und IncI-Gruppen und enthalten oft mehr als ein essentielles Replicon.

Eine relativ neue Klassifizierungstechnik besteht in der Typisierung der essentiellen Replicons. Dazu wird die DNA des zu testenden Stammes, der nur ein Plasmid enthalten darf, auf einer stationären Phase immobilisiert (z.B. auf Nitrocellulose-Filter) und dann mit Proben hybridisiert, in die radioaktiv- oder Biotin-markierte Nucleotide eingebaut wurden. Diese Proben werden von DNA-Fragmenten gewonnen, die verschiedene essentielle Replicons enthalten.

1.2 Warum wird mit und über Plasmide geforscht?

Plasmide haben aus verschiedenen Gründen das Interesse der Molekulargenetiker geweckt:

(1) Viele Plasmide sind konjugativ, d.h. sie können genetisches Material von einer Zelle in eine andere übertragen. Diese Übertragung ist oft nicht nur auf Bakterien dergleichen Spezies beschränkt, sondern aufgrund eines weiten Wirtsbereichs können viele Plasmide in mehrere Spezies übertragen werden. Bei diesen konjugativen Plasmiden wird zum einen der Übertragungs-Mechanismus untersucht, zum anderen ist man daran interessiert herauszufinden, welche Rolle diese Plasmide beim Austausch chromosomaler Gene spielen.

(2) Kleine Plasmide (5 bis 10 kb) wurden aufgrund ihrer relativ einfachen Handhabbarkeit (verglichen mit dem bakteriellen Chromosom) zum bevorzugten Untersuchungsobjekt für wichtige molekulargenetische Vorgänge; dazu gehören Replikation, Transkription, Rekombination und Stabilität eines Replicons.

(3) Plasmide sind die wichtigsten Vektoren in der Gentechnik; dieser Aspekt wird hier allerdings nicht dargestellt, da er bereits in zahlreichen anderen Büchern behandelt wurde.

Literatur

S. Falkow (1975), Infectious multiple drug resistance; Pion Limited, 207 Brondesbury Park, London

S. Mitsuhashi (1977), R factor drug resistance plasmid; University Park Press, Baltimore

P. Broda (1979), Plasmids; W.H. Freeman and Company, Oxford

C. Stuttard, K.R. Rozee (1980), Plasmids and transposons; Academic Press, New York

D.R. Helinsky, S.N. Cohen, D.B. Clewell, D.A. Jackson, A. Hollaender (1985), Plasmids in bacteria; Plenum Press, New York

K. Hardy (1986), Bacterial plasmids; American Society for Microbiology, Washington

H. Tschäpe (1987), Plasmide. Biologische Grundlagen und praktische Bedeutung; Akademie-Verlag, Berlin

C. M. Thomas (1989), Promiscuous plasmids of Gram-negative bacteria; Academic Press, New York

2 Wichtige Methoden beim Arbeiten mit Plasmiden

In diesem Kapitel werden Methoden behandelt, die für das Arbeiten mit Plasmiden wichtig sind. Dabei wird nur das Prinzip der einzelnen Methoden dargestellt, die technischen Details können in der jeweils angegebenen Literatur nachgelesen werden.

2.1 Nachweis eines Plasmids

Die wichtigste Methode beim Arbeiten mit Plasmiden ist der Nachweis eines Plasmids in einem Bakterienstamm. Dabei kann es sich um einen bislang unbekannten Stamm handeln, den man auf das Vorhandensein von Plasmiden untersuchen möchte, oder um den Nachweis eines Plasmids nach Übertragung in einen Rezipienten-Stamm. Ziel der Methode ist die Lyse der Bakterienzellen unter Bedingungen, die die Plasmide intakt lassen und die chromosomale DNA möglichst quantitativ entfernen. In der Vergangenheit wurden drei Schnellmethoden etabliert:

(1) **Birnboim-Methode (Alkali-Detergenz-Methode):**
Die Zellen werden zunächst in einem isotonischen Puffer mit Lysozym inkubiert. Im zweiten Schritt erfolgt eine Lyse der Zellen durch Zugabe von SDS (Natriumdodecylsulfat) und NaOH; dabei wird der pH-Wert auf 12 erhöht und dadurch die DNA denaturiert. Außerdem kommt es bei der Lyse der Zellen zur Fragmentierung der chromosomalen DNA. Im dritten Schritt wird der pH-Wert durch Zugabe von Natriumacetat auf pH 7 abgesenkt; dabei fallen die denaturierte chromosomale Einzelstrang-DNA, die RNA und die Proteine als unlöslicher Komplex aus, während die Plasmide aufgrund ihrer zirkularen Struktur renaturieren und im Überstand verbleiben. Durch einen einfachen Zentrifugationsschritt werden die Plasmide von den anderen zellulären Komponenten getrennt und können dann analysiert werden.

(2) **Boiling-Methode:**
Die Zellen werden in einem isotonischen Puffer suspendiert, der Triton X-100 (ein nicht-ionisches Detergenz) und Lysozym enthält. Anschließend werden sie 1 min gekocht; dabei werden DNasen inaktiviert, und chromosomale DNA, Protein und RNA denaturieren und werden ausgefällt. Durch Zentrifugation werden die unlöslichen Komponenten von den Plasmiden getrennt.

(3) Eckhardt-Methode:
Diese Methode ist besonders schonend und wird in der Regel beim Nachweis sehr großer Plasmide (größer 300 kb) angewendet. 100 µl einer Über-Nacht-Kultur werden durch Zentrifugation vom Medium getrennt. Die Bakterien werden in Puffer, der Sarkosyl und Lysozym enthält, suspendiert und in die Tasche eines Agarosegels eingefüllt. Diese Suspension wird mit SDS-Lösung überschichtet und die Tasche anschließend mit 0,85% Agarose verschlossen. Diesem Schritt schließt sich eine Elektrophorese an. Bei dieser Methode wandert nur die Plasmid-DNA in die Gelmatrix ein, während die hochmolekulare chromosomale DNA auf dem Grund der Tasche liegenbleibt.

Der Nachweis der Plasmid-DNA erfolgt, wie gerade beschrieben, in der Regel in einem Agarosegel. Diese Methode erlaubt auch eine Abschätzung der Größe des Plasmids unter Verwendung von Plasmiden mit bekannter molarer Masse als Markermoleküle. Eine alternative Methode ist die Darstellung im Elektronenmikroskop. Da es sich bei DNA-Molekülen um sehr lange und dünne Moleküle handelt, die keine bestimmte Tertiärstruktur, sondern ein random coil in wäßriger Lösung ausbilden, müssen sie in eine darstellbare Form gebracht werden. Dies geschieht durch Aufbringen der DNA auf eine monomolekulare Schicht von Cytochrom C. Das basische Protein Cytochrom C adsorbiert an die DNA; dabei kommt es zu einer Entfaltung und Stabilisierung der Nucleinsäure.

Eine weitere Methode zum Nachweis von Plasmid-DNA ist ihre Darstellung als Satelliten-Bande in einem linearen Sucrosegradienten. Nach vorsichtiger Lyse der Bakterien (Ziel: chromosomale DNA möglichst intakt) und Extraktion der Nucleinsäuren werden diese auf einen linearen Sucrosegradienten aufgetragen. Unter Einwirkung der Zentrifugalkraft kommt es aufgrund der unterschiedlichen Sedimentationskoeffizienten (S-Werte genannt) der beiden DNA-Spezies zu einer Auftrennung, die sich nach Fraktionierung des Gradienten und der spektralphotometrischen Analyse der einzelnen Fraktionen als ein großer Peak (entspricht der chromosomalen DNA) mit einer Schulter oder einem zweiten distinkten Peak (entspricht dem Plasmid) zu erkennen gibt.

Literatur

H.C. Birnboim, J. Doly (1979), Nucleic Acids Res. 7, 1513-1523

T. Eckhardt (1978), Plasmid 1, 584-588

J. Scheer-Abramowitz, T.J. Gryczan, D. Dubnau (1981), Plasmid 6, 67-77

2.2 Präparative Isolierung von Plasmid-DNA

Die präparative Isolierung eines Plasmids erfolgt in der Regel mit Hilfe der CsCl-Gradienten-Zentrifugation. Bei dieser Methode werden Nucleinsäure-Moleküle aufgrund ihrer unterschiedlichen Dichte getrennt. Eine direkte Trennung von Plasmid- und chromosomaler DNA ist daher nur möglich, wenn sich beide in ihrer spezifischen Dichte unterscheiden. Da dies auf einige wenige Ausnahmefälle beschränkt ist, erfolgt die Trennung bei gleicher spezifischer Dichte in Gegenwart von Ethidiumbromid. Bei Ethidiumbromid (Strukturformel in Abb.1 dargestellt) handelt es sich um eine Substanz, die in doppelsträngige Nucleinsäure interkaliert (sich zwischen Basenpaare schiebt) und dadurch die spezifische Dichte verringert. Dabei ist die Menge an interkaliertem Ethidiumbromid proportional zu der Verringerung der spezifischen Dichte. Während lineare DNA diesen Farbstoff bis zur Sättigung einlagern kann, können Plasmide nur eine bestimmte Menge interkalieren. Daraus resultiert für die fragmentierte und daher lineare chromosomale DNA eine größere Verringerung der spezifischen Dichte als für die Plasmid-DNA.

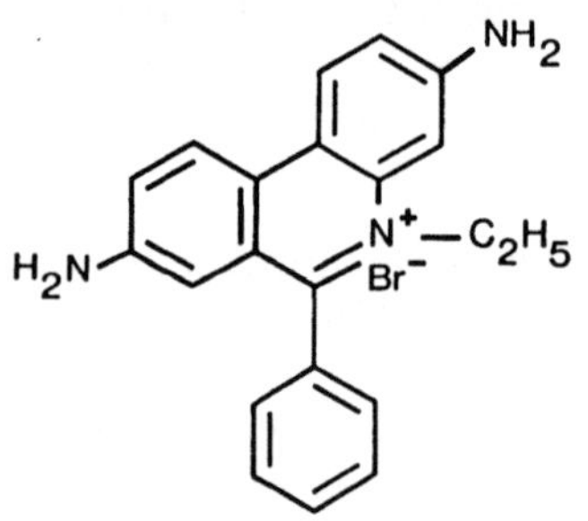

Abb.1.
Strukturformel von Ethidiumbromid.

Plasmid-DNA kann in drei topologischen Formen vorkommen: CCC- (circular covalently closed) DNA, OC- (open circular) DNA und lineare DNA. Diese drei Formen zeigen bei gleicher molarer Masse unterschiedliche S-Werte und können daher in einem Sucrosegradienten oder in einem Agarosegel voneinander getrennt werden. Bei dem Plasmid ColE1 mit einer Größe von 6646 bp betragen die S-Werte für die lineare Form 15 S, für die OC-Form 17 S und für die CCC-Form 20 S.

2.3 Charakterisierung eines Plasmids

Der Isolierung folgt die Charakterisierung des Plasmids. Sie beinhaltet zunächst eine Bestimmung der molaren Masse. Dies kann durch Bestimmung der Konturlänge auf einer elektronenmikroskopischen Aufnahme oder durch

Analyse in einem Agarosegel erfolgen. Bei der elektrophoretischen Bestimmung der molaren Masse, die bevorzugt bei Plasmiden bis zu einer Größe von etwa 50 kb angewendet wird, überführt man das Plasmid vorher in die lineare Form, da die Bestimmung der molaren Masse anhand der CCC-Form ungenau ist.

Der nächste Schritt ist die Erstellung einer Restriktionskarte. Das Plasmid wird mit einer Reihe von Restriktionsendonucleasen inkubiert, die eine Hexanucleotidsequenz erkennen. Diese Analyse liefert Informationen über Enzyme, für die Schnittstellen auf dem Plasmid vorhanden sind, und über die Anzahl dieser Schnittstellen. Durch Doppel- und Dreifach-Hydrolysen mit zwei oder drei Enzymen und durch partielle Hydrolyse mit einem Enzym nach Linearisierung und Endgruppenmarkierung der DNA-Moleküle kann eine Restriktionskarte des Plasmids erstellt werden.

Gelegentlich besteht Interesse an der Zuordnung zu einer Inkompatibilitäts-(Inc-) Gruppe. Dazu wird das Plasmid in Teststämme eingeführt, die bereits Plasmide der verschiedenen Inc-Gruppen enthalten. Voraussetzung ist allerdings, daß die entsprechenden Plasmid-Paare über unterschiedliche selektionierbare Marker (in der Regel zwei verschiedene Antibiotikum-Resistenzen) verfügen. Beim Inc-Test wird zunächst der Bakterienstamm mit den beiden Plasmiden in Abwesenheit von selektivem Druck für 10-50 Generationen inkubiert, und dann werden einzelne Kolonien auf das Vorhandensein der beiden Plasmide getestet.

Zur Bestimmung von verwandtschaftlichen Beziehungen zwischen zwei Plasmiden können Restriktionskarten dieser Plasmide herangezogen werden, die Hinweise auf ähnliche Regionen oder sogar auf die gesamte DNA geben können. Eine genauere Analyse beinhaltet eine Hybridisierung der zu vergleichenden Regionen.

Der letzte und aufwendigste Schritt bei der Analyse von Plasmiden stellt ihre Sequenzierung dar. Im Anhang sind die Plasmide aufgeführt, deren Totalsequenz bislang ermitttelt wurde (siehe Anhang).

2.4 Kurieren eines Plasmids

Für manche experimentelle Fragestellungen ist es wünschenswert, einen bestimmten Bakterienstamm von seinem Plasmid zu kurieren (das Plasmid aus der Zelle zu eliminieren), z.B. als Nachweis einer Plasmid-gekoppelten Eigenschaft. Wenn der Verdacht besteht, daß eine bestimmte Eigenschaft (z.B. eine Antibiotikum-Resistenz) Plasmid-gekoppelt ist, und der Stamm nach dem Kurieren des Plasmids gegenüber diesem Antibiotikum sensitiv ist, dann spricht dies für eine Plasmid-gekoppelte Vererbung. Im zweiten Schritt wird das Plasmid wieder in den Plasmid-losen Stamm übertragen, und er muß dann gegen das Antibiotikum resistent sein.

Im umgekehrten Fall, wenn also nach dem Kurieren des Plasmids die Eigenschaft nicht verlorengegangen ist, kann noch nicht geschlossen werden, daß diese Eigenschaft chromosomal codiert ist. Erst muß ausgeschlossen werden, daß das gesamte Plasmid oder Teile desselben in das Bakterien-Chromosom integriert sind.

Zum Kurieren von Plasmiden stehen eine Reihe von Techniken zur Verfügung, wobei man bei einem unbekannten Plasmid nicht von vornherein sagen kann, welche dieser Methoden zum Ziel führen wird. Manche Plasmide gehen spontan verloren, andere sind extrem stabil, und hier muß dann empirisch ermittelt werden, welches der kurierenden Agenzien zum Ziel führt. Es sind auch Plasmide bekannt, bei denen alle die im nachfolgenden beschriebenen Methoden nicht zum Kurieren des Plasmids geführt haben.

2.4.1 Interkalierende Farbstoffe

Acriflavin, Acridinorange, Ethidiumbromid und Quinacrin gehören zur Gruppe der sog. interkalierenden Farbstoffe, die sich zwischen benachbarte Basenpaare einlagern und so die Replikation von Plasmiden hemmen können. Im Falle des F-Faktors konnte gezeigt werden, daß die Sensitivität gegenüber Acridinorange genetisch bedingt ist (siehe Abschnitt 5.5.1).

In der Praxis inkubiert man den zu kurierenden Stamm in Gegenwart des Filter-sterilisierten Farbstoffs (1 bis 100 µg/ml, je nach Spezies und Stamm), plattiert dann aus und testet einzelne Kolonien auf die Abwesenheit bzw. das Vorhandensein des Plasmids. Die Konzentration des Farbstoffs wird dabei so gewählt, daß der Stamm gerade noch wachsen kann. Diese Methode wird zum Kurieren von F^{+}- und F'-Faktoren verwendet.

2.4.2 Coumermycin und Novobiocin

Beide Substanzen hemmen bei *E. coli* und anderen Bakterienspezies die DNA-Gyrase, ein Enzym, welches das Einführen negativer superhelikaler Windungen in doppelsträngige, zirkulare DNA katalysiert. Die zur Anwendung kommende Konzentration liegt im Bereich von 5 µg/ml. Mit dieser Methode kann man ColE1 und alle seine Derivate (z.B. pBR322) kurieren.

2.4.3 Rifampicin und Mitomycin C

Rifampicin bindet an die RNA-Polymerase von *E. coli* und *S. aureus* und hemmt dadurch die Transkription. Bei Anwendung einer subletalen Konzentration an Rifampicin (0,01 µg/ml) ist ein differentieller Effekt auf das Bakterienwachstum und die Stabilität mancher Plasmide zu beobachten, was dann zu ihrem Kurieren ausgenutzt werden kann.

Mitomycin C wird durch metabolische Umwandlungen zu einem Intermediat aktiviert, welches Verknüpfungen (cross-links) zwischen den beiden DNA-Strängen bewirkt, welche ihrerseits die Transkription blockieren. Mit dieser Methode können degradative Plasmide (Kapitel 14) bei *P. putida* kuriert werden.

2.4.4 Natriumdodecylsulfat

Der Mechanismus der kurierenden Aktivität von Natriumdodecylsulfat, auch SDS genannt, beruht auf der Sensitivität von Zellen, die konjugative Plasmide enthalten und dadurch auf ihrer Zelloberfläche Pili exprimieren. Mit dieser Methode kann der F-Faktor bei *E. coli* (in Gegenwart von 10% SDS) oder R-Faktoren bei *S. aureus* (0,002% SDS) kuriert werden.

2.4.5 Weitere Methoden

Einige Plasmide werden instabil, wenn die Wirtszellen bei erhöhter Temperatur inkubiert werden (5-7°C über der normalen Temperatur). Beispiele dafür sind der F-Faktor und Antibiotika-Resistenzplasmide bei *S. aureus*.

Weitere Möglichkeiten zum Kurieren von Plasmiden sind die Inkubation eines Thymin-bedürftigen Stammes in einem Medium mit geringer Thymin-Konzentration (*E. coli*), das Herstellen von Protoplasten und ihre Regeneration zu intakten Zellen (*S. aureus*) oder das Ausnutzen der Inkompatibilität (zum Mechanismus siehe Kapitel 8). Hierbei bringt man in die Bakterienzelle ein zweites Plasmid der gleichen Inkompatibilitätsgruppe ein, welches sich von dem zu kurierenden durch einen selektionierbaren Marker unterscheidet. In Abhängigkeit von der Kopienzahl kommt es dann nach einigen wenigen bis zu einigen Dutzend Generationen zum Auftauchen von Zellen, die nur noch das zweite Plasmid enthalten.

Literatur

J.T.Trevors (1986), FEMS Microbiol. Rev. 32, 149-157. Plasmid curing in bacteria

2.5 Bestimmung der Kopienzahl eines Plasmids

Die Kopienzahl eines Plasmids ist definiert als das Verhältnis der Anzahl der Plasmid-Kopien zu der Anzahl der bakteriellen Chromosomen. Dabei stellt die gemessene Kopienzahl einer Bakterienpopulation einen Mittelwert dar, und es ist nicht auszuschließen, daß die individuelle Kopienzahl einzelner Zellen Schwankungen aufweisen kann. Außerdem kennt man Plasmide, deren Kopienzahl mit der Wachstumsphase variiert. Das bekannteste Beispiel ist der Vektor pBR322, dessen Kopienzahl während der exponentiellen Wachstumsphase ansteigt. Ein anderes Beispiel ist das Plasmid ColD, welches in der stationären Phase amplifiziert wird.

Aufgrund ihrer Kopienzahl werden die Plasmide in drei Gruppen eingeteilt, und zwar solche mit einer geringen (1-2 Kopien/Chromosom), mittleren (5-15 Kopien/Chromosom) und einer hohen Kopienzahl (>15 Kopien/Chromosom). Diese Einteilung ist willkürlich, und die Grenzen zwischen diesen drei Gruppen sind fließend.

Zur experimentellen Bestimmung der Kopienzahl wurden mehrere Techniken entwickelt, von denen die wichtigsten in den nachfolgenden Abschnitten dargestellt werden.

2.5.1 CsCl-Ethidiumbromid-Zentrifugation radioaktiv markierter DNA

Diese Methode beinhaltet eine *In-vivo*-Markierung der DNA mit Methyl-[^{3}H]-Thymin. Dazu muß das Plasmid in einen Thy$^-$-Stamm transferiert werden. Die Markierung der DNA erfolgt von der frühen bis zur späten logarithmischen Wachstumsphase. Die Bakterien werden dann lysiert, die chromosomale DNA durch Scherkräfte fragmentiert und das Lysat in einer CsCl-Ethidiumbromidlösung solange zentrifugiert, bis sich ein linearer Gradient ausgebildet hat (bei Verwendung eines Festwinkelrotors etwa 48 h).

Das Zentrifugenröhrchen wird dann unten perforiert, und der gesamte Gradient in Fraktionen à 20-50 Tropfen gesammelt, deren Radioaktivität zunächst gemessen und deren Verteilung dann in ein Diagramm eingetragen wird (auf der Abszisse die einzelnen Fraktionen, auf der Ordinate die Radioaktivität). Üblicherweise erhält man zwei Peaks, einen kleineren, der die Plasmid-DNA, und einen größeren, der die chromosomale DNA repräsentiert. Nach Integration der beiden Peaks wird die Kopienzahl nach folgender Formel berechnet:

$$\text{Kopienzahl} = \frac{\text{molare Masse Chromosom (kb)}}{\text{molare Masse Plasmid (kb)}} \times \frac{\text{Radioaktivität Plasmid (cpm)}}{\text{Radioaktivität Chromosom (cpm)}}$$

Allerdings ist bei dieser Methode zu beachten, daß Plasmid-Moleküle, die während der Isolierung relaxieren (in die OC-Form umgewandelt werden), im Peak der chromosomalen DNA erscheinen. Somit liefert diese Methode eine minimale Kopienzahl.

2.5.2 Agarosegel-Elektrophorese

Bei dieser Methode werden Zellen aus der stationären Phase in einem Puffer mit SDS bei 65°C inkubiert. Das Lysat wird auf ein Agarosegel aufgetragen und die DNA-Banden nach ihrer elektrophoretischen Auftrennung mit Ethidiumbromid angefärbt. Anschließend wird das Agarosegel photographiert und die Intensität von Plasmid- und chromosomaler DNA auf dem Negativ densitometrisch ermittelt. Die so erhaltenen Werte werden in die im Abschnitt 2.5.1 angeführte Formel eingesetzt.

Diese Methode kann nur dann angewendet werden, wenn Plasmid- und chromosomale DNA im Agarosegel zu unterschiedlichen Positionen wandern. Sie erlaubt ferner eine Erfassung von CCC- und OC-Form, wenn diese von der chromosomalen DNA deutlich getrennt werden.

2.5.3 Hybridisierung

Diese Methode erlaubt eine exakte Bestimmung der Kopienzahl eines Plasmids unabhängig von seiner Größe und von seiner topologischen Form, sie ist allerdings auch die technisch aufwendigste Methode. Benötigt werden zwei DNA-Proben, eine aus dem Plasmid, die andere aus dem Chromosom, die dann nach ihrer radioaktiven Markierung zur Hybridisierung eingesetzt werden.

Bei der Bestimmung der Kopienzahl wird die DNA des entsprechenden Bakterienstammes präpariert, denaturiert und auf einer stationären Phase immobilisiert. Dann wird diese Einzelstrang-DNA in zwei parallelen Ansätzen mit den beiden radioaktiven DNAs, die im Überschuß vorliegen, hybridisiert. Die Menge an gebundener DNA wird über die Messung der Radioaktivität bestimmt, und aus den so erhaltenen Werten wird unter Einbeziehung der spezifischen Aktivität, der Länge der radioaktiv markierten Fragmente und der molaren Masse von Chromosom und Plasmid die Kopienzahl berechnet.

2.5.4 Sandwich-Hybridisierung

Diese Methode benötigt zwei verschiedene DNAs, die nicht miteinander komplementär sind. Sie müssen sowohl von dem Plasmid als auch von dem Chromosom gewonnen werden, wobei eine (F-DNA in Abb.2) üblicherweise in einen M13-Vektor eingebaut wird. M13-Vektoren basieren auf der DNA des Phagen M13 und werden immer dann eingesetzt, wenn Einzelstrang-DNA benötigt wird. Im vorliegenden Fall wird die Einzelstrang-DNA auf einer stationären Phase (z.B. einem Nitrocellulose-Filter) immobilisiert. An diese Einzelstrang-DNA wird denaturierte Proben-DNA (D-DNA), präpariert aus dem entsprechenden Bakterienstamm, hybridisiert. In einem zweiten Hybridisierungsschritt gibt man jetzt die zweite DNA (P-DNA) in radioaktiv markierter Form zu. Sie wird nur dann an das Filter gebunden, wenn vorher die zu detektierende Probe an die F-DNA hybridisiert hatte (Abb.2).

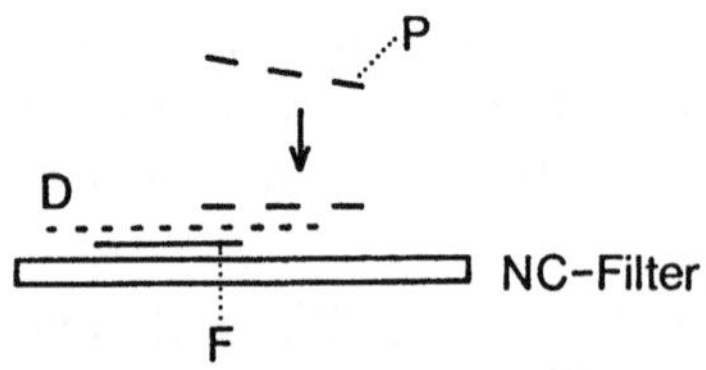

Abb.2. Prinzip der Sandwich-Hybridisierung. An ein Nitrocellulose- (NC-) Filter wird Einzelstrang-DNA des Replicons gebunden, dessen Kopienzahl bestimmt werden soll (hier mit F bezeichnet). An diese wird denaturierte Proben-DNA (D) hybridisiert. Im zweiten Hybridisierungsschritt wird radioaktiv-markierte Proben-DNA (P) zugegeben, die nur dann an das Filter gebunden wird, wenn die zu detektierende Proben-DNA (D) an die Einzelstrang-DNA (F) hybridisiert hat.

Diese Sandwich-Hybridisierung wird parallel für die chromosomale DNA und für das Plasmid durchgeführt. Um die so erhaltenen Werte in Kopienzahl umrechnen zu können, ermittelt man in einem weiteren Ansatz durch Hybridisierung der P-DNA gegen bekannte Mengen gereinigter Plasmid- bzw. chromosomaler DNA eine Korrelation zwischen der gemessenen Radioaktivität und der Anzahl der DNA-Moleküle.

Literatur

A.J. Twigg, D. Sherratt (1980), Nature 283, 216-118

L. Caro, G. Churchward, M. Chandler (1984), Methods in Microbiology 17, 97-122; Academic Press, London

K. Korpela, P. Buchert, H. Söderlund (1987), J. Biotechnol. 5, 267-277

2.6 Isolierung von Plasmid-Mutanten mit veränderter Kopienzahl

Plasmid-Mutanten mit einer veränderten Kopienzahl (Copy-number-Mutanten) werden aus zweierlei Gründen isoliert. Zum einen erlauben sie die Identifizierung von DNA-Sequenzen, die an der Kontrolle der Plasmid-Replikation beteiligt sind. Zum anderen werden solche Mutanten in der Gentechnik zur Herstellung großer Mengen an DNA und an Proteinen (über den Gendosis-Effekt) benutzt.

Wie selektioniert man solche Mutanten? Hier wird von folgender Beobachtung ausgegangen: Die Resistenz von Bakterienzellen gegen einige Antibiotika ist korreliert mit der Anzahl der Plasmid-Kopien, d.h. je höher die Kopienzahl, desto höher ist auch die tolerierte Antibiotikum-Konzentration. Dieser Gendosis-Effekt kann zur Selektion von Mutanten mit einer erhöhten Kopienzahl ausgenutzt werden.

Dabei bestimmt man zunächst die Antibiotikum-Konzentration, bei der die Bakterien nicht mehr wachsen. Dann werden die Bakterien nach Mutagenisierung auf Nährmedium ausplattiert, das eine erhöhte Konzentration des Antibiotikums enthält. Kolonien, die unter diesen Bedingungen wachsen, sind Kandidaten für Kopienzahl-Mutanten. Daß tatsächlich eine solche Mutante vorliegt, muß dann durch die Bestimmung der Kopienzahl bestätigt werden.

Das für diesen Zweck am häufigsten benutzte Gen ist das *bla*-Gen (codiert für β-Lactamase) von Tn*3*. Hier besteht eine lineare Beziehung zwischen dem Resistenzniveau und der Gendosis. Andere Gene sind das Tetracyclin-Resistenzgen von Tn*1721*, das Spectinomycin-Resistenzgen aus NR1 und das Tetracyclin-Resistenzgen des *Staphylococcus aureus* Plasmids pT181.

2.7 Mutagenese von Plasmiden

Eine wichtige Methode zur Analyse von Plasmiden, insbesonders zur Kartierung und Analyse ihrer Gene ist die Mutagenese. Hier stehen eine Vielzahl von Möglichkeiten zur Verfügung, und welche der im nachfolgenden beschriebenen Methode im Einzelfall angewendet wird, hängt von der jeweiligen Fragestellung ab.

2.7.1 Transposon-Mutagenese

Die wichtigste Methode bei der Analyse von Plasmiden stellt die Transposon-Mutagenese dar. Bei dieser *In-vivo*-Methode erfolgt die ungerichtete

Übertragung eines Transposons von einem Donor-Replicon auf das zu mutagenisierende Plasmid. Als Donor-Replicon kommen das bakterielle Chromosom, eine Phagen-DNA oder ein Plasmid zur Anwendung.

Im ersten Fall ist das Bakterien-Chromosom Träger eines Transposons, z.B. des Tn*5*, welches für Kanamycin-Resistenz codiert, und das zu mutagenisierende Plasmid wird in diesen Stamm transformiert. Nach 50-100 Generationen isoliert man das Plasmid aus diesem Stamm, retransformiert es in einen Rezipientenstamm ohne das Transposon und ermittelt die mutagenisierten Plasmide durch Ausplattieren auf ein Nährmedium, welches Kanamycin als selektives Agens enthält.

Im zweiten Fall ist eine Phagen-DNA Träger eines Transposons, wobei im *E. coli* System der Phage Lambda häufig, im *B. subtilis* System der Phage SPβ mit dem Transposon Tn*917* selten benutzt werden. Hier erfolgt die Mutagenisierung durch Infektion des plasmidhaltigen Bakterienstammes mit dem entsprechenden speziell transduzierenden Phagen. Auch hier schließt sich eine Plasmid-Isolierung mit anschließender Retransformation an, um die mutagenisierten Plasmide zu ermitteln.

Im dritten Fall ist ein Plasmid Träger des Transposons. Dieses Donor-Plasmid verfügt entweder über einen Repts- oder Suizid-Phänotyp. Repts-Phänotyp bedeutet, daß das Plasmid nur bei niedriger Temperatur (30°C) stabil replizieren kann. Inkubiert man die Bakterien bei hoher Temperatur (im allgemeinen 42°C), dann kann das Plasmid nicht mehr replizieren und verschwindet aus der Bakterien-Population.

Viele Plasmide verfügen über einen engen Wirtsbereich, können also nur in wenigen Bakterien-Spezies replizieren. Sie können aber in andere Spezies übertragen werden, in denen sie nicht repliziert werden und gehen dort nach wenigen Zellteilungen verloren. Dies bezeichnet man als Suizid-Phänotyp. Enthält ein solches Plasmid ein Transposon, dann kann dieses in der Rezipientenzelle von dem Suizid-Plasmid auf ein dort vorhandenes Plasmid transponieren.

Eine im *E.-coli*-System häufig angewandte Methode der Plasmid-Mutagenese ist die Konduktion unter Verwendung des F-Faktors. Die Donorzelle enthält den F-Faktor und das zu mutagenisierende Plasmid (z.B. pBR322-Derivate). Der F-Faktor ist Träger mehrerer transponierbarer Elemente, von denen eines, das Tn*1000*, über die Ausbildung einer Kointegrat-Zwischenform transponiert. Als Kointegrat bezeichnet man das Fusionsprodukt zweier verschiedener Replicons.

Bei der Konduktion kreuzt man den Donorstamm, der den F-Faktor und das zu mutagenisierende Plasmid enthält, mit einem Rezipientenstamm und selektioniert einerseits gegen den Donorstamm und andererseits auf einen Plasmid-Marker. Alle Transkonjuganten enthalten neben dem F-Faktor das Plasmid mit dem Tn*1000* an beliebigen Stellen. Die Übertragung des Plasmids erfolgt als Kointegrat, welches in der Rezipientenzelle in die beiden Replicons aufgelöst wird.

Transposons werden nicht nur zur Mutagenese, sondern auch zur Analyse der Genexpression eingesetzt. Dabei arbeitet man mit modifizierten Transposons, die ein Markergen enthalten, das zur Expression fremde Expressionssignale benötigt. Hier unterscheidet man zwischen Transposons, die zu Transkriptions- oder Operonfusionen führen, und solchen, die Translations- oder Genfusionen herbeiführen.

Bei der Operonfusion fehlt dem Markergen der eigene Promotor, es verfügt aber noch über die eigene Shine-Dalgarno-Sequenz, die für die Bindung der Ribosomen essentiell ist (Abb.3a). Bei der Genfusion sind auch die Shine-Dalgarno-Sequenz des Markergens und die codierende Region für die ersten Aminosäuren deletiert, so daß das Markergen als Fusionsprotein, bei dem der N-terminale Teil von dem fremden Gen und der C-terminale Teil von dem Markergen stammen, exprimiert wird (Abb.3b).

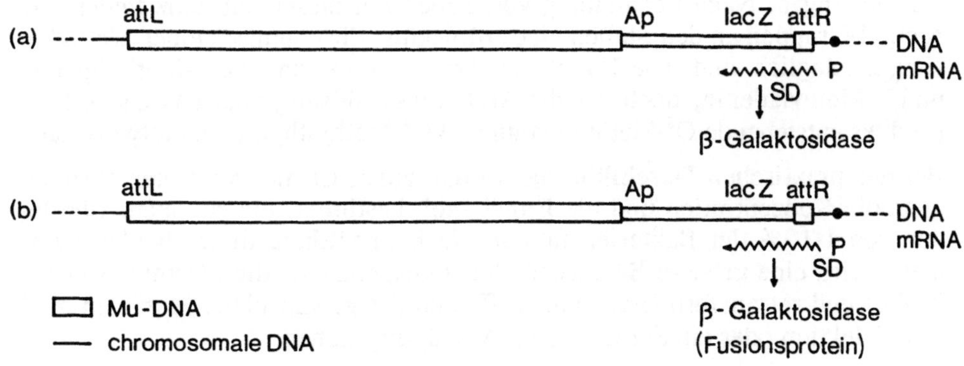

Abb.3. Schematische Darstellung einer Operon- und einer Genfusion am Beispiel der Mu*d*-Phagen. a) Operonfusion mit Mu*d*I; b) Genfusion mit Mu*d*II. *attL* und *attR* bezeichnen die beiden Enden der Mu-DNA, Ap steht für Ampicillinresistenz, *lacZ* für ein Strukturgen des *lac*-Operons, P für Promotor und SD für Shine-Dalgarno-Sequenz. Bei der Operonfusion wird das *lacZ*-Gen von einem fremden Promotor und der eigenen SD-Sequenz exprimiert; bei der Genfusion wird das *lacZ*-Gen von einem fremden Promotor und zusätzlich von einer fremden SD-Sequenz exprimiert, und es entsteht ein Fusionsprotein.

Wichtige modifizierte Transposons im *E.-coli*-System sind die von M. Casadaban konstruierten Mu*d*-Phagen (Mu*d*I für Operon-, Mu*d*II für Genfusionen), sowie das im Labor von D. Kaiser isolierte Tn*5*-*lacZ*. Alle drei transponierbaren Elemente enthalten als Markergen das *lacZ*-Gen des *lac*-Operons aus dem *E.-coli*-Chromosom. Für *B. subtilis* wurde im Labor von P. Youngman ein Tn*917-lacZ* konstruiert, welches für die Isolierung von Transkriptionsfusionen von vielen Arbeitsgruppen erfolgreich eingesetzt wird. Ein modifiziertes Transposon zur Isolierung von Genfusionen fehlt noch für dieses Gram-positive Bakterium.

Warum konstruiert man Operon- bzw. Genfusionen? Operonfusionen werden isoliert, wenn die Regulation eines Operons analysiert werden soll und entweder die Genprodukte nicht bekannt und damit nicht analysierbar sind, oder wenn ihre direkte Quantifizierung schwierig und zeitraubend ist. Genfusionen werden isoliert, wenn entweder die Regulation eines Gens auf posttranskriptioneller Ebene untersucht oder die Lokalisation eines Proteins innerhalb der Bakterienzelle (Cytoplasma, innere Membran, Periplasma, äußere Membran) bestimmt werden soll.

2.7.2 In-vivo-Mutagenese mit Nitrosoguanidin

N-Methyl-N'-Nitro-Nitrosoguanidin gehört zur Gruppe der alkylierenden Verbindungen. Nach Behandlung von Zellen mit dieser Substanz findet man Methyl-Gruppen an den Stellen eines Moleküls, die chemisch einer Methylierung zugänglich sind. Die Hauptprodukte der Reaktion sind 7-Methylguanin und 3-Methyladenin, doch für die Mutationsauslösung sind das als Nebenprodukt entstehende O^6-Methylguanin und O^4-Methylthymin verantwortlich.

Bei der praktischen Durchführung werden zunächst die Parameter Nitrosoguanidin-Konzentration und die Einwirkzeit bestimmt, die zu einem Überleben von 1-10% der Bakterien führen. Nach Ermittlung dieser beiden Parameter wird eine größere Bakterienkultur mutagenisiert, die Plasmide werden isoliert und retransformiert. Zum Auffinden der gewünschten Mutanten muß eine Selektion oder ein Screening zur Verfügung stehen.

2.7.3 In-vitro-Mutagenese mit Hydroxylamin

Hydroxylamin reagiert bevorzugt mit Cytosinresten und wandelt diese in N^4-Hydroxycytosin um, welches bei der nächsten Replikationsrunde mit Adenin paart. Dies resultiert in einer C $\rightarrow$ T-Transition.

Bei der praktischen Durchführung wird gereinigte Plasmid-DNA in Phosphatpuffer mit Hydroxylamin bei 70°C für 10-60 min inkubiert, das Mutagen durch Dialyse entfernt, und anschließend werden die Plasmide transformiert. Auch hier muß eine Möglichkeit bestehen, die gewünschten Mutanten zu ermitteln. Ein Nachteil dieser Methode besteht darin, daß Punktmutationen oft in nachbarlich-gehäufter Form auftreten.

2.7.4 Deletions- und Insertions-Mutagenese mit Hilfe von Restriktionsenzymen

Voraussetzung für die Anwendung dieser Methode ist eine Restriktionskarte des Plasmids. Deletionsmutanten erreicht man durch das Herausschneiden gewünschter Restriktionsfragmente, was allerdings die Verfügbarkeit entsprechender Schnittstellen voraussetzt. Steht nur eine solche Schnittstelle zur Verfügung, dann kann alternativ die Deletion mit der Bal31-Exonuclease erzeugt werden.

Insertionsmutanten erhält man durch den Einbau von Restriktionsfragmenten an gewünschten Stellen. Dabei besteht die einfachste Insertion aus einem Linker (kurzes DNA-Fragment mit der Schnittstelle für ein Restriktionsenzym), durch den gleichzeitig eine neue Schnittstelle eingeführt wird. Eine weitere Möglichkeit besteht in dem Einbau eines Markergens, von dem mehrere als sog. Kassetten zur Verfügung stehen. Der Einbau dieser Markergene kann zu einer Transkriptions- oder Translationsfusion führen. Als letztes Beispiel soll das Omega-Fragment angeführt werden. In diesem 2 kb Fragment wird ein Gen für Streptomycin-Resistenz von Transkriptions-Terminatoren und Stop-Codons in allen drei Leserastern flankiert. Dies führt dazu, daß jegliche Transkription oder Translation, die in das Omega-Fragment hineinläuft, unabhängig von der Orientierung des Fragments in dem Plasmid gestoppt wird.

2.7.5 Sequenzspezifische Mutagenese

Diese Methode erlaubt den gezielten Austausch gewünschter Basenpaare und die Einführung kleiner Insertionen und Deletionen an vorbestimmten Stellen; sie ist unabhängig von Restriktionsenzymschnittstellen. Aufgrund der experimentellen Durchführung wird zwischen der Gapped-duplex- und der Single-priming-Methode unterschieden.

Bei der Single-priming-Methode wird der zu mutagenisierende DNA-Abschnitt in einen M13-Vektor eingebaut. Wie in Abb.4a schematisch dargestellt, gibt man zu der isolierten einzelsträngigen Phagen-DNA einen chemisch synthetisierten Primer, der die gewünschte Mutation enthält. Mit Hilfe des Klenow-Fragments wird der fehlende DNA-Strang *in vitro* synthetisiert. Unter dem Klenow-Fragment versteht man ein 76-kda-Subfragment der DNA-Polymerase I aus *E. coli*, das durch Behandlung mit Subtilisin gewonnen wird. Dieses Fragment enthält die Polymerase- und die 3'→5'-Exonuclease-Aktivität der DNA-Polymerase I. Nach Transfektion eines Rezipientenstammes mit dieser DNA erhält man eine Mischung aus M13-Phagen mit Wildtyp- und Mutanten-DNA-Molekülen. Hier gibt es jetzt verschiedene Möglichkeiten, die Phagen mit der gewünschten Mutation zu identifizieren.

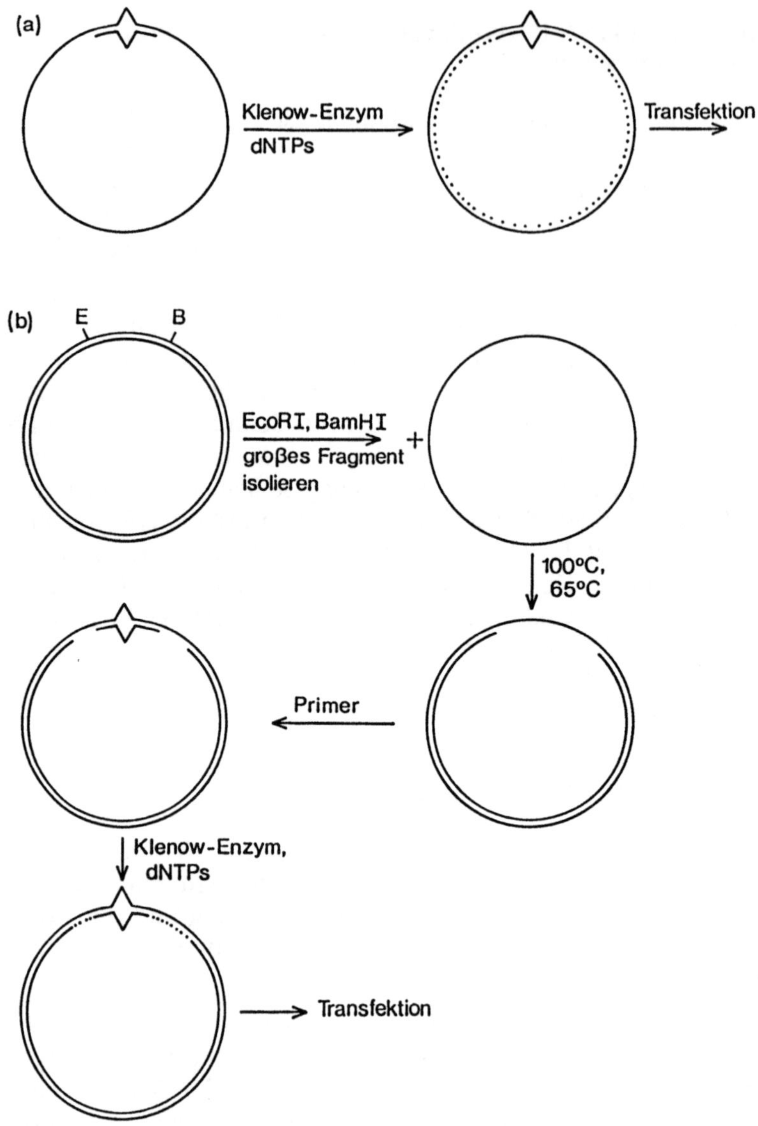

Abb.4. Sequenzspezifische Mutagenese. a) Single-priming-Methode: An rekombinante Einzelstrang-M13-DNA wird im Bereich der Insertion an der gewünschten Stelle ein Oligonucleotid mit einer Fehlpaarung hybridisiert, welches als Primer dient. Mit Hilfe des Klenow-Enzyms und der vier dNTPs wird der zweite Strang synthetisiert, und das doppelsträngige Molekül wird dann in *E.-coli*-Zellen transfiziert. b) Gapped-duplex-Methode: Aus rekombinanter M13-RF-DNA wird ein großes Fragment isoliert, denaturiert und mit M13-Einzelstrang-DNA hybridisiert. Nach Zugabe eines Oligonucleotids mit der Fehlpaarung erfolgt die Ergänzung zum Doppelstrang.

Bei der Gapped-duplex-Methode wird ebenfalls das zu mutagenisierende DNA-Fragment in einen M13-Vektor eingebaut, z.B. als *Eco*RI-*Bam*HI-Fragment (Abb.4b). Von der doppelsträngigen replikativen Form (RF) wird das große Restriktionsfragment isoliert und an die Einzelstrang-Phagen-DNA hybridisiert. Dadurch entsteht eine Gapped-duplex-Struktur, zu der der Primer mit dem gewünschten Austausch gegeben wird. Jetzt schließen sich *In-vitro*-Replikation und Transfektion an (Transfektion ist Transformation mit viraler DNA). Zum Nachweis der Phagen-DNA mit der Mutation stehen wiederum verschiedene Methoden zur Verfügung.

2.8 Nachweis Plasmid-codierter Proteine

Zum Nachweis Plasmid-codierter Proteine stehen bei *E. coli* drei verschiedene experimentelle Systeme zur Verfügung: Minizellen, Maxizellen und das Zubay-System.

Minizellen sind kleine, kugelige Zellen, die an den Enden einer bestimmten *E.-coli*-Mutante abgeschnürt werden. Diese Mutante verfügt über zwei Mutationen, die an verschiedenen Stellen des *E.-coli*-Chromosoms kartiert wurden und die Bezeichnung *minA* und *minB* erhielten. Das Besondere an diesen Minizellen ist, daß das Bakterienchromosom nicht in die Minizellen segregieren kann, wohl aber die in einem Minizell-produzierenden Stamm vorhandenen Plasmide. Minizellen können von den normalen Zellen aufgrund ihres unterschiedlichen S-Wertes in einem Sucrosegradienten relativ leicht getrennt werden. Die isolierten Minizellen werden dann in einem Minimalmedium in Gegenwart einer radioaktiv markierten Aminosäure (in der Regel [^{35}S]-Methionin) inkubiert. Unter diesen Bedingungen werden die meisten Plasmid-codierten Gene exprimiert. Die Proteine werden in einem SDS-Polyacrylamidgel aufgrund ihrer molaren Masse getrennt und die radioaktiv markierten Proteine mittels Autoradiographie sichtbar gemacht. Probleme bei der Expression eines Gens im Minizellsystem kann es dann geben, wenn entweder das Gen über einen schwachen Promotor verfügt oder die Expression eines Gens positiv reguliert wird und der Aktivator nicht in adäquater Menge zur Verfügung steht.

Im Gegensatz zu den Minizellen handelt es sich bei den Maxizellen um normale *E.-coli*-Zellen, die das zu analysierende Plasmid enthalten. Diese Zellen werden mit UV-Licht so stark bestrahlt, daß die chromosomalen Gene aufgrund von Schädigungen in der DNA nicht mehr exprimiert werden können. Die Mehrzahl der Plasmide bleibt unter diesen Bedingungen aufgrund der geringeren Größe intakt und kann daher die Gene noch exprimieren. Der Nachweis erfolgt analog dem Minizellsystem. Um Reparaturvorgänge an der DNA nach der Bestrahlung auszuschalten, werden in der Regel *E.-coli*-Stämme verwendet, bei denen eines oder mehrere der Reparatursysteme mutativ ausgeschaltet sind (*recA*, *phr*, *uvrA*).

Beim Zubay-System handelt es sich um ein *In-vitro*-System, das aus vier verschiedenen Komponenten besteht: einem S-30, einer Reaktionsmischung, einer radioaktiv markierten Aminosäure und der zu testenden Plasmid-DNA. Der S-30 wird aus einem *E.-coli*-Stamm durch mechanische Lyse der Zellen und Zentrifugation bei 30 000 x g gewonnen (S steht hier für supernatant = Überstand). Er enthält alle Proteinkomponenten, die für Transkription und Translation benötigt werden (RNA-Polymerase, Ribosomen, Translationsfaktoren). Die Reaktionsmischung besteht aus etwa 30 verschiedenen Komponenten, die einzeln eingewogen und dann gemischt werden. Dazu gehören 19 Aminosäuren, die vier Ribonucleotidtriphosphate, ein Energie-regenerierendes System und einige weitere Substanzen. Die 20. Aminosäure wird dann in radioaktiver Form (auch hier in der Regel [^{35}S]-Methionin) zugegeben. Dieses System liefert schnelle Resultate und erlaubt die parallele Analyse von vielen verschiedenen Plasmiden, die nicht extra in einen bestimmten *E.-coli*-Stamm transformiert werden müssen.

Auch von *B. subtilis* wurde eine Minizell-produzierende Mutante isoliert und erfolgreich eingesetzt. Ein *In-vitro*-System sollte im Prinzip von jeder Bakterienspezies zu gewinnen sein.

Literatur

K.G. Hardy (1987), Plasmids a practical approach; IRL Press, Oxford

J.M. Grinsted, P.M. Bennett (1988), Methods in Microbiology, Vol. 21, Plasmid Technology; Academic Press, London

3 Konjugation

Unter Konjugation versteht man die Übertragung von DNA von einer Bakterienzelle in eine andere. Dabei wird die DNA von einer Spenderzelle (auch Donorzelle oder Donor genannt) in eine Empfängerzelle (auch Rezipientenzelle oder Rezipient genannt) übertragen. Diese Übertragung ist DNase-insensitiv und wird nicht durch Phagen vermittelt. Wenn daher in einem neuen System Konjugation nachgewiesen werden soll, dann muß Transformation und Transduktion ausgeschlossen werden. Dies geschieht durch Zusatz von DNase zu den konjugierenden Bakterien (Ausschluß der Transformation) und durch Behandlung der Empfängerzellen mit einem sterilen Filtrat einer Suspension von Spenderzellen (Ausschluß der Transduktion).

3.1 Konjugation bei Gram-negativen Bakterien

Die Konjugation bei allen bislang bekannten konjugativen Plasmiden wird durch die *tra*-Gene vermittelt. Diese *tra*-Gene codieren für einen Pilus, der sich auf der Außenseite der Zellen befindet und für die Kontaktaufnahme zwischen Donor und Rezipient essentiell ist. Man unterscheidet flexible und starre Pili. Dies hat Konsequenzen für die praktische Durchführung einer Konjugation. Während man den konjugativen Transfer von Plasmiden, die für flexible Pili codieren, in der Regel in Flüssigmedium durchführt, muß der von Plasmiden, die für starre Pili codieren, auf einer festen Oberfläche ausgeführt werden. Dazu können Donor und Rezipient entweder direkt auf einer Nährmediumplatte gemischt und inkubiert oder zunächst durch Filtration auf einem Bakterien-dichten Filter konzentriert werden. Dieses Filter wird dann auf die Oberfläche einer Petrischale mit Vollmedium gelegt und in der Regel über Nacht inkubiert. Anschließend werden die Bakterien abgeschwemmt und auf entsprechenden Nährmedien zur Selektion der Transkonjuganten (auch Exkonjuganten genannt) ausplattiert.

3.1.1 F-Faktor-vermittelte Konjugation

Bei den Gram-negativen Bakterien ist der durch den F-Faktor vermittelte Mechanismus am besten untersucht. Bevor dieser Mechanismus im Detail behandelt wird, soll die Entdeckung der Konjugation bei *E. coli* dargestellt werden.

3.1.1.1 Entdeckung des F-Faktors

In den 40er Jahren wollte J. Lederberg genetische Rekombination bei *E. coli* nachweisen. Deshalb mischte er zwei Bakterienstämme, die durch unterschiedliche auxotrophe Mutationen markiert waren, plattierte sie dann auf Minimalmedium-Platten aus und suchte nach Rekombinanten. Dabei trat ein Problem auf: Wie unterscheidet man die gesuchten Rekombinanten von den spontan auftretenden Revertanten? Dieses Problem sollte durch die Verwendung von Stämmen mit mindestens zwei verschiedenen Auxotrophien zu lösen sein. Während die Reversionsrate pro auxotrophem Marker bei etwa 10^{-6} pro Bakterium und Generation liegt, beträgt sie für zwei Marker $10^{-6} \times 10^{-6} = 10^{-12}$ pro Bakterium und Generation. Da Lederberg damals über solche doppelt-auxotrophen Stämme nicht verfügte und ihm die Herstellung zu mühsam erschien, wandte er sich an E. Tatum, der solche Stämme bereits isoliert hatte.

1946 führten dann beide zusammen ein heute klassisches Experiment aus. Sie mischten ("kreuzten") den *E.-coli*-K12-Stamm 58-161 (Met^-, Bio^-) mit dem Stamm W677 (Thr^- Leu^-) und plattierten das Gemisch dann auf Minimalmedium-Platten aus. Sie fanden eine prototrophe Kolonie pro 10^7 Parentalzellen und deuteten dieses Ergebnis als Folge einer genetischen Rekombination zwischen den beiden Stämmen.

1950 wies B. Davies nach, daß der Austausch von DNA den Kontakt zwischen den beiden Eltern-Stämmen verlangt. Er verwendete ein U-Rohr, dessen beide Schenkel durch ein Bakterien-dichtes Filter voneinander getrennt waren. In den einen Schenkel füllte er den Donor, in den anderen den Rezipienten und mischte dann die beiden Kulturflüssigkeiten durch Ansaugen und Ausblasen. Das Filter verhinderte eine Durchmischung von Donor und Rezipient. Wurde anschließend auf Minimalmedium ausplattiert, dann wuchsen keine prototrophen Kolonien. Daher ist der physikalische Kontakt zwischen den beiden Bakterienstämmen eine Voraussetzung für den Austausch von genetischem Material.

Spielen beide Bakterienstämme bei der Konjugation eine äquivalente Rolle, d.h. kann genetisches Material in beide Richtungen übertragen werden? 1952 wurde diese Frage durch W. Hayes geklärt. Er kreuzte zwei Stämme A und B und tötete in einem Experiment zunächst den Stamm A durch Behandlung mit Streptomycin ab, in einem anderen Experiment den Stamm B. Wurde der Stamm A mit Streptomycin abgetötet und dann zur Kreuzung verwandt, dann nahm die Anzahl der prototrophen Rekombinanten nur geringfügig ab. Nach der Abtötung des Stammes B hingegen konnten keine prototrophen Rekombinanten beobachtet werden. Aufgrund dieser Ergebnisse schloß Hayes, daß es sich bei der Konjugation um einen unidirektionalen Prozeß handelt, wobei die DNA von dem Stamm A in Zellen des Stammes B übertragen wird. Er führte die Begriffe Donor für die Spenderzellen und Rezipient für die Empfängerzellen ein.

Im Verlauf seiner Kreuzungsanalysen entdeckte Hayes durch Zufall eine Variante des Donorstammes A, welche infertil war. Wurde diese Variante mit dem Stamm B gekreuzt, dann wurden keine Rekombinanten beobachtet. Hayes isolierte von dem infertilen Stamm A eine Streptomycin-resistente (Str^r) Mutante. Dann mischte er den fertilen Stamm A mit der infertilen Str^r-Mutante und konnte von dem Str^r-Derivat Zellen isolieren, die wieder Donor-Charakter aufwiesen. Hayes interpretierte dieses Ergebnis dahingehend, daß der Donor einen Fertilitäts-Faktor enthält, den er F^+ nannte, während der Rezipient diesen Faktor nicht besitzt. Dieser F-Faktor in einem der beiden Eltern ist essentiell für die Übertragung von genetischem Material. Er formulierte folgende Beziehungen:

F^+ x F^- fertil
F^+ x F^+ bedingt fertil
F^- x F^- steril

Der F-Faktor hat folgende Eigenschaften:

(1) Er kann in einem Prozeß übertragen werden, der Zell-Zell-Kontakt erfordert.

(2) Während die Rekombinationsfrequenz bei etwa 10^{-7} pro Elter liegt, kann der F-Faktor mit einer Frequenz von 10^{-1} übertragen werden.

(3) Der F-Faktor kann spontan verloren gehen.

Bezüglich des Mechanismus der Rekombination gab es bis etwa Ende der 50er Jahre zwei Lehrmeinungen. J. Lederberg und L. Cavalli vertraten die Auffassung, daß es bei der Konjugation zunächst zu einer Fusion von Donor und Rezipient komme. Anschließend würden die beiden Nuclei fusionieren und eine diploide Zygote ausbilden. In einer "meiotischen" Reduktionsteilung mit crossing-over komme es zur Ausbildung von Rekombinanten. Diese Hypothese war an den damals bekannten Mechanismus der genetischen Rekombination im Verlauf der Meiose bei Eukaryonten angelehnt. Im Gegensatz dazu vertrat W. Hayes die Auffassung, daß es zu keiner Fusion der Zellen und Nuclei komme, sondern daß die Donorzelle nur einen Teil ihres Genoms übertrage, so daß nur eine partielle Zygote, eine sog. Merozygote entstehe.

1961 konnten S. Falkow und L. Baron zeigen, daß es sich bei dem F-Faktor um ein DNA-Molekül handelt. Ihnen gelang die Übertragung des F-Faktors von *E. coli* in *Serratia marcescens*. Dann isolierten sie die DNA aus *E.-coli*- und *S.-marcescens*-Zellen mit und ohne F-Faktor. Diese vier DNA-Präparationen wurden mit der Methode der CsCl-Gleichgewichtszentrifugation analysiert. Während die aus *E. coli* mit oder ohne F-Faktor nur eine einzige Bande mit einer Dichte von 1,709 g/cm³ ergaben, zeigte die DNA aus *S. marcescens* eine Bande mit einer Dichte von 1,718 g/cm³. Die DNA-Präparation aus *S. marcescens* mit dem F-Faktor hingegen wies einen zusätzlichen Peak mit einer Dichte von 1,709 g/cm³ auf.

Mit diesen Experimenten wurde bewiesen, daß es sich bei dem F-Faktor um ein DNA-Molekül handelt. Diese DNA weist die gleiche spezifische Dichte auf wie das *E.-coli*-Chromosom. 1967 führte J. Vinograd die CsCl-Dichtezentrifugation in Anwesenheit von Ethidiumbromid ein und konnte dadurch den F-Faktor von der chromosomalen DNA trennen.

Zurück zur Aufklärung des Mechanismus der Rekombination. 1950 isolierte Cavalli einen Donor-Stamm, der in Kreuzungsexperimenten Rekombinanten mit 1000fach höherer Frequenz lieferte. Er nannte diesen Stamm Hfr für high frequency of recombination. 1953 gelang auch Hayes erstmals die Isolierung eines solchen Derivats, welches heute noch als Stamm HfrH Verwendung findet. Diese beiden Hfr-Stämme zeigten einen wichtigen Unterschied zu den F^+-Stämmen: Sie waren nicht in der Lage, den F-Faktor in die Rezipientenzelle zu übertragen. Außerdem fand Hayes, daß bei einer Kreuzung Hfr x F^- einige Marker mit hoher, andere mit niedriger Frequenz übertragen wurden. Im Gegensatz dazu übertrug der Ausgangsstamm F^+ alle Marker mit etwa gleicher Frequenz.

E. Wollman und F. Jacob begannen 1957 mit einer Serie von Experimenten, die zur Klärung des Konjugations-Phänomens führten. Eines dieser Experimente mit den daraus gewonnenen Erkenntnissen wird im nachfolgenden geschildert.

Die beiden Wissenschaftler untersuchten die Kinetik der Bildung von Rekombinanten bei der Kreuzung

HfrH Met^- Azi^r Ton^r Str^r x F^- Thr^- Leu^- Azi^s Ton^s Lac^- Gal^- Str^s

Sie mischten Donor und Rezipient, entnahmen dann zu verschiedenen Zeitpunkten Proben, verdünnten und plattierten sie auf verschiedenen Selektivplatten aus. In einem zusätzlichen Experiment gaben sie die Proben vor dem Verdünnen in einen Mixer, um den Zell-Zell-Kontakt zu lösen (Technik der unterbrochenen Paarung). Nach Auswertung der Ergebnisse konnten folgende Schlußfolgerungen gezogen werden:

(1) Die Anzahl der Rekombinanten nahm zunächst in Abhängigkeit von der Konjugationszeit linear zu und erreichte dann einen Plateauwert.

(2) Verschiedene Marker wurden mit unterschiedlichen Frequenzen übertragen, wenn gleiche Zeitpunkte verglichen wurden.

(3) Wurden die Zellen Scherkräften ausgesetzt (Mixer), dann traten die Rekombinanten mit einer zeitlichen Verzögerung auf.

(4) Die Übertragung der DNA von der Hfr- in die F^--Zelle erfolgte in einer gerichteten Art und Weise. Während in der oben genannten Kreuzung die Übertragung der *thr-leu*-Gene 8 min dauerte, benötigte die des *gal*-Gens 25 min.

(5) Die Hfr-Zelle startete die Übertragung ihres Chromosoms an einer definierten Stelle, dem Origin, und übertrug ihre Gene in der Reihenfolge *O*(Origin)-*thr-leu-azi-ton-lac-gal*.

Geht man davon aus, daß die Transferrate des Chromosoms konstant ist, dann bedeutet das zeitliche Auftauchen dieser Gene im Rezipient ein Maß für den genetischen Abstand. Daher gaben Wollman und Jacob die Lage der Gene vom Origin aus in Minuten an - ein Novum bei der Genkartierung.

Wodurch entstehen die wenigen Rekombinanten bei der Kreuzung F^+ x F^-? Zwei Hypothesen wurden diskutiert:

(1) Jede F^+-Zelle kann mit geringer Frequenz jeden Teil des Chromosoms übertragen.

(2) Nur in einer Kultur spontan entstehende Hfr-Mutanten können chromosomale Gene übertragen.

Experimentell wurde diese Frage mit dem Fluktuationstest gelöst. Dieser Test ergab, daß nur spontan entstehende Hfr-Mutanten chromosomale DNA übertragen können. Wie kann man solche Hfr-Mutanten aus einer Population von F^+-Zellen isolieren? Auf einer Vollmedium-Platte wurde ein auxotropher F^+-Stamm ausgestrichen, und nach Inkubation bildete sich ein dichter Bakterienrasen. Mit der Lederbergschen Stempeltechnik wurde dieser Bakterienrasen auf eine Minimalmedium-Platte übertragen, auf der man zuvor einen auxotrophen F^--Stamm ausgestrichen hatte. Nach Inkubation konnten auf dieser Platte nur genetische Rekombinanten zu Kolonien heranwachsen, aus denen dann Hfr-Stämme isoliert werden konnten.

Nach der Isolierung und Analyse einer Reihe von Hfr-Stämmen zeigte sich, daß sie nicht identisch waren. Mit der Technik der unterbrochenen Paarung konnte gezeigt werden, daß verschiedene Hfr-Stämme die untersuchten Gene zwar mit unterschiedlichen Frequenzen, aber immer in der gleichen Reihenfolge - allerdings in beiden möglichen Orientierungen - übertragen.

Aufgrund dieser Befunde folgerten Wollman und Jacob 1957, daß das *E.-coli*-Chromosom zirkular sein müsse. Sie schlugen folgendes Modell vor: Bei der Entstehung eines Hfr-Stammes bricht das bakterielle Chromosom an irgendeiner Stelle auseinander, und der F-Faktor wird an eines der beiden freien Enden angehängt; dort beginnt dann der Transfer. A. Campbell schlug ein alternatives Modell vor, das zur Integration des F-Faktors in das *E.-coli*-Chromosom und damit zur Bildung eines Hfr-Derivats führt; dieses Modell wurde später als das korrekte bewiesen.

3.1.1.2 Integration/Exzision des F-Faktors

Man kennt heute zwei verschiedene Mechanismen der Integration des F-Faktors in das Bakterien-Chromosom:

(1) homologe, *recA*-abhängige Rekombination;

(2) nicht-homologe (illegitime), *recA*-unabhängige Rekombination.

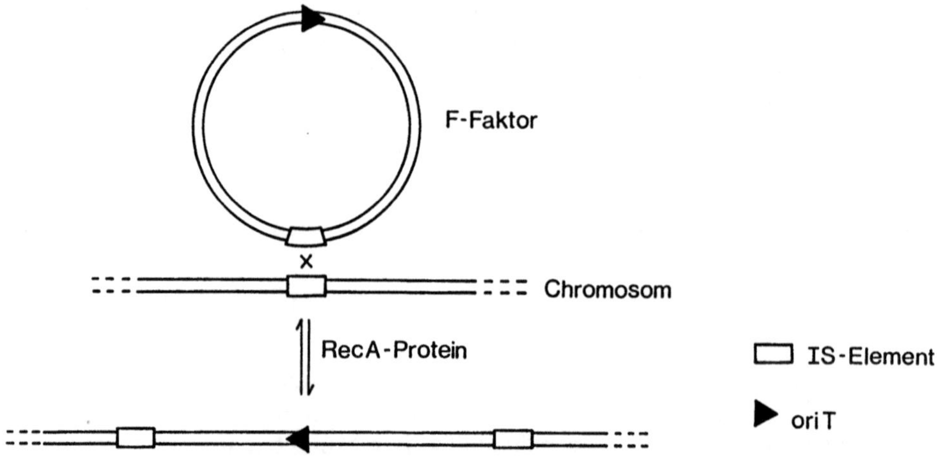

Abb.5. RecA-abhängige Integration/Exzision des F-Faktors in das *E.-coli*-Chromosom. Der Rekombinationsprozeß erfolgt über homologe Regionen, die in beiden Replicons vorkommen, in der Regel die beiden IS-Elemente IS*2* oder IS*3*.

Die homologe Rekombination erfolgt über IS-Elemente, die sowohl im F-Faktor als auch im *E.-coli*-Chromosom vorkommen. Im F-Faktor wurden die IS-Elemente IS*2* und IS*3* nachgewiesen, wobei IS*2* in einer und IS*3* in zwei Kopien vorkommt. In einer RecA-katalysierten Reaktion kann der F-Faktor überall da in das *E.-coli*-Chromosom integrieren, wo bereits eine Kopie von IS*2* oder IS*3* vorhanden ist; diese Reaktion ist reversibel. Der Reaktionsmechanismus ist in Abb.5 schematisch dargestellt. Die Frequenz der Integration/Exzision liegt bei 10^{-4} pro Bakterium und Generation.

Die nicht-homologe Rekombination, die in *recA*-Zellen sichtbar gemacht werden kann, benötigt ebenfalls IS-Elemente, diesmal aber nur eines der F-Faktor codierten Elemente. Wenn eines dieser Elemente in das Bakterien-Genom transponiert, dann kommt es zur Ausbildung einer sog. Kointegrat-Struktur, d.h. die beiden Replicons verschmelzen miteinander und sind durch je eine Kopie des entsprechenden IS-Elements voneinander getrennt (Abb.6). Auch dieser Vorgang ist reversibel, führt aber dazu, daß nach der Exzision des F-Faktors eine Kopie des IS-Elements in dem Chromosom zurückbleibt.

1959 führte E. Adelberg Experimente mit einem Hfr-Stamm durch und entdeckte ein Derivat, das zum F^+-Zustand revertiert war, wobei sich der F^+-Faktor als genetisch modifiziert erwies. Als Besonderheit stellte Adelberg fest, daß dieser Faktor (1) mit hoher Frequenz in das Chromosom integriert und exzisioniert, und (2) immer an der gleichen Stelle integriert. Er nannte dieses Derivat F' (F-prime) und vermutete, daß der F'-Faktor chromosomale DNA aufgenommen hat.

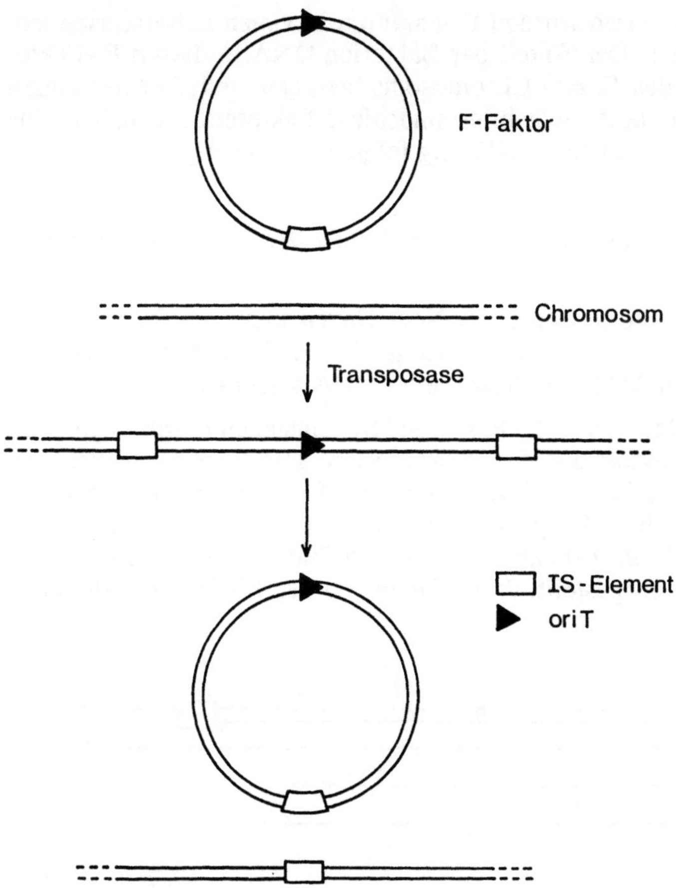

Abb.6. RecA-unabhängige Integration/Exzision des F-Faktors in das *E.-coli*-Chromosom. Dieser Rekombinationsprozeß erfolgt über ein Transpositionsereignis und führt zur Verdoppelung eines Transposons. Nach der Exzision verbleibt eine Kopie des Elements im Chromosom.

Welche chromosomale DNA enthält der F'-Faktor? Wie kann man sie nachweisen und identifizieren? Jacob und Adelberg kreuzten den F'-Stamm mit einem F⁻-Stamm, der viele auxotrophe Mutationen enthielt. Für alle diese auxotrophen Mutationen konnten sie mit geringer Frequenz Rekombinanten nachweisen. Zur ihrer Überraschung tauchte der Lac^+-Phänotyp (der Rezipient war Lac^-) mit hoher Frequenz in den F^--Zellen auf. Dieser Lac^+-Phänotyp erwies sich als sehr instabil, 0,1% der Transkonjuganten wurden spontan Lac^-. Daher konnte es sich bei diesen Transkonjuganten nicht um Rekombinanten handeln, und die beiden Wissenschaftler vermuteten, daß der F'-Faktor die *lac*-Gene enthielt. Nach dem Transfer in den Rezipient wird dieser merozygot für die *lac*-Gene.

In den nachfolgenden Jahren wurden F'-Faktoren in vielen Laboratorien isoliert und charakterisiert. Der Anteil der Bakterien-DNA in diesen F'-Faktoren kann bis zu 30% des *E.-coli*-Chromosoms betragen. Je höher der Anteil der bakteriellen DNA, desto instabiler sind diese Faktoren. Sie haben eine wichtige Rolle bei der genetischen Klärung folgender Fragen gespielt:

(1) Grob-Kartierung von Genen;

(2) Klärung von Dominanz-Rezessivität zwischen Wildtyp- und Mutanten-Allel.

Vom *E. coli* Genetic Stock Center in New Haven kann ein Satz von F'-Faktoren angefordert werden, die das gesamte *E.-coli*-Chromosom abdecken, und die bezüglich ihres Anteils an bakterieller DNA genau kartiert sind.

Wie kommt es zur Bildung von F'-Faktoren? Sie entstehen durch ungenaues Ausschneiden des F-Faktors aus dem Chromosom. Dabei unterscheidet man zwei verschiedene Produkte, die Typ I und Typ II genannt werden. Sie unterscheiden sich dadurch, daß Typ I ein Teil der F-Faktor-DNA fehlt, während Typ II den kompletten F-Faktor enthält. Die Bildung der F'-Faktoren ist in Abb.7 schematisch dargestellt. Je nachdem, ob der F'-Faktor frühe oder

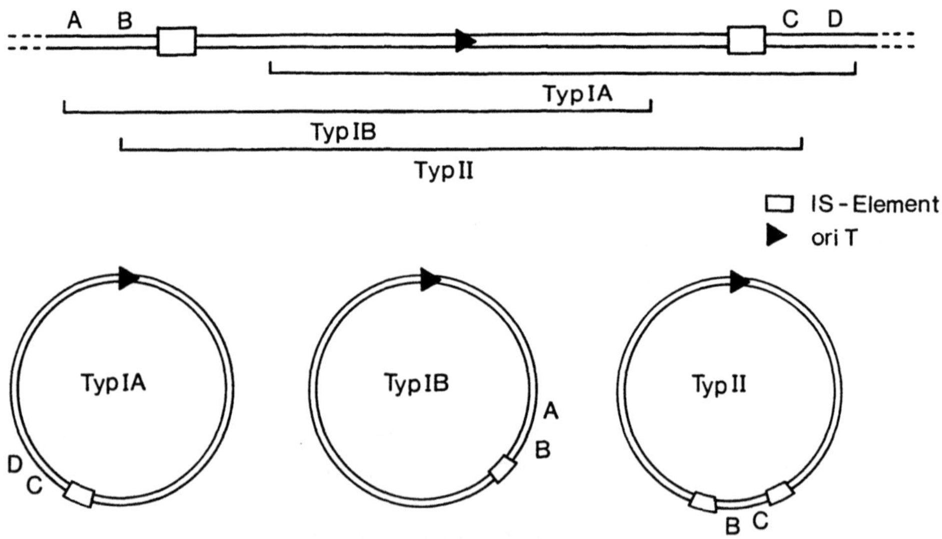

Abb.7. Bildung von F'-Faktoren. Die F'-Faktoren entstehen durch ungenaue Exzision aus dem Bakterien-Chromosom. Bezüglich der Produkte werden zwei verschiedene Typen unterschieden. Typ I fehlt ein Teil der F-DNA und enthält zusätzlich chromosomale DNA. Bei Typ IA handelt es sich um späte Gene [Gene, die erst am Ende des Konjugationsprozesses übertragen werden (hier mit C, D bezeichnet)], beim Typ IB um frühe Gene (A, B). Typ II besteht aus dem vollständigen F-Faktor und zusätzlich chromosomalen DNA-Sequenzen (B, C).

späte Gene enthält (bezogen auf die Transfer-Richtung der chromosomalen DNA), unterscheidet man Typ IA (enthält späte Gene) und Typ IB (enthält frühe Gene). Der F'-Faktor vom Typ II trägt immer Gene von beiden Seiten der Integrationsstelle, d.h. frühe und späte Gene.

Zum Abschluß dieses Kapitels sollen noch einige praktische Fragen angesprochen werden:

(1) Wie weist man den F-Faktor in einer *E.-coli*-Zelle nach? Man infiziert die Zellen mit einem Männchen-spezifischen Phagen (z.B. M13). Findet man Plaque-Bildung, dann enthält der Stamm einen F-Faktor in freier oder integrierter Form.

(2) Wie unterscheidet man eine Hfr- von einer F^+-Zelle? Durch Behandlung mit Acridinorange geht der F-Faktor verloren.

(3) Wie isoliert man F'-Faktoren? Hier gibt es mehrere Möglichkeiten. Bei einer Kreuzung Hfr x F^- liefert die frühe Selektion für späte Marker F'-Faktoren vom Typ IA und II. Verwendet man bei einer Kreuzung mit einem Hfr-Donor einen *recA*-Rezipienten, dann können keine Rekombinanten entstehen, und man kann auf den Transfer von entsprechenden F'-Faktoren selektionieren. Diese Methode liefert alle drei Typen. 1963 konnte A. Clark zeigen, daß bei einer Kreuzung zwischen zwei Hfr-Stämmen, bei denen die F-Faktoren an unterschiedlichen Stellen integriert waren, Stämme mit zwei integrierten F-Faktoren isolieren werden können (sog. Doppel-Hfr's). Diese Doppel-Hfr's bilden spontan mit hoher Frequenz F'-Faktoren. Diese F'-Faktoren enthalten die bakterielle DNA, die zwischen den beiden F-Faktoren liegt.

3.1.1.3 Aufbau des F-Faktors

Aufgrund von Restriktionsenzym-Analysen wurde die Größe des F-Faktors mit 100 kb bestimmt. Vollständige Restriktionskarten liegen für die Enzyme *Eco*RI, *Bam*HI und *Hind*III vor. Der GC-Gehalt beträgt 49%; zwischen 0 und 30 kb (siehe Abb.8) befinden sich AT-reiche Regionen. Dies wurde durch elektronenmikroskopische Analyse partiell denaturierter DNA-Moleküle ermittelt.

Bislang wurden etwa 60 Loci auf der F-DNA kartiert. Aufgrund ihrer Funktionen hat man sie in fünf Regionen eingeteilt (Abb.8):

(1) **Transfer-Region:**
Diese Region umfaßt 33 kb und wird von dem *oriT* auf der einen und dem Insertionselement IS*3a* auf der anderen Seite flankiert. In dieser Region sind bislang 31 Gene kartiert worden. Diese Region enthält alle Funktionen, die für den Transfer notwendig sind. Es sind aber auch chromosomale Funktionen bekannt, die bei der vollen Expression der Transfer-Funktionen eine Rolle spielen. Auf diese Funktionen wird

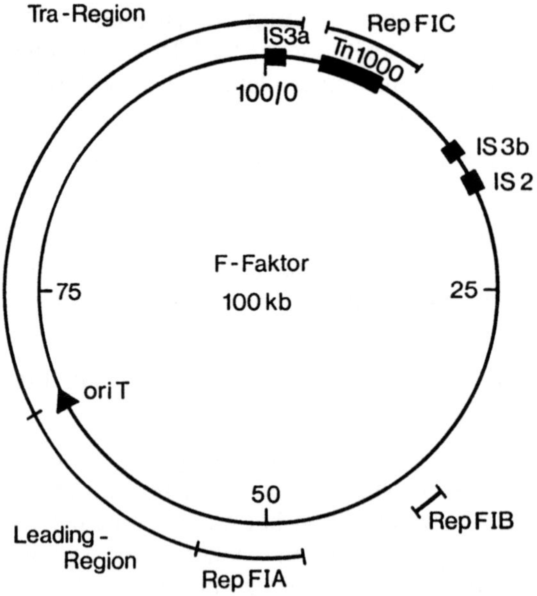

Abb.8. Genetische und physikalische Karte des F-Faktors. Die Karte zeigt die Lage der mobilen Elemente, der Tra- und Leading-Region sowie der drei Replikationsregionen.

später eingegangen. Außerdem wurde gefunden, daß die Transfer-Region des F-Faktors und die der F-ähnlichen Plasmide, die alle zur IncF-Gruppe gehören (Tabelle 1), auf der Ebene der DNA Homologie aufweisen.

(2) **Leading-Region:**
Als Leading-Region wird die Region bezeichnet, die beim DNA-Transfer als erste übertragen wird. Sie umfaßt etwa 13 kb und liegt zwischen dem *oriT* und der Replikations-Region RepFIA. Auch diese Region zeigt Homologie auf DNA-Ebene mit den Plasmiden der IncF-Gruppe. Aufgrund klonierter Fragmente und ihrer Analyse im Minizell-System konnte gezeigt werden, daß diese Region für mindestens acht Polypeptide codiert. Davon konnten bislang zwei Proteine Genen zugeordnet werden, nämlich dem *ssb*-Gen, welches für ein Einzelstrang-DNA-bindendes Protein codiert, und dem *psiB*-Gen, dessen Produkt eine Hemmung der SOS-Induktion bewirkt (siehe Abschnitt 11.6). Weiterhin wurden Mutationen in dieser Region kartiert, die aber bislang nur durch einen Phänotyp charakterisiert sind. Dazu gehören *chr* (beeinflußt die Replikation des Hfr-Chromosoms), *prt* (Reduktion von Schäden, die durch UV-Bestrahlung und monofunktionelle Agenzien hervorgerufen werden, durch den integrierten F-Faktor), *rfs* (beeinflußt die Rekombi-

nation im Rezipient nach dem Transfer des Chromosoms; *prt* und *rfs* könnten Allele des gleichen Gens sein) und *parL* (Partitioning-Funktion; Einbau dieser Funktion in das Plasmid pACYC184 erhöht dessen Stabilität).

(3) **Replikations-Regionen:**
Auf dem F-Faktor wurden drei Regionen identifiziert, die Gene und Sequenzen enthalten, die an der Replikation beteiligt sind bzw. sein könnten. Während die Regionen RepFIA und RepFIB für autonome Replicons codieren, liegt die Region RepFIC zu beiden Seiten des Transposons Tn*1000* und stellt den Rest eines ehemals funktionellen Replicons dar, welches in intakter Form bei anderen Plasmiden der IncF-Gruppe nachgewiesen wurde (z.B. bei EntP307 und R386; siehe Tabelle 1). Auf die Funktionsweise dieser Replicons wird im Abschnitt 5.5 näher eingegangen.

(4) **Region mit Insertions-Sequenzen:**
Auf der F-DNA wurden vier mobile Elemente nachgewiesen, die in einer gemeinsamen Region liegen: eine Kopie von IS*2* (1327 bp), zwei Kopien von IS*3* (1258 bp; IS*3a* und IS*3b* genannt) und eine Kopie von Tn*1000* (5,7 kb). Diese Elemente liegen in der AT-reicheren Region des F-Faktors, was auf ein späteres Einwandern dieser Elemente hindeutet. Diese Hypothese wird dadurch unterstrichen, daß das Tn*1000*, wie bereits kurz erwähnt, das RepFIC-Replicon inaktiviert, während das IS*3a* das Gen *finO* mutiert. Dieser Sachverhalt wurde erst 1986 entdeckt und hat sich im Nachhinein als außerordentlicher Glücksfall bei dem Auffinden des F-Faktors durch Lederberg und Tatum 40 Jahre vorher erwiesen. Auf die Zusammenhänge wird unter Abschnnitt 3.1.1.4.1 eingegangen.

Die Insertions-Sequenzen spielen eine wichtige Rolle bei der Integration und Exzision des F-Faktors in das Bakterien-Chromosom, was bereits unter Abschnitt 3.1.1.2 beschrieben wurde. In dem Zusammenhang soll ein Deletionsderivat des F-Faktors erwähnt werden, das Plasmid pOX38. Dieses Plasmid ist durch Rezirkularisierung des größten *Hin*dIII-Fragments (54 kb) entstanden. Es enthält neben der gesamten Transfer-Region die Replikations-Region RepFIA und stellt somit ein konjugatives, autonom replizierendes Plasmid dar. Ihm fehlen allerdings sämtliche Insertions-Sequenzen, so daß pOX38 nicht mehr zur Kointegratbildung befähigt ist. Dies macht pOX38 zu einem idealen Vektor zur

Bestimmung der Transpositionsfrequenz eines beliebigen transponierbaren Elements, welches in ein zweites, nicht-mobilisierbares Plasmids integriert ist. Dabei wird die Übertragung dieses Plasmids in eine Rezipientenzelle gemessen; diese Übertragung kann nur als Kointegratstruktur stattfinden.

(5) **Pif-Region:**

Pif steht für phage inhibition by F. Infiziert man eine F-haltige Zelle mit dem virulenten Phagen T7, dann wird die Entwicklung des Phagen gehemmt. In der infizierten Zelle findet nur wenig T7-DNA gesteuerte makromolekulare Synthese (DNA, RNA, Protein) statt, und es entstehen nur wenige T7-Phagen pro Zelle. Es kommt allerdings zum Abtöten der infizierten Zelle, und die e.o.p. (efficiency of *p*lating) liegt bei etwa $5x10^{-3}$ verglichen mit einer F^--Zelle.

Die Pif-Region umfaßt die drei Gene *pifC* (auch *repC* genannt), *pifA* und *pifB*. Alle drei Gene liegen in einem Operon und werden von einem gemeinsamen Promotor aus exprimiert (P_{pif}), der vor *pifC* liegt. Das Gen *pifC* codiert für ein 37-kda-Protein, welches als negativer Regulator die Expression des *pif*-Operons reguliert und damit auch seine eigene Synthese (Auto-Repressor). Außerdem spielt es eine Rolle bei der Replikation (Abschnitt 5.5.1) und bei der Hemmung des konjugativen Transfers des IncP-Plasmids RP4 (Abschnitt 11.5). Die Regulation an P_{pif} ist komplex und wird einerseits durch die Aktivität des PifC-Repressors um den Faktor zehn reduziert, andererseits durch den IHF (integration host factor) um den Faktors zwei stimuliert. Das Gen *pifA* codiert für ein 70- bis 80-kda-Protein, während das Produkt des Gens *pifB* bislang unbekannt ist. Beide Proteine interagieren mit dem Produkt des T7-Gens 1.2, welches für die Replikation dieses Phagen essentiell ist.

Tabelle 1. Plasmide der IncF-Gruppe

Plasmid	IncF	Größe (kb)	Resistenzmarker
F	I	100	keine
R386	I		Tc
R1	II	90	Ap, Cm, Km, Sm, Su
R6	II	98	Cm, Hg, Km, Sm, Su, Tc
R100 (NR1)	II	89,3	Cm, Hg, Km, Sm, Su, Tc
R136	II	80	Tc
R538	II	75	Cm, Hg, Sm, Su
ColB2-K77	II	105	Col
pMccB17	II	70	Microcin B17
ColB4-K98	III	105	Col
R124	IV		Tc
pOH3145	IV		Km, Sp, Su
pHTB1	IV		Su, Tp
pPTB1	IV		Tc, Su, Tp, Hg

Abkürzung der Resistenzmarker:

Ap, Ampicillin; Cm, Chloramphenicol; Col, Colicin; Hg, Quecksilber; Km, Kanamycin; Sm, Streptomycin; Sp, Spectinomycin; Su, Sulfonamid; Tc, Tetracyclin; Tp, Trimethoprim

Damit ist die allgemeine Beschreibung der einzelnen Regionen des F-Faktors abgeschlossen, und es schließt sich die genauere Analyse der Transfer-Region an.

3.1.1.4 Die Transfer-Region

Diese Region liegt zwischen den F-Koordinaten 66,7F und 100F (Abb.8), ist somit 33 kb lang und enthält die gesamte genetische Information, die für den Transfer notwendig ist. Bislang wurden in dieser Region 31 Gene identifiziert, die man aufgrund ihrer Funktionen in fünf Gruppen eingeteilt hat:

(1) Biosynthese und Zusammenbau des F-Pilus (*traA,B,C,E,F,G,H,K,L,Q,U,V,W*);

(2) Stabilisierung der Paarungspartner (*traG,N*);

(3) konjugativer DNA-Metabolismus (*traD,I,M,Y,Z*);

(4) Regulation des Transfers (*traJ,finO,finP*);

(5) Oberflächen-Ausschluß (*traS,T*).

Diese Gene wurden mit verschiedenen Methoden identifiziert. Die wichtigste Methode war dabei die der Analyse von transferdefekten Mutanten. Isoliert wurden Punkt-, Deletions- und Insertions-Mutationen. Komplementations-Analysen zwischen Punkt-Mutationen und überlappenden Deletions-Mutationen führten zur Aufstellung der Genkarte. Diese wurde durch die Analyse polarer Insertions-Mutationen abgesichert (Bestimmung der Lage der Insertionen durch Heteroduplex- und Restriktionsenzym-Analyse). Diese Methoden werden durch Sequenzierung der *tra*-Region ergänzt und haben zum Auffinden neuer Gene geführt, deren Funktionen noch unbekannt sind: *trbA* (molare Masse der Proteins: 12 946 da), *trbB* (19 507 da), *trbC, trbD, trbE, trbF* und *artA* (12 132 da). Dabei überlappt *trbB* mit *traQ* (Abb.9); das TrbB-Protein wird prozessiert und ist im Periplasma lokalisiert. Das Gen *artA* liegt auf dem Gegenstrang und verfügt über einen eigenen Promotor.

Diese Analysen ergaben, daß die *tra*-Region aus einem großen Operon mit bislang 26 Genen (das *traYZ*-Operon), sowie vier weiteren Operons mit je einem Gen besteht (*traJ, traM, finP* und *artA*). Die Zugehörigkeit des Insertions-inaktivierten *finO*-Gens ist noch unbekannt. Das *traYZ*-Operon wird von einem Promotor aus exprimiert, der vor dem Gen *traY* liegt; es gibt allerdings Hinweise auf zusätzliche schwache interne Promotoren.

3.1.1.4.1 Genetische Regulation des tra-Operons

Die genetische Regulation des *tra*-Operons erfolgt durch zwei Regulationskreise:

(1) Die Produkte der Gene *finO* und *finP* regulieren die Expression des *traJ*-Gens negativ.

(2) Das Produkt des Gens *traJ*-Gens reguliert die Expression des Gens *traM* und des *traYZ*-Operons positiv.

Wo liegt das Gen *finO*? Woher weiß man überhaupt, daß es ein Gen *finO* gibt? Es waren zwei Beobachtungen, die auf die Existenz eines nicht-funktionellen *finO*-Gens bei dem F-Faktor hindeuteten. Zum einen erfolgt die Übertragung des F-Faktors in eine Rezipientenzelle mit einer Frequenz, die um den Faktor 1000 höher liegt verglichen mit der Transferfrequenz anderer Plasmide aus der IncF-Gruppe (z.B. R1 oder R100). Diese hohe Transferfrequenz kann durch die Anwesenheit eines zweiten Plasmids negativ komplementiert werden. Bestimmt man die Transferfrequenz eines F-Faktors in Anwesenheit eines zweites Plasmids der IncF-Gruppe, dann erniedrigt sich die des F-Faktors um einen Faktor zwischen 20 und 10 000, je nachdem, welches Plasmid verwendet wird. Das zweite, komplementierende Plasmid synthetisiert ein Produkt, welches an dem F-Faktor aktiv ist und seine Transfer-Frequenz reduziert (siehe auch Abschnitt 11.5). Das entsprechende Gen nannte man *fin* (fertility inhibition). Inzwischen wurden zwei *fin*-Gene nachgewiesen, die die Bezeichnungen *finO* und *finP* erhalten haben.

Die zweite Beobachtung betraf die F-ähnlichen Plasmide, die eine niedrige Transferfrequenz zeigen. Es gelang die Isolierung von Mutanten mit einer erhöhten Transferfrequenz. Diese wurden *drd*-Mutanten genannt (für derepressed), z.B. R1*drd* oder R100*drd*, und haben eine Mutation in einem der beiden *fin*-Gene.

Wo liegt das *finO*-Gen beim F-Faktor? Hybridisierungsstudien zwischen F-Faktor-DNA und der DNA von R1, welche ein aktives *finO*-Gen enthält, haben gezeigt, daß das *finO*-Gen beim F-Faktor durch das Element IS*3a* inaktiviert ist (Abb.8). Diese Entdeckung wurde 1986 publiziert, genau 40 Jahre nach der Entdeckung des F-Faktors selbst. Der F-Faktor liegt damit natürlicherweise als *drd*-Mutante vor, und seine Entdeckung wäre bestimmt nicht 1946 erfolgt, wenn er über ein aktives *finO*-Gen verfügen würde.

Zurück zur Regulation der Transferfunktionen. Die Produkte der Gene *finO* und *finP* reprimieren die Transkription der *tra*-Gene. Während das *finO*-Gen für ein Protein codiert, exprimiert das *finP*-Gen eine kurze RNA. Beim F-Faktor hat diese RNA eine Länge von 78 Basen, und das Gen *finP* liegt im Bereich des *traJ*-Gens (siehe Abb.9), wird aber in entgegengesetzter Richtung exprimiert. Der genaue Mechanismus der Expressionshemmung von *traJ* ist noch unbekannt. Es wird vermutet, daß die *finP*-RNA die Transkription oder/und Translation des *traJ*-Gens verhindert. Das FinO-Protein wirkt entweder zusammen mit der FinP-RNA oder unabhängig von dieser. Zur Repression ist allerdings die Aktivität beider Produkte notwendig.

Auch chromosomale Gene sind an der Regulation der Expression der Transfer-Region beteiligt. Mutationen in den Genen *cpxC* (auch *sfrA* genannt) und *cpxAB* führen zu einer Reduktion der Menge an TraJ-Protein, während in

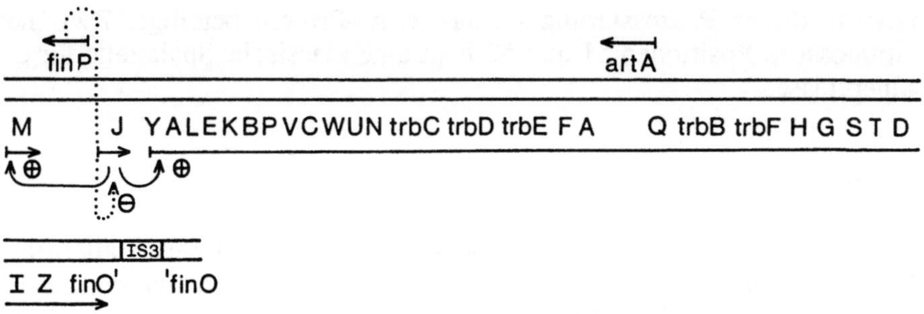

Abb.9. Genkarte der Tra-Region. In der Tra-Region wurden bislang 32 Gene kartiert, von denen die meisten dem *traYZ*-Operon angehören. Die Existenz des durch ein IS*3*-Element inaktivierten *finO*-Gens wurde bislang nur aufgrund von Hybridisierungsdaten gefolgert. Alle *tra*-Gene werden in dieser Abb. nur mit einem Großbuchstaben (anstelle der vollständigen Schreibweise *traY*, *traA*, etc.) bezeichnet. Die horizontalen Pfeile bezeichnen die Transkriptionsrichtung, die gebogenen Pfeile die Regulation. Dabei wirkt das TraJ-Protein als positiver Regulator des *traYZ*-Operons und des *traM*-Gens, während das Gen *finP* für eine RNA codiert, die die Expression des Gens *traJ* beeinflußt. Allerdings ist zur Repression von *traJ* auch das FinO-Protein notwendig, so daß die hier eingezeichnete negative Regulation beim F-Faktor nicht wirksam wird.

sfrB-Mutanten die Menge an *traJ*-mRNA reduziert ist und damit auch die Menge an TraJ-Protein. Während die Funktion der ersten beiden Gene noch unbekannt ist, wird für das *sfrB*-Gen eine Antiterminator-Funktion diskutiert, die eine vorzeitige Termination der 32 kb mRNA an mindestens zwei Rho-abhängigen Terminatoren verhindert.

3.1.1.4.2 Biosynthese des F-Pilus

Hfr- und F^+-Zellen besitzen an ihrer Oberfläche ein bis drei Pili, die für den physikalischen Kontakt zwischen Donor und Rezipient verantwortlich sind. Bei den F-Pili handelt es sich um haarähnliche Strukturen mit einer Länge von 2000-3000 nm. Der Pilus ist ein flexibler Hohlzylinder mit einem Außendurchmesser von 800 nm und einem Innendurchmesser von 200 nm. Er besteht aus identischen Proteinuntereinheiten, dem Pilin, mit einer molaren Masse von 7200 d. Die N-terminale Aminosäure des Pilins ist acetyliert (dafür ist vermutlich das TraG-Protein verantwortlich), und das Protein kann außerdem sowohl phosphoryliert als auch glykosyliert sein.

Das Pilin wird von dem *traA*-Gen codiert und zunächst als Prä- oder Präproprotein mit einer molaren Masse von 13 200 da (121 Aminosäuren) synthetisiert. Dieser Vorläufer wird dann in einem oder in mehreren Schritten prozessiert; an dieser Prozessierung ist das TraQ-Protein beteiligt. Zwischen den Aminosäure-Positionen 51 und 52 liegt eine klassische Spaltstelle für die Signalpeptidase:

↓
-Ala-Met-Ala-Ala-
51 52

Pro Zelle sind etwa 10^5 Pilin-Moleküle nachweisbar, von denen allerdings nur 10-15% zu den Pili polymerisiert sind. Weitere Tra-Proteine dienen der Verankerung des Pilus in der äußeren Membran, wahrscheinlich unter Ausbildung eines Pilus-Basalkörpers. Insgesamt sind mindestens 13 *tra*-Genprodukte an der Synthese des F-Pilus beteiligt, der auch als Anheftungsstelle für eine ganze Reihe von Phagen (sog. Männchen-spezifische Phagen) dient. Dabei adsorbieren F-spezifische RNA-Phagen (z.B. R17, f2 und Qβ) an die Längsseite und filamentöse Einzelstrang-DNA-Phagen (z.B. M13, fd und f1) an die Spitze des Pilus.

3.1.1.4.3 Stabilisierung der Paarungspartner

Während der F-Pilus mit einer *E.-coli*-Rezipientenzelle interagiert, nimmt er mit einer *Pseudomonas-aeruginosa*-Zelle keinen Kontakt auf. Daher postulierte man die Existenz eines Rezeptors an der Außenseite der Rezipientenzelle. Wenn es einen solchen Rezeptor tatsächlich gibt, dann sollte man auch Mutanten isolieren können, die nicht mehr als Rezipient dienen können. Solche Mutanten wurden dann auch gefunden und ihr Phänotyp mit $ConF^-$ bezeichnet. Die Kartierung der Mutationen ergab, daß sie in zwei Klassen fallen:

(1) Die eine Gruppe von Mutationen kartiert im *ompA*-Gen. Dieses Gen codiert für ein 33-kda-Protein, welches Bestandteil der äußeren Membran ist. *ConF*-Mutanten fehlt entweder dieses Protein oder sie enthalten es in nicht-funktioneller Form.

(2) Die zweite Gruppe von Mutationen betrifft das LPS (Lipopolysaccharid). Mutanten mit einem Defekt im LPS haben eine veränderte Zusammensetzung der Proteine in der äußeren Membran.

Gemäß einer Modellvorstellung kann erst bei intaktem LPS das OmpA-Protein seine reaktive Konformation annehmen und damit als Rezeptor für den F-Pilus dienen.

Die primären Zellpaare (oder genauer Zellaggregate, da die Donorzelle mehr als einen Pilus besitzt und somit auch mit mehreren Rezipienten Kontakt aufnehmen kann) sind empfindlich gegenüber schwachen Scherkräften und können durch starkes Schütteln wieder voneinander getrennt werden. Die sekundären Zellpaare sind resistent gegenüber schwachen Scherkräften, da ein enger physikalischer Kontakt zwischen ihnen besteht. Dieser Kontakt wird durch die Produkte der Gene *traN* und *traG* stabilisiert. Nach der Kontaktaufnahme zwischen Donor und Rezipient durch den Pilus verkürzt sich dieser durch Depolymerisation an der Spitze, an der Basis oder an beiden Enden.

Die Kontaktstellen zwischen Donor und Rezipient könnten mit den Adhäsionsstellen zwischen innerer und äußerer Membran identisch sein. Dort vermutet man auch den Pilus-Basalkörper. Die DNA kann durch eine transmembranöse Pore des Basalkörpers oder durch das Lumen des Pilus den Donor verlassen. Behandelt man die sekundären Zellpaare mit 0,01% SDS, dann führt diese Behandlung zu einer Dissoziation des Pilus. Da unter diesen Bedingungen aber noch DNA-Transfer stattfindet, kann er nicht mehr durch das Lumen des Pilus erfolgen. Die Funktion der TraN- und TraG-Proteine ist noch unbekannt.

3.1.1.4.4 Oberflächen-Ausschluß

Oberflächen-Ausschluß ist definiert als die reduzierte Fähigkeit F-haltiger Zellen, als Rezipient zu fungieren. Wie bereits unter Abschnitt 3.1.1.1 geschildert, ist eine Kreuzung F^+ x F^+ nur bedingt fertil. Warum ist der Transfer eines F-Faktors in eine Zelle, die bereits einen solchen Faktor besitzt, ineffizient? Die biologische Bedeutung dieses Phänomens ist plausibel: Welchen Vorteil bringt einer Zelle der Erwerb eines zweiten F-Faktors? Wie wird aber der Transfer verhindert? Es konnten zwei Gene identifiziert werden, die Teil des F-Faktors sind und deren Produkte für den reduzierten Transfer verantwortlich sind. Es handelt sich um die Gene *traS* und *traT*.

Was ist über den Wirkungsmechanismus der beiden Proteine bekannt? Verwendet man in einer Kreuzung eine Rezipientenzelle, die das Gen *traS* exprimiert, dann findet noch Aggregation zwischen den beiden Partnern statt, aber der DNA-Transfer ist um den Faktor 100-200 reduziert; daraus wurde gefolgert, daß das TraS-Protein den konjugativen DNA-Metabolismus hemmt. Enthält hingegen die Rezipientenzelle das Gen *traT*, dann beobachtet man eine reduzierte Aggregation der beiden Partner. Das TraT-Protein ist außerdem verantwortlich für Serum-Resistenz und für eine erhöhte Resistenz gegenüber Phagocytose (siehe Abschnitt 15.5). Die Wirkungsweise der beiden Proteine erfolgt unabhängig voneinander, so daß der konjugative Transfer auf zwei Ebenen beeinträchtigt wird.

Beide Gene wurden einschließlich ihrer Kontrollregionen sequenziert. Das *traS*-Gen codiert für ein extrem hydrophobes 16 861-da-Protein, welches in der inneren Membran lokalisiert ist. Es verfügt über einen eigenen Promotor und einen schwachen Terminator. Das *traT*-Gen codiert für ein Vorläufer-Protein (25 932 da) mit einer Signalsequenz von 21 Aminosäuren. Das reife Protein (23 709 da) kommt als Lipoprotein in etwa 20 000 Kopien pro Zelle in der äußeren Membran vor. Es verfügt ebenfalls über einen eigenen Promotor, einen starken Terminator sowie eine weitere Sekundärstruktur, die die Stabilität der mRNA gegenüber 3'-spezifischen Ribonucleasen erhöhen könnte. Diese Hypothese korreliert mit der Beobachtung, daß die mRNA eine große Halbwertszeit besitzt.

Was ist der Grund für den mit geringer Frequenz stattfindenden Transfer zwischen F^+-Zellen? Er liegt darin, daß es in einer Population von Donor-Zellen immer einige Zellen gibt, die die *tra*-Gene nicht exprimieren. Der Anteil dieser Zellen liegt zwischen 0,1-1%, er kann aber durch technische Manipulationen erhöht werden. Eine dieser Manipulationen besteht darin, die Donorzellen mehrere Stunden in einem Nährstoff-freien Medium hungern zu lassen. Solche gehungerten Zellen nennt man F^--Phänokopien.

3.1.1.4.5 DNA-Transfer

In Abb.10 sind schematisch die vier verschiedenen Stadien des Paarungszyklus dargestellt:

(1) Die Donorzelle nimmt mit Hilfe des Pilus Kontakt zur Rezipientenzelle auf;

(2) dann erfolgt eine Annäherung der beiden Zellen durch Depolymerisation des Pilus (auch als Pilus-Retraktion bezeichnet);

(3) konjugative DNA-Synthese;

(4) aktive Disaggregation.

Der konjugative DNA-Transfer wiederum wird in sechs verschiedene Phasen eingeteilt:

(1) Strang-spezifischer Einzelstrang-Bruch (nick) im *oriT*;

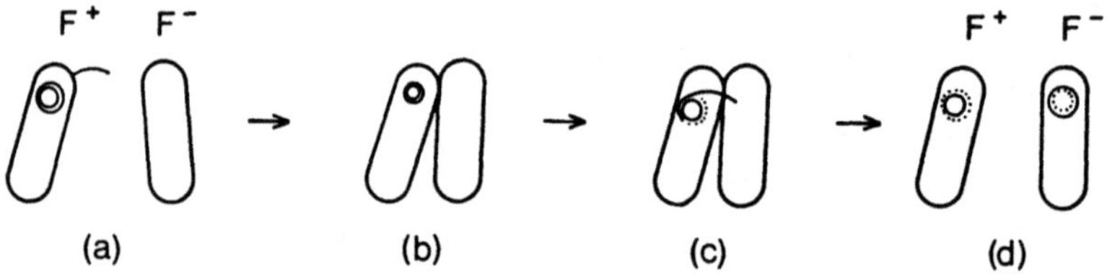

Abb.10. Stadien des Paarungszyklus. a) Über den F-Pilus nehmen F^+-Zellen Kontakt zu F^--Zellen auf. Da jede F^+-Zelle über 2-3 Pili verfügt, kommt es zur Ausbildung von Aggregaten aus bis zu 50 Zellen. Hier sind aus Gründen der Vereinfachung nur zwei Zellen gezeichnet. b) Nach der Kontaktaufnahme nähern sich Donor- und Rezipientenzelle durch Retraktion des Pilus. c) Nach der direkten Berührung der beiden Zellen beginnt der konjugative DNA-Transfer, wobei es zu einer Übertragung von Einzelstrang-DNA nach dem Rolling-circle-Mechanismus kommt. d) Die Übertragung des F-Faktors ist abgeschlossen; in beiden Zellen wurde die Einzel- zur Doppelstrang-DNA ergänzt.

(2) Entwindung in 5'→3'-Richtung;

(3) Übertragung der Einzelstrang-DNA mit dem 5'-Ende voran in den Rezipient;

(4) im Donor Replacement-Synthese nach dem Rolling-circle-Modell;

(5) im Rezipient komplementäre DNA-Synthese;

(6) Zirkularisierung der DNA im Rezipient.

Für den ersten Schritt werden eine Sequenz (*oriT*) und zwei Proteine (Produkte der Gene *traY* und *traZ*) benötigt. Die Identifizierung und Kartierung des *oriT* erfolgte durch Deletionsanalyse und durch Insertion in andere Plasmide. Diese Experimente haben gezeigt, daß der *oriT* in beliebige andere Plasmide eingebaut werden kann, und daß diese modifizierten Plasmide dann in Gegenwart der beiden Proteine TraY (14 491 da) und TraZ in andere Zellen übertragen werden können. Zur Zeit ist der *oriT* als ein 373 bp *Bgl*II-*Hae*II-Fragment definiert. Dieses Fragment wurde sequenziert, und die Analyse der Sequenz ergab, daß sie über insgesamt vier verschiedene invertierte Wiederholungen verfügt. Solche Palindrom-Sequenzen sind gute Kandidaten als Erkennungsstellen für DNA-bindende Proteine.

Innnerhalb des *oriT* kommt es zu einem Einzelstrang-Bruch. Die Identifizierung der Nicking-Stelle erfolgte durch Einbau der *oriT*-Region in einen Lambda-Phagen. Mit diesem rekombinanten Phagen wurde eine *E.-coli*-Zelle infiziert, die einen F-Faktor enthielt. Die Analyse der Nachkommenschaftsphagen-DNA ergab, daß etwa 10% der DNA-Moleküle einen Einzelstrang-Bruch enthielt. Durch Analyse der Lage dieses Einzelstrang-Bruches innerhalb der *oriT*-Region konnte seine Position in etwa bestimmt werden. Da bislang eine Methode zur exakten Kartierung eines solchen Einzelstrang-Bruches noch fehlt, kann seine Lage auf das Nucleotid genau noch nicht angegeben werden.

Eine Analyse des rekombinanten Lambda-Phagen mit der *oriT*-Region in Donorzellen mit transferdefekten F-Faktoren führte zur Identifizierung der beiden Gene *traY* und *traZ*, deren Produkte für das nicking verantwortlich sind. Während das TraY-Protein in der Membranfraktion nachgewiesen wurde, handelt es sich bei dem TraZ-Protein um ein cytoplasmatisches Protein.

Für den zweiten Schritt, die Entwindung der DNA, werden zwei Proteine benötigt. Zunächst bindet vermutlich das TraM-Protein an den nick und erweitert den Einzelstrang-Bruch zu einer Lücke (gap) durch Entwindung der ersten 200 bp in 5'→3'-Richtung. An diesen gap bindet dann das TraI-Protein, auch Helicase I genannt, die die weitere Entwindung unter ATP-Verbrauch übernimmt. Dabei werden pro sec etwa 1200 bp entwunden. Die Einzelstrang-Bereiche müssen durch ein Einzelstrang-bindendes Protein (SSB) stabilisiert werden, wofür allerdings noch der experimentelle Beweis fehlt.

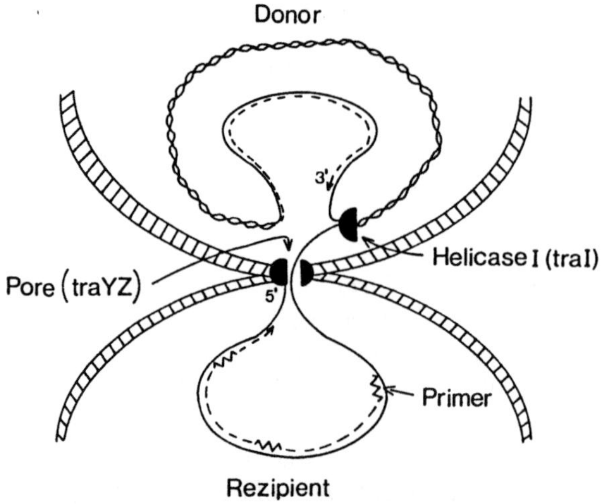

Abb.11. Modell des DNA-Transfers. Nach dem Einführen eines Einzelstrangbruchs im Bereich des *oriT* erfolgt die Übertragung von Einzelstrang-DNA, beginnend am freien 5'-Ende, durch eine Pore, die Donor und Rezipient verbindet, in die Rezipientenzelle. Die Entwindung der Doppelhelix im Donor erfolgt durch die Helicase I, die Ergänzung zum Doppelstrang durch kontinuierliche Synthese am freien 3'-OH-Ende. Im Rezipient ist das 5'-Ende fixiert, die Ergänzung zum Doppelstrang erfolgt durch diskontinuierliche Synthese und startet an Primern, die in bestimmten Abständen gebildet werden.

Die weiteren Schritte sind im Detail noch wenig erforscht und schematisch in der Abb.11 zusammengefaßt. In dieser Abbildung sind Donor und Rezipient über ihre Membranen miteinander verbunden, wobei die Proteine TraY und TraZ eine Pore bilden, durch die der Einzelstrang in den Donor gelangt. Dort ist das 5'-Ende an dieser Pore fixiert. Über den Rolling-circle-Mechanismus erfolgt im Donor Replacement-Synthese mit Hilfe der DNA-Polymerase III. Im Rezipient wird die komplementäre DNA-Synthese ebenfalls mit Hilfe der DNA-Polymerase III durchgeführt; allerdings müssen hier zusätzlich RNA-Primer gebildet werden.

Literatur

K.A. Ippen-Ihler, E.G. Minkley Jr (1986), Ann. Rev. Genet. 20, 593-624. The conjugation system of F, the fertility factor of *Escherichia coli*

N. Willetts, R. Skurray (1987), Structure and function of the F factor and mechanism of conjugation; in F.C. Neidhardt: *Escherichia coli* and *Salmonella typhimurium*; American Society for Microbiology, Washington, D.C., S.1110-1133

3.1.2 Weitere konjugative Plasmide bei Gram-negativen Bakterien

Neben dem F-Faktor kennt man eine Reihe sog. F-ähnlicher Plasmide, von denen wichtige Vertreter in Tabelle 1 zusammengefaßt sind (siehe Abschnitt 3.1.1.3). Sie werden als F-ähnlich bezeichnet, weil sie, wie bereits erwähnt, Homologie im Bereich der Tra- und der Leading-Region mit dem F-Faktor zeigen. Daneben gibt es noch zahlreiche weitere konjugative Plasmide, von denen hier nur die Plasmide R6K (kleinstes konjugatives Plasmid mit 38 kb) und RP4 erwähnt werden sollen. RP4 ist aufgrund seines weiten Wirtsbereichs bekannt, der sich auf sehr viele Gram-negative Bakterien erstreckt (siehe Abschnitt 9.1).

Können R-Faktoren das Bakterien-Chromosom mobilisieren? Gibt es R'-Faktoren? Die Integration von konjugativen R-Faktoren (und auch vielen anderen Plasmiden) in das *E.-coli*-Chromosom kann durch einen technischen Trick erreicht werden. Ein *E.-coli*-Stamm mit einer *dnaA*ts-Mutation kann bei hoher Temperatur nicht wachsen, da unter diesen Bedingungen kein aktives DnaA-Protein vorhanden ist, welches für die Initiation der chromosomalen DNA-Replikation essentiell ist. Wird ein *dnaA*ts-Stamm, der einen konjugativen R-Faktor enthält, bei hoher Temperatur inkubiert, dann beobachtet man mit einer geringen Frequenz Klone, die unter diesen nicht-permissiven Bedingungen wachsen können. Eine Analyse solcher Klone ergibt, daß der R-Faktor in das Chromosom integriert ist, und daß die Replikation des Chromosoms am *ori* des Plasmids startet. Diesen Sachverhalt nennt man integrative Suppression (siehe auch Abschnitt 11.2). Solche Stämme mit einem integrierten Plasmid können das Bakterien-Chromosom übertragen.

Ein Sonderfall stellt ein Derivat des R-Faktors R68 dar. R68 (identisch mit RP4; siehe Abschnitt 9.1) enthält eine Kopie des Insertionselements IS*21* (2,1 kb). Ein spontan entstandenes Derivat des R68, das Plasmid R68.45, enthält zwei Kopien von IS*21* in Tandem-Anordnung. Dieses R68.45 kann das Chromosom vieler Gram-negativer Bakterien mobilisieren.

3.2 Konjugation bei Gram-positiven Bakterien

Konjugative Plasmide wurden bislang bei *Bacillus*, *Streptococcus*, *Staphylococcus*, *Streptomyces* und *Clostridium* nachgewiesen. Außerdem kennt man einen Mechanismus des konjugativen Transfers, der ohne Plasmid abläuft.

3.2.1 Konjugation bei Streptococcen

3.2.1.1 Plasmid-gekoppelter Transfer bei Streptococcus

Bei Streptococcen sind zwei Gruppen konjugativer Plasmide beschrieben. Die Plasmide der ersten Gruppe haben eine Größe von 22 bis 30 kb und transferieren nur auf einer festen Oberfläche. Sie codieren im allgemeinen für MLS-Resistenz (Macrolid, Lincosamid, Streptogramin B; siehe Abschnitt 16.3.2), und der Transfer zwischen verschiedenen Spezies ist beschrieben (so z.B. zwischen *S. faecalis*, *S. sanguis*, *S. pneumoniae*). Die Transferrate in einer Über-Nacht-Kultur liegt bei 10^{-4} bis 10^{-3} pro Donor. Einige dieser Plasmide können auch in andere Gattungen übertragen werden (*Staphylococcus*, *Bacillus*). Der bekannteste Vertreter dieser Gruppe ist das Plasmid pAMβ1 mit einer Größe von etwa 26 kb (Abb.12). Dieses Plasmid wurde aus *S. faecalis* isoliert und wird konjugativ in *S. aureus*, *Clostridium acetobutylinum*, *B. subtilis* und einige Spezies der Lactobacillen (z.B. *L. plantarum*) übertragen.

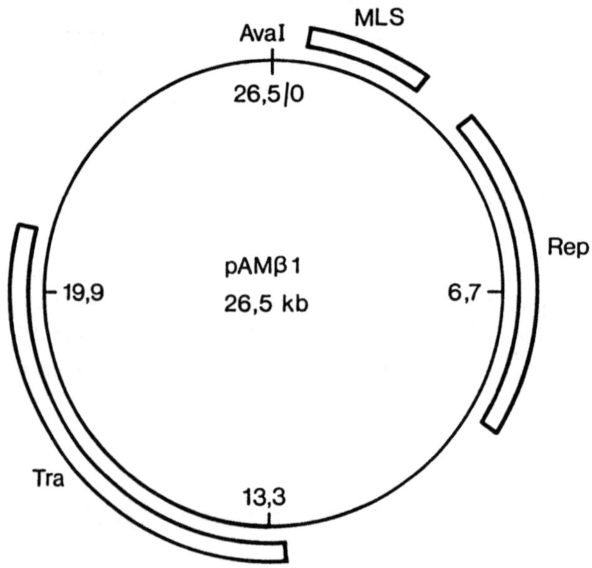

Abb.12. Physikalische und genetische Karte von pAMβ1. MLS steht für Resistenz gegen Macrolide, Lincosamin und Streptogramin B, Rep für Replikations- und Tra für Transfer-Region.

Plasmide der zweiten Gruppe sind bislang nur aus *S. faecalis* bekannt. Sie sind größer als 45 kb, und ihre Transferrate liegt bei 10^{-3} bis 10^{-1} pro Donor in wenigen Stunden. Der Mechanismus der Konjugation ist gut untersucht und verläuft nach folgendem Prinzip:

Der Rezipient bildet ein Paarungssignal, auch Sex-Pheromon genannt, welches im Donor die Synthese einer Aggregationssubstanz, auch als Adhäsin bezeichnet, auslöst. Das Adhäsin bindet wahrscheinlich an eine sog. Bindungssubstanz, welche sich auf der Zelloberfläche von Donor und Rezipient befindet, und veranlaßt dadurch die Verklumpung der beiden Zelltypen. Nach Aufnahme des Plasmids durch den Rezipienten bildet dieser kein Sex-Pheromon mehr.

Abb.13 zeigt eine Genkarte von pAD1, dem bestuntersuchten Plasmid dieser Gruppe. Eine 31 kb Region ist für den konjugativen Transfer notwendig. Mutationen in den Loci *traA* oder *traB* bewirken eine konstitutive Aggregation von Donor und Rezipient und einen Plasmidtransfer mit hoher Frequenz. Dieses Plasmid codiert außerdem für Hämolysin-Bacteriocin und für UV-Resistenz-Determinanten.

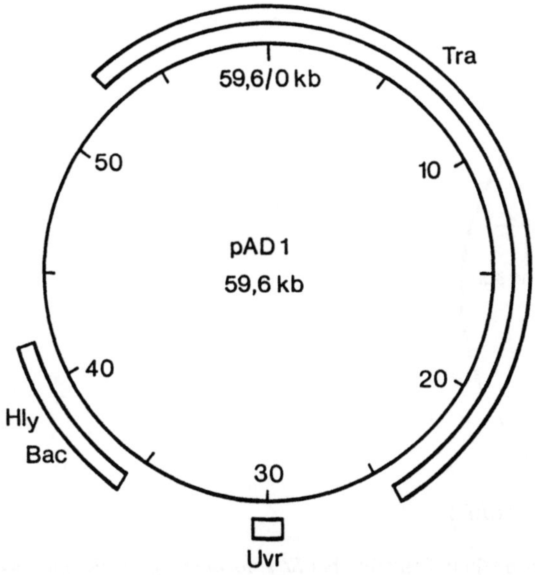

Abb.13. Physikalische und genetische Karte von pAD1. Tra steht für Transfer-Region, Uvr für Resistenz gegen UV-Licht, Hly und Bac für Synthese von Hämolysin und Bacteriocin.

Die Rezipientenzelle bildet in der Regel mehrere unterschiedliche Sex-Pheromone mit Spezifität für verschiedene konjugative Plasmide. Beispiele für konjugative Plasmide und für Sex-Pheromone, die ihren Transfer induzieren, sind in Tabelle 2 aufgeführt.

Tabelle 2. ***Konjugative Plasmide bei S. faecalis und die ihren Transfer induzierende Pheromone***

Plasmid	Größe (kb)	Sex-Pheromon
pAD1	59,6	cAD1
pOB1	71	cOB1
pPD1	54	cPD1
pAMγ1	60	cAMγ1
pAMγ2	~ 60	cAMγ2
pAMγ3	~ 60	cAMγ3
pAM373	36	cAM373
pCF10	54	cCF10

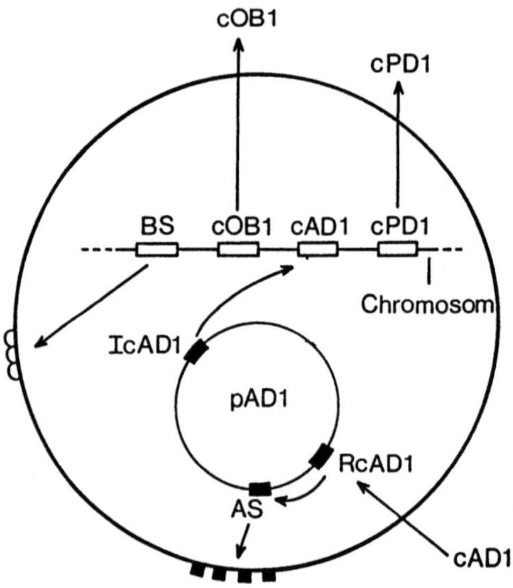

Abb.14. Modell des Plasmid-gekoppelten Transfers bei *Streptococcus faecalis*. Donorzelle mit einem Ausschnitt des Chromosoms, welches für die Sex-Pheromone cOB1, cAD1 und cPD1 codiert, und dem Plasmid pAD1. Das Produkt des Gens IcAD1 inaktiviert das endogene cAD1, das nicht mehr die Zelle verläßt, während die beiden anderen Sex-Pheromone weiterhin ungehindert ins Medium gelangen. Nimmt eine Zelle cAD1 auf, dann löst es durch eine Interaktion mit dem Plasmid-codierten Gen RcAD1 die Synthese eines Adhäsins (AS) aus, welches auf der Oberfläche neben der chromosomal-codierten Bindungssubstanz (BS) erscheint, die bei allen Zellen vorhanden ist. AS interagiert mit der BS der Rezipientenzelle und führt zu einer Verklumpung. Dann kommt es zum Transfer des Plasmids. Schemazeichnung modifiziert nach D.B. Clewell, B.A. White, Y. Ike, F.Y. An (1984), Sex pheromones and plasmid transfer in *Streptococcus faecalis*; in R. Losick, L. Shapiro: Microbial development; Cold Spring Harbor Laboratory.

In Abb.14 ist in einer Schemazeichnung das Prinzip der Konjugation ausführlich dargestellt. Sie zeigt eine Donorzelle mit einem Ausschnitt des Chromosoms, welches für die Sex-Pheromone cAD1, cPD1 und cOB1 codiert. Die Zelle enthält das Plasmid pAD1, welches seinerseits ein Gen IcAD1 enthält. Dieses Gen codiert für ein Protein, welches das endogene cAD1 durch Modifikation inaktiviert. Somit gibt der Donor kein cAD1 Sex-Pheromon mehr an seine Umgebung ab. Ein weiteres Plasmid-codiertes Regulatorgen mit der Bezeichnung RcAD1 ist für die Bildung eines Proteins verantwortlich, welches seinerseits die Synthese der Aggregationssubstanz kontrolliert.

Gelangt das Sex-Pheromon cAD1 in die Zellen, dann löst es durch eine Interaktion mit dem Gen RcAD1 oder dessen Produkt die Synthese des Adhäsins aus. Dieses bindet an die Zelloberfläche und benötigt dazu die Bindungssubstanz. Dann kommt es zur Verklumpung der Zellen, und nach dem Transfer des Plasmids in eine Rezipientenzelle wird in dieser die weitere Freisetzung des Sex-Pheromons cAD1 nach dem oben beschriebenen Schema verhindert.

Bei dem Adhäsin handelt es sich um ein Protein mit einer molaren Masse von 78 kda. Es kann aus induzierten, nicht aber aus nicht-induzierten Zellen isoliert werden. Sex-Pheromone sind kleine lineare Peptide. Folgende Sequenzen wurden bislang bestimmt:

```
cPD1:   Phe-Leu-Val-Met-Phe-Leu-Ser-Gly (912 da)
cAD1:   Leu-Phe-Ser-Leu-Val-Leu-Ala-Gly (818 da)
cAM373: Ala-Ile-Phe-Ile-Leu-Ala-Ser     (733 da)
```

Entstehen diese Peptide durch enzymatische Kondensation der einzelnen Aminosäuren oder durch Translation? Die Antwort auf diese Frage ist noch offen, doch geht man aufgrund folgender Beobachtungen davon aus, daß sie durch Translation entstehen:

(1) Die Pheromon-Aktivität im Kulturmedium steigt proportional zum Wachstum der Zellen.

(2) Ihre Synthese stoppt nach Zugabe von Rifampicin oder Tetracyclin.

Vermutlich sind die Sex-Pheromone Prozessierungsprodukte größerer Vorläuferproteine.

Wie erfolgt die Hemmung der Sekretion eines Pheromons, wenn die Rezipientenzelle das entsprechende Plasmid aufgenommen hat? Das Plasmid codiert für einen hitzestabilen, chymotrypsinsensitiven Inhibitor mit einer molaren Masse von etwa 1200 da. Dieser Inhibitor modifiziert das Pheromon durch eine chemische Addition. Das modifizierte Pheromon (mcAD1, mcPD1, etc. genannt) kann durch Inkubation mit Phosphodiesterase II zu aktivem Pheromon regeneriert werden. Dieses Ergebnis zeigt, daß ein oder mehrere Nucleotide über eine 3'-Phosphodiesterbindung an das Pheromon gebunden sind.

Die konjugativen Plasmide können auch nicht-konjugative mobilisieren, so z.B. die Plasmide pAMγ1 oder pAD2. Ein Bakterienstamm kann auch mehr als ein konjugatives Plasmid enthalten, so z.B. enthält der Stamm DS5 die Plasmide pAMγ1, pAMγ2 und pAMγ3, die auf drei verschiedene Pheromone reagieren.

Literatur

D.B. Clewell, B.A. White, Y. Ike, F.Y. An (1984), Sex pheromones and plasmid transfer in *Streptococcus faecalis*; in R. Losick, L. Shapiro: Microbial development; Cold Spring Harbor Laboratory; S. 133-149

3.2.2 Konjugative Transposons

Mitte der 70er Jahre wurden die ersten Antibiotika-Resistenzgene bei *Streptococcus* entdeckt. In vielen Fällen gelang allerdings nicht der Nachweis eines R-Faktors, obwohl das Resistenzgen in andere Zellen übertragen werden konnte. 1981 erschien die erste Publikation, in der gezeigt wurde, daß ein konjugatives, chromosomal codiertes Resistenzgen die Charakteristika

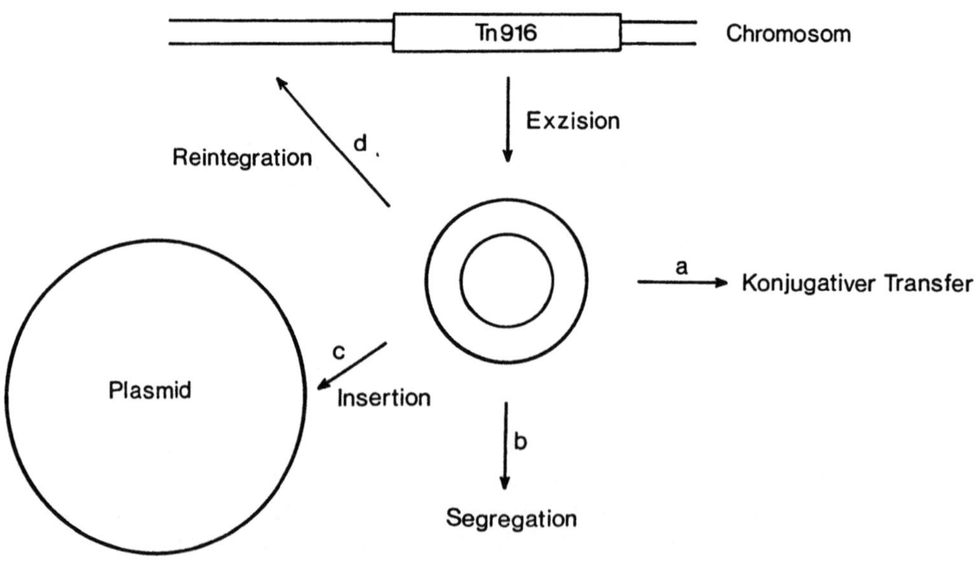

Abb.15. Transfermöglichkeiten konjugativer Transposons am Beispiel von Tn*916*. Nach einer Exzision kann das Transposon a) konjugativ in eine Rezipientenzelle übertragen werden, b) durch Segregation verloren gehen, c) in ein Plasmid oder d) in das bakterielle Chromosom an einer anderen Stelle integrieren.

eines Transposons besitzt. Es handelte sich um ein Tetracyclin-Resistenzgen, welches mit einer Frequenz von 10^{-7} pro Donor übertragen wurde. Dieses Transposon erhielt die Bezeichnung Tn*916*.

In den folgenden Jahren wurden weitere konjugative Transposons entdeckt (Tn*918*, Tn*919*, Tn*925*, Tn*3703*, Tn*3701*), deren Transfer-Möglichkeiten in Abb.15 dargestellt sind. Nach der Exzision von Tn*916* kann dieses Element (1) in eine andere Zelle transferiert werden, (2) in ein in der Zelle vorhandenes Plasmid integrieren, (3) in das Chromosom an einer anderen Stelle reintegrieren oder (4) verlorengehen.

Literatur

D.B.Clewell, C. Gawron-Burke (1986), Ann. Rev. Microbiol. 40, 635-659. Conjugative transposons and the dissemination of antibiotic resistance in Streptococci

3.2.3 Konjugation bei Staphylococcus

Neben den bei *Streptococcus* nachgewiesenen konjugativen Plasmiden mit einem weiten Wirtsbereich (z.B. pAMβ1) wurden auch 40 bis 60 kb große konjugative Plasmide bei *Staphylococcus aureus* und bei *S. epidermidis* beschrieben. Der konjugative Transfer dieser Plasmide geschieht mit geringer Frequenz (10^{-5} bis 10^{-7} Transkonjuganten pro Donorzelle), die Aggregation der Paarungspartner wird nicht durch Pheromone bewirkt und geschieht nur auf festen Oberflächen.

Während das 50-kb-Plasmid pJE1, das zwischen verschiedenen Stämmen von *S. aureus* transferiert werden kann, mindestens zwei getrennte *tra*-Regionen enthält, liegen die *tra*-Gene des 52-kb-Plasmids pG01 (codiert für Resistenz gegen Gentamycin, Trimethoprim, Ethidiumbromid und quartäre Ammoniumsalze) in einer kontinuierlichen 14,5-kb-Region, die von 900 bp langen direkten Wiederholungen flankiert wird.

3.2.4 Konjugation bei Streptomyceten

Rekombination bei Streptomyceten wurde erstmals Mitte der 50er Jahre beschrieben. Die Analyse des zur Rekombination führenden Vorgangs wurde in den nachfolgenden Jahren hauptsächlich mit dem Stamm *Streptomyces coelicolor* A3(2) durchgeführt. Dieser Stamm enthält mindestens vier verschiedene Plasmide, wobei das Plasmid SCP1 für 99% der konjugativen Aktivität, und das Plasmid SCP2 für die restliche Aktivität verantwortlich ist.

Zur praktischen Durchführung einer Kreuzung werden wäßrige Sporen-Suspensionen der beiden Elternstämme auf einer nicht-selektiven Nährmediumplatte gemischt. Nach dem Auskeimen der Sporen wachsen die Hyphen der beiden Stämme in und auf der Oberfläche des Nährmediums. Dabei kommt es zum Kontakt zwischen den Mycelien und zum Austausch von genetischem Material. Dieser Vorgang dauert mehrere Tage. Die neue Sporengeneration wird geerntet und diese dann auf entsprechenden Selektivplatten zur Selektion der gewünschten Rekombinanten ausgebracht.

Die Rekombinationsfrequenz nach Kreuzung verschiedener *S.-coelicolor*-Stämme hängt vom Status des Plasmids SCP1 ab. Hier werden drei verschiedene Fertilitätstypen unterschieden: IF (initial fertility), UF (ultrafertile) und NF (normal fertility). IF-Stämme enthalten SCP1 in autonomer Form und werden auch als $SCP1^+$ bezeichnet. Das Plasmid kann aber auch verloren gehen, und dies geschieht spontan mit einer Frequenz von etwa 0,01%; durch Behandlung mit UV-Licht oder mit Nitrosoguanidin kann das Plasmid kuriert werden. Solche kurierten Stämme nennt man UF oder $SCP1^-$. Der dritte Fertilitätstyp entsteht durch Integration des Plasmids in das Bakterien-Chromosom an der 9-Uhr-Position und wird als NF bezeichnet. Die Rekombinationsfrequenzen, die bei Kreuzung der drei Fertilitätstypen untereinander erzielt werden, sind in Tabelle 3 angegeben.

Tabelle 3. Rekombinationsfrequenzen bei Kreuzungen von S. coelicolor in Abhängigkeit vom Status des Plasmids SCP1

	% Rekombinante		
Fertilitätstyp	IF	NF	UF
IF	0,01	10	0,01
NF	-	1	100
UF	-	-	0,001

Bei der Kreuzung NF x UF enthalten die Rekombinanten variable Teile des NF-Chromosoms, die aber aus der unmittelbaren Nachbarschaft der 9-Uhr-Position stammen. Außerdem enthalten alle Rekombinanten das integrierte SCP1-Plasmid, sind also in den NF-Typ umgewandelt worden. Bei der Kreuzung NF x IF fungiert der NF-Stamm als Donor, aber die übertragenen chromosomalen Regionen kommen aus allen Bereichen des Chromosoms. SCP1 kann auch Prime-Plasmide bilden, die Teile des Bakterien-Chromosoms enthalten; diese SCP1-Prime-Faktoren können zur Klärung von Dominanz-Verhältnissen und für Komplementationsanalysen in entsprechende Stämme übertragen werden.

Die geringe Rekombinationsfrequenz bei der Kreuzung zweier UF-Stämme ist auf das bereits erwähnte Plasmid SCP2 zurückzuführen. Mutanten mit einer erhöhten Rekombinationsfrequenz enthalten eine modifizierte Form des Plasmids mit der Bezeichnung SCP2*. Kreuzt man einen SCP2*-Stamm mit einem SCP2⁻-Indikatorstamm, dann beobachtet man auf den Nährmedienplatten Mikrokolonien, die von einer Hemmzone umgeben sind. Diese Mikrokolonien werden als "pocks" bezeichnet, und dieser Phänotyp entsteht durch einen hohen Transfer von SCP2* in Zellen des Indikatorstammes und führt dort zum Absterben dieser Zellen. Diese Eigenschaft wird auch als letale Zygotie (engl. lethal zygosis) bezeichnet. Sie ist nicht auf SCP2* beschränkt; viele andere Plasmide zeigen diese "pock"-Bildung, wenn ein Plasmid-enthaltender auf einem Plasmid-losen Stamm ausplattiert wird. Somit kann dieser Test zur Identifizierung Plasmid-haltiger Stämme eingesetzt werden.

Die Mobilisierung chromosomaler Gene ist nicht auf *S. coelicolor* beschränkt, sondern wurde bei vielen anderen Spezies nachgewiesen, so z.B. bei *S. lividans*,*S. albus*, *S. fradiae*, *S. griseus* und *S. rimosus*. In allen Fällen wird der Transfer durch konjugative Plasmide vermittelt, von denen Tabelle 4 eine repräsentative Auswahl enthält. Dabei ist das Plasmid pIJ101 von besonderem Interesse, da es über einen weiten Wirtsbereich verfügt.

Tabelle 4. Kleine, konjugative Streptomyces-Plasmide

Plasmid	Größe (kb)	Kopienzahl	isoliert aus
pIJ101	8,9	40-300	S. lividans
SLP1.1	14,5	4-5	S. lividans
SCP2*	31	1-2	S. coelicolor
pSF765	7,2	?	S. fradiae
pNM100	9,3	600	S. virginiae
pJV1	10,8	hoch	S. ssp
pVE1	11	?	S. venezuelae

Für den Transfer der Plasmide sind 2-10 kb DNA notwendig; allerdings kann nicht ausgeschlossen werden, daß zusätzlich chromosomal codierte Funktionen für die Konjugation essentiell sind.

3.3 Genetischer Austausch zwischen Gram-negativen und Gram-positiven Bakterien

Gibt es einen genetischen Austausch zwischen diesen beiden großen Bakteriengruppen? Bislang liegen nur Hinweise auf einen solchen Austausch vor, die kurz skizziert werden sollen:

(1) Das Plasmid pC194 (2,9 kb; Cm^r) wurde in *Staphylococcus aureus* entdeckt, und dieses Plasmid repliziert außerdem in *B. subtilis*, *E. coli* und *S. cerevisiae*. Es ist somit ein potentieller Vektor für die Übertragung von genetischem Material zwischen Gram-positiven und Gram-negativen Bakterien (zum Wirtsbereich von Plasmiden siehe Kapitel 9).

(2) Das *E.-coli*-Plasmid pIP1527 codiert für MLS-Resistenz, eine bei Gram-negativen Bakterien seltene Resistenz. Die gleiche Resistenz wird von dem *Streptococcus-sanguis*-Plasmid pAM77 und von dem Transposon Tn*917* codiert. Alle drei Resistenzgene wurden sequenziert und ihre Aminosäuresequenzen miteinander verglichen. Die Analyse ergab, daß sich das pIP1527-codierte Enzym (enthält 244 Aminosäuren) in nur drei Aminosäuren von dem Tn*917*-codierten und in sechs Aminosäuren von dem pAM77-codierten unterscheidet. Entweder ist die MLS-Resistenz unabhängig voneinander in den beiden Organismengruppen entstanden und hat zu Proteinen mit nahezu identischer Primärsequenz geführt, oder es hat eine Übertragung des Resistenzgens stattgefunden. Da die erste Möglichkeit als sehr unwahrscheinlich erachtet wird, muß es eine Möglichkeit des genetischen Austausches zwischen Gram-negativen und Gram-positiven Bakterien geben; der könnte über einen Plasmid-Transfer erfolgen.

Aus einem klinischen Isolat von *Campylobacter coli*, der beim Menschen akute Gastroenteritis auslöst, wurde das Plasmid pIP1433 isoliert. Dieses Plasmid enthält das *aphA*-3-Gen, welches für Kanamycin-Resistenz codiert. Nach dem Einbau dieses Gens in einen *E.-coli-B.-subtilis*-Shuttle-Vektor wurde das *aphA*-3-Gen in beiden Spezies effizient exprimiert. Eine Analyse der Nucleotidsequenz des Promotors ergab, daß sie exakt der der Konsensus-Sequenz entspricht, die für beide Spezies identisch ist. Darüberhinaus erwies sich die Nucleotidsequenz des *aphA*-3-Gens als identisch mit der des *Streptococcus*-Plasmids pJH1 und unterschied sich durch zwei Substitutionen und der Deletion eines Codons von der des *Staphylococcus*-Plasmids pSH2. Auch dieses Beispiel ist ein starkes Indiz für einen horizontalen Gentransfer über die Grenzen hinweg, die die beiden Bakteriengruppen voneinander trennen.

(3) Plasmide, die die Grenzen zwischen Gram-negativen und Gram-positiven Bakterien konjugativ überwinden, wurden *in vitro* konstruiert. Ein Kointegrat, bestehend aus den *ori*-Regionen von pBR322 und pAMβ1, der *tra*-Region und dem Kanamycin-Resistenzgen aus pAMβ1 (Bezeichnung des Plasmids: pAT191; 32,5 kb) wird konjugativ von *Streptococcus faecalis* in *E. coli* mit einer Frequenz von $5x10^{-9}$ pro Donorzelle übertragen.

Eine zweite Konstruktion mit den *ori*-Regionen von pBR322 und pAMβ1 und dem *oriT* von RP4 kann in Gegenwart von Helfer-Funktionen (*tra-* und *mob*-Gene), die von einem zweiten, kompatiblen Plasmid oder von einem in das Chromosom integrierten RP4 codiert werden, in Gram-positive Bakterien übertragen werden. Bislang ist der erfolgreiche Transfer in folgende Gattungen beschrieben worden: *Bacillus*, *Enterococcus*, *Streptococcus*, *Listeria*, *Staphylococcus* und *Clostridium*.

4 Mobilisierung

Unter Mobilisierung versteht man die Übertragung eines nicht-konjugativen Plasmids mit Hilfe eines konjugativen von einer Donor- in eine Rezipientenzelle. Der molekulare Mechanismus der Mobilisierung wurde bislang bei Gram-negativen Bakterien ausführlich untersucht und führte zur Entdeckung zweier verschiedener Mechanismen:

(1) Mobilisierung mittels Donation: Dieser Mechanismus bewirkt eine hohe Transferrate, und es kommt nicht zu einer physikalischen Interaktion zwischen dem konjugativen und dem zu mobilisierenden Plasmid. Während es in der Regel zur Übertragung beider Plasmide kommt, findet man aber auch mit geringer Frequenz Rezipientenzellen, die nur das mobilisierbare Plasmid enthalten. Details dieser Übertragung werden an den Beispielen ColE1, pBR322 und pC221 behandelt.

(2) Mobilisierung mittels Konduktion: Dieser Mechanismus bewirkt eine niedrige Transferrate, und es kommt in jedem Fall zu einer physikalischen Interaktion zwischen dem konjugativen und dem zu mobilisierenden Plasmid. Diese Interaktion erfolgt über Rekombination (hier sind homologe Regionen auf den beiden Plasmiden involviert) oder über Transposition (hier ist ein mobiles Element auf einem der beiden Plasmide beteiligt, welches einen Transpositionsvorgang auslöst). In jedem Fall findet die Übertragung vom konjugativen und mobilisierbaren Plasmid als Kointegrat statt. Dieses Kointegrat kann dann in der Rezipientenzelle aufgelöst werden. Falls das Kointegrat durch einen Transpositionsvorgang entstanden ist, dann enthält nach Auflösung des Kointegrats im Rezipient eines der beiden Plasmide ein zusätzliches mobiles Element.

4.1 Mobilisierung des Plasmids ColE1

Bei der Kreuzung *E. coli*/ColE1 x *E. coli* findet man keine Transkonjuganten, d.h. das Plasmid ColE1 kann nicht übertragen werden. Führt man hingegen eine Kreuzung zwischen den beiden Stämmen *E. coli*/F, ColE1 x *E. coli* durch, dann findet ein Transfer von ColE1 statt. Eine quantitative Auswertung einer solchen Kreuzung zeigt, daß etwa 90% der F^+-Transkonjuganten auch das Plasmid ColE1 enthalten, während etwa 5% der Transkonjuganten nur ColE1 besitzen. Aus diesem Experiment sind zwei wichtige

Schlußfolgerungen zu ziehen:

(1) Der F-Faktor katalysiert den Transfer von ColE1.

(2) Die Übertragung des F-Faktors ist für den Transfer von ColE1 nicht notwendig.

Welche Funktionen werden für die Mobilisierung von ColE1 benötigt?

Aus logarithmisch wachsenden Zellen kann das Plasmid ColE1 in Form eines superhelikalen DNA-Protein-Komplexes isoliert werden, der Relaxosom genannt wird. Solche Komplexe werden durch vorsichtige Lyse der Zellen in Abwesenheit Protein-denaturierender Agenzien gewonnen. Die Reinigung dieser Komplexe erfolgt in einem Sucrosegradienten. Wird der gereinigte Komplex mit Protease, Hitze oder einem Detergenz behandelt, dann wird durch diese Behandlung eine Endonuclease-Aktivität der assoziierten Proteine aktiviert, und es kommt zu einem Einzelstrangbruch im Bereich des *oriT*. Dabei geht das Plasmid von der CCC- in die OC-Form über, und eines der zuvor assoziierten Proteine wird kovalent an das freie 5'-Ende gebunden.

Das Relaxosom enthält drei Proteine mit einer molaren Masse von 11, 16 und 60 kda, die auch als Mob-Proteine bezeichnet werden. Während das 60-kda-Protein nach der Aktivierung des Komplexes kovalent mit dem 5'-Ende verbunden bleibt, ist die Funktion der beiden anderen Proteine noch unbekannt. Der Einzelstrangbruch erfolgt immer im gleichen Strang an der gleichen Stelle.

4.2 Mobilisierung des Plasmids pBR322

Das Plasmid pBR322, der bekannteste und meistverwendete Klonierungsvektor, ist ein Derivat von ColE1 (genauer von dem Plasmid pMB1, welches sehr große Homologie mit ColE1 aufweist). Daher ist nicht zu erwarten, daß dieses Plasmid in eine andere Bakterienzelle übertragen werden kann. Aber auch in Gegenwart des F-Faktors findet keine Mobilisierung statt, was auf dem Fehlen von mindestens einem Mob-Protein beruht, dessen codierende Region bei der Konstruktion von pBR322 deletiert wurde.

Jetzt ist aber ein Plasmid bekannt, welches mit pBR322 kompatibel ist, und welches das oder die fehlenden Mob-Proteine beisteuern kann. In der Kreuzung *E. coli*/F, ColK, pBR322 x *E. coli* komplementiert das Plasmid ColK den Defekt von pBR322, und es kommt zur Mobilisierung von pBR322. Daraus folgt, daß die Mob-Proteine von ColK am *oriT* von pBR322 aktiv sein können.

Um einen nicht-mobilisierbaren Vektor zu bekommen, wurde der *oriT* von pBR322 deletiert und das Derivat pBR327 genannt. Allerdings kann eine Übertragung auch solcher Plasmide nie völlig ausgeschlossen werden. Diese

Übertragung verläuft dann über den bereits geschilderten Mechanismus der Konduktion.

4.3 Mobilisierung des Plasmids pC221

Bei den Gram-positiven Bakterien der Genera *Staphylococcus* und *Bacillus* gibt es mehrere Berichte über die Mobilisierung von kleinen Plasmiden durch die konjugativen pG01 und pAMβ1, aber bislang nur eine Untersuchung zum Mechanismus der Mobilisierung. Sie betrifft die des Plasmids pC221 durch pG01 in *S. aureus*.

pC221 (4557 bp; Cm^r) kann mit hoher Frequenz durch das konjugative Plasmid pG01 mobilisiert werden. Es kann als Relaxosom aus den Bakterienzellen isoliert werden, und für die Ausbildung dieses Komplexes ist das *mobA*-Produkt notwendig. Für die Mobilisierung wird ein zusätzliches Protein benötigt, welches von dem Gen *mobB* codiert wird, sowie eine *cis*-aktive Region, die auf einem 693-bp-Fragment lokalisiert wurde. Diese Region enthält vermutlich den *oriT*.

Aufgrund der bislang vorliegenden Daten geht man davon aus, daß die Mobilisierung dem bei den Gram-negativen Bakterien beschriebenen Mechanismus der Donation folgt. Dabei bindet das MobA-Protein an den *oriT* und katalysiert einen Einzelstrangbruch. Die Funktion des MobB-Proteins bei der Übertragung der Plasmid-DNA ist noch unbekannt.

Die Plasmide pE194 und pT181 bilden keinen Relaxationskomplex aus und können von pG01 auch nicht mobilisiert werden.

Bei *B. subtilis* wurde ein kryptisches Plasmid mit der Bezeichnung pLS20 (55 kb) beschrieben, welches den Transfer von pBC16 und pUB110, nicht aber den der Plasmide pTV1, pTV24, pC194 und pE194 zwischen verschiedenen *Bacillus*-Spezies bewirkt. Nach genetischer Markierung mit Tn*917* entstand das pLS20-Derivat pOX503. Obwohl im Fall von pLS20 keine entsprechenden Untersuchungen vorliegen, wird Donation als Transfer-Mechanismus angenommen.

4.4 Artifizielle Mobilisierungssysteme bei Gram-negativen Bakterien

Mobilisierung spielt eine wichtige Rolle bei der Kartierung chromosomaler Gene (Bildung von Hfr-Stämmen mit Hilfe des F- oder konjugativer R-Faktoren) und bei der Übertragung gentechnisch veränderter Vektorplasmide in Bakterienspezies, die überhaupt nicht oder nur mit sehr geringer Frequenz transformiert werden können. Die Übertragung von Teilen des Bakterien-Chromosoms nach Bildung eines Hfr-Stammes ist ein Sonderfall der Mobilisierung, die nach dem Mechanismus der Konduktion abläuft. Im Unterschied zur normalen Konduktion kann sich die mobilisierte DNA nicht als autonomes Replicon etablieren.

Während Hfr-Stämme mit dem F-Faktor an vielen verschiedenen Stellen des Chromosoms bei *E. coli* und nahe verwandten Spezies zur Verfügung stehen, fehlen solche Kointegrate bei den meisten anderen Gram-negativen Spezies, da der F-Faktor nur über einen eng-begrenzten Wirtsbereich verfügt. Als Alternative bieten sich konjugative R-Faktoren mit einem größeren Wirtsbereich an. Hier besteht allerdings das Problem der Isolierung eines Hfr-Stammes. Eine experimentelle Möglichkeit der Isolierung eines solchen Kointegrats mit Hilfe der integrativen Suppression (siehe Abschnitt 11.2) ist wiederum nur auf *E. coli* und nahe verwandte Spezies beschränkt. Eine Erweiterung der experimentellen Möglichkeiten brachte die Entdeckung des RP4-Derivats R68.45, das mit erhöhter Frequenz in bakterielle Chromosome integriert und diese dann mobilisieren kann. Dieses Plasmid ist ein wichtiges Werkzeug bei der Kartierung chromosomaler Gene von *Pseudomonas* und bei der Konstruktion von Genkarten.

Neben diesen natürlich vorkommenden Mobilisierungssystemen wurden auch artifizielle entwickelt, die auf RP4 mit seinem weiten Wirtsbereich beruhen (siehe Abschnitt 9.1). Das erste dieser Systeme besteht aus RP4-Derivaten, in die chromosomale Fragmente eingebaut wurden. Über homologe Rekombination kann nun RP4 in das Chromosom integrieren und dieses dann mobilisieren. Hier bestimmt das eingebaute Fragment den Integrationsort. Außerdem muß das RP4-Derivat für jede bakterielle Spezies neu konstruiert werden.

Eine Weiterentwicklung dieses Systems erfolgte durch den Einbau des *oriT* von RP4 in Tn*5*. Dieses Tn*5*-*oriT*-Derivat ist zur Transposition an beliebige Stellen bakterieller Chromosomen befähigt. In Gegenwart eines intakten RP4, welches die Transfer-Funktionen zur Verfügung stellt, kommt es zur Mobilisierung des Chromosoms. In diesem System reicht das Tn*5*-*oriT*-Derivat zur Konstruktion von unterschiedlichen Hfr-Stämmen bei vielen verschiedenen Spezies aus, benötigt aber noch RP4 als komplementierendes Plasmid.

Um auch dieses noch entbehrlich zu machen, wurden Derivate von Tn*1* und Tn*5* konstruiert, die die gesamten Transfer-Funktionen des RP4 einschließlich des *oriT* enthalten.

Die Mobilisierung von Plasmiden von *E. coli* in andere Spezies basiert ebenfalls auf den promisken Fähigkeiten von RP4. Eine solche Mobilisierung wird aus zwei verschiedenen Gründen durchgeführt:

(1) Übertragung eines rekombinanten Vektorplasmids von *E. coli* in eine Bakterienspezies, um dort Komplementationsanalysen durchzuführen.

(2) Übetragung eines Suizidplasmids mit einem Transposon (meist Tn*5*) zum Zwecke der Transposon-Mutagenese.

In beiden Fällen enthält das zu mobilisierende Plasmid den *oriT* von RP4. Die Transfer-Funktionen sind entweder im *E.-coli*-Chromosom integriert oder Teil eines zweiten kompatiblen Plasmids.

5 Replikation

Bakterielle Plasmide dienen auch als Modellsysteme zum Studium der molekularen Mechanismen der DNA-Replikation. Dies liegt in ihrer geringen Größe (verglichen mit dem Bakterien-Chromosom), ihrer Entbehrlichkeit für das Überleben der Zelle unter bestimmten Bedingungen und weiterhin in der Tatsache begründet, daß viele Plasmide für Proteine codieren, die die Initiation der Replikation kontrollieren.

Für die Replikation eines DNA-Moleküls werden ein oder mehrere cis-Elemente (*ori*= Origin und *ter*= Terminus), sowie trans-Elemente (= Proteine) benötigt. Bei Plasmiden werden die für die Replikation notwendigen Proteine zum größten Teil vom Wirtsgenom codiert; viele Plasmide codieren aber zusätzlich für meist ein Protein, welches, wie bereits erwähnt, die Initiation der Replikation steuert.

Eine wichtige Beobachtung betrifft die Kopienzahl der Plasmide. Sie ist für ein bestimmtes Plasmid immer konstant, und zwar unabhängig von den Wachstumsbedingungen der Wirtszelle. Daraus ist zu folgern, daß die Replikation der Plasmide strikt an die Wachstumsbedingungen der Wirtszelle gekoppelt ist.

Bevor die Replikation der Plasmide an einigen ausgewählten Beispielen dargestellt wird, wird die Kartierung eines *ori* beschrieben.

5.1 Kartierung und Isolierung eines ori

Der Nachweis eines Plasmid-*ori* erfolgt durch eine kombinierte Anwendung gentechnologischer und elektronenmikroskopischer Methoden. Zunächst wird replizierende Plasmid-DNA präpariert. Dazu trennt man die Gesamt-DNA aus logarithmisch wachsenden Zellen in einem CsCl-Ethidiumbromid-Gradienten auf. Replizierende Moleküle findet man zwischen der Bande der chromosomalen DNA und der der CCC-Form des Plasmids, da diese Moleküle eine geringere superhelikale Dichte aufweisen als vollständig replizierte Moleküle.

Die DNA-Moleküle werden dann mit einem Restriktionsenzym hydrolysiert, das nur eine Schnittstelle auf dem betreffenden Molekül besitzt. Diese linearisierten Moleküle werden im Elektronenmikroskop analysiert. Replizierende Moleküle sind durch ein Replikationsauge oder eine Y-förmige Struktur charakterisiert (siehe Abb.16). Von Molekülen mit einem Replikationsauge, das in Abhängigkeit vom Replikationszustand eine unterschiedliche

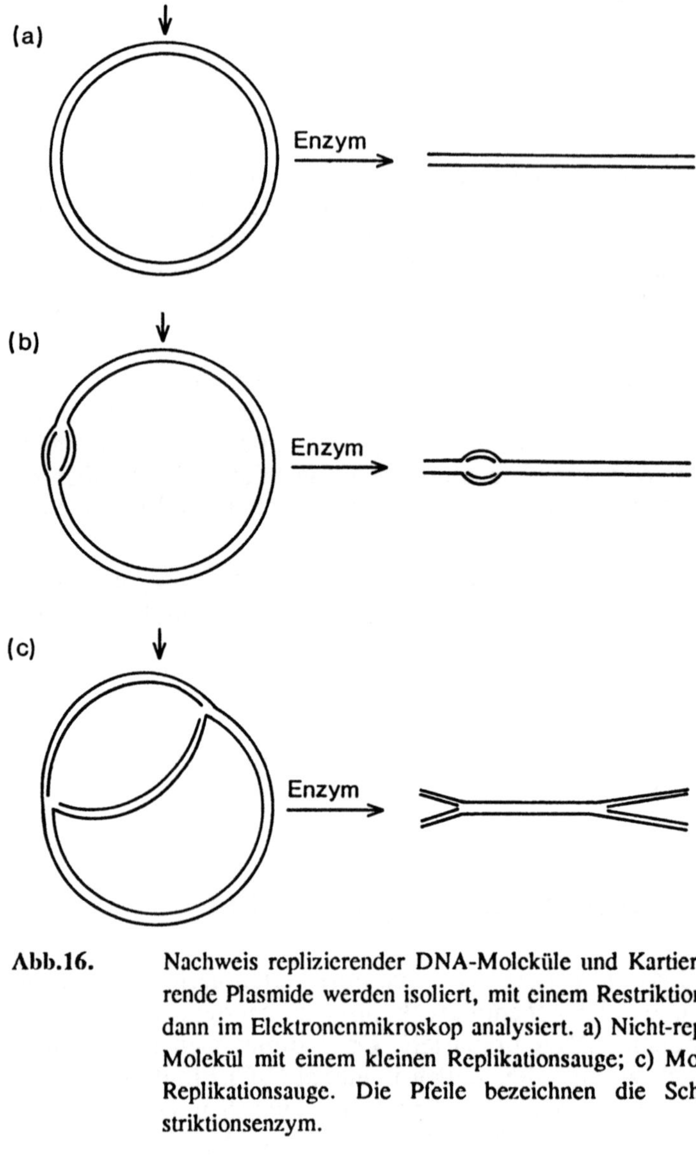

Abb.16. Nachweis replizierender DNA-Moleküle und Kartierung eines *ori*. Replizierende Plasmide werden isoliert, mit einem Restriktionsenzym linearisiert und dann im Elektronenmikroskop analysiert. a) Nicht-replizierendes Molekül; b) Molekül mit einem kleinen Replikationsauge; c) Molekül mit einem großen Replikationsauge. Die Pfeile bezeichnen die Schnittstelle für das Restriktionsenzym.

Größe besitzt, wird der Abstand vom Replikationsauge zu den beiden Enden bestimmt. Bei der Kartierung des *ori* dient die Restriktionsenzym-Schnittstelle als Markierung auf der Plasmid-DNA, und die Lage des *ori* wird relativ dazu angegeben.

Die Replikation von einem *ori* aus kann uni- oder bidirektional erfolgen. Die elektronenmikroskopische Analyse replizierender Plasmide erlaubt eine Aussage darüber, ob ein bestimmtes Plasmid uni- oder bidirektional repliziert wird. Vergrößert sich das Replikationsauge nur in einer Richtung, dann erfolgt unidirektionale Replikation, vergrößert es sich hingegen in beide Richtungen, dann erfolgt bidirektionale Replikation.

Die Isolierung eines *ori* erfolgt mit gentechnischen Methoden. Das Plasmid wird mit einem Restriktionsenzym hydrolysiert, welches eine Tetranucleotidsequenz erkennt, um kleine DNA-Fragmente zu erhalten. Diese Fragmente werden mit einem Marker ligiert, in der Regel einem Antibiotikum-Resistenzgen. Dann wird der Ligierungsansatz in Bakterienzellen transformiert und auf die entsprechende Antibiotikum-Resistenz selektioniert. Ein replikationsfähiges Plasmid entsteht nur dann, wenn das den *ori*-enthaltende Fragment mit dem Markerfragment ligiert wurde.

Diese Methode hat eine Einschränkung. Sie funktioniert nur dann, wenn entweder das Plasmid für kein eigenes Protein codiert, welches für die Replikation essentiell ist, oder wenn ein solches Gen zusammen mit dem *ori* kloniert wurde. Wir werden noch solche Beispiele kennenlernen.

Nach der Klonierung eines *ori* erfolgt seine Lokalisierung auf dem Restriktionsfragment durch Deletionsanalyse. Ziel ist hierbei, ein möglichst kleines Fragment zu erhalten, das dann im letzten Schritt sequenziert wird. Inzwischen sind eine Reihe von *oris* sequenziert worden, und die Nucleotidsequenzen zeigen in vielen Fällen eine Reihe von direkten und indirekten Wiederholungen. Diese Wiederholungen sind potentielle Bindungsstellen für sequenzspezifische DNA-bindende Proteine. Dies konnte auch bereits in einigen Fällen nachgewiesen werden.

In den nachfolgenden Kapiteln wird die Replikation einiger ausgewählter Plasmide dargestellt. Die meisten Informationen liegen über das Plasmid ColE1 vor, das daher auch an den Anfang gestellt werden soll.

5.2 Replikation des Plasmids ColE1

Das Plasmid ColE1 codiert für das Colicin E1 (siehe Abschnitt 12.3), hat eine Größe von 6646 bp und stellt das bestuntersuchte Plasmid dar. Eine Gen- und Restriktionskarte ist in Abb.17 dargestellt.

5.2.1 Allgemeine Informationen zur Replikation von ColE1

D. Clewell und Mitarbeiter machten 1972 die Beobachtung, daß in *E.-coli*-Zellen mit ColE1 die Replikation der chromosomalen DNA etwa eine Stunde nach Zugabe von Chloramphenicol vollkommen inhibiert ist, während ColE1 für weitere 10-15 Stunden repliziert wird. Dies führt zu einer starken Erhöhung der Kopienzahl von 15 auf etwa 1200 Kopien pro Chromosom.

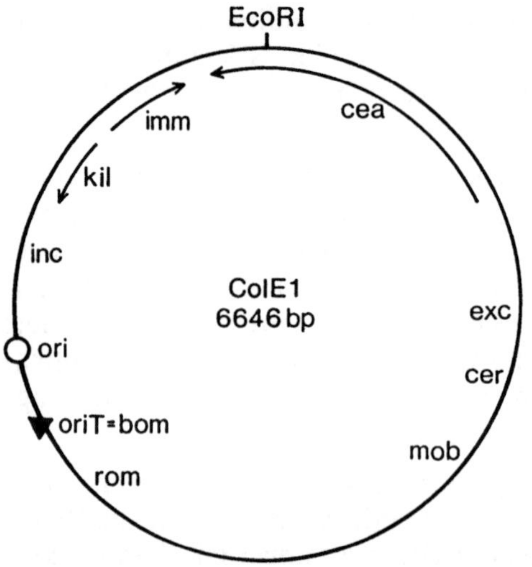

Abb.17. Genetische und physikalische Karte von ColE1. Folgende Gene und Sequenzen wurden kartiert: *ori* = Replikationsursprung; *oriT* = origin of transfer, auch *bom* = basis of mobility genannt; *cea* = Strukturgen für Colicin E1; *imm* = Immunitätsprotein; *kil* = Zellyse; *inc* = Inkompatibilität; *rom* = RNA one inhibition modulator, erhöht die Bindungsrate der RNAI an die RNAII; *mob* = Mobilitätsproteine; *cer* = ColE1 resolution site, notwendig für *recA*-, *recE*- und *recF*-unabhängige Rekombination (siehe Abschnitt 11.1).

Man spricht hier von einer Amplifikation der Plasmid-DNA. Die Erklärung für das unterschiedliche Verhalten der beiden DNAs ist darin zu sehen, daß die Replikation der chromosomalen DNA die kontinuierliche Neusynthese von mindestens einem Protein benötigt, welches für die Replikation des Chromosoms essentiell ist. Die Vermehrung von ColE1 hingegen wird von stabilen Proteinen durchgeführt.

Diese Möglichkeit der selektiven Plasmid-Amplifikation ist nicht auf ColE1 beschränkt. Man kennt eine Reihe weiterer Plasmide (z.B. CloDF13, RSF1010, R6K, p15A), die in Gegenwart eines die Proteinsynthese hemmenden Antibiotikums (neben Chloramphenicol auch Streptomycin oder Spectinomycin) für weitere 10-15 h replizieren. Diese Eigenschaft macht man sich bei der Isolierung dieser Plasmide zunutze. Es wurde allerdings festgestellt, daß etwa 50% der amplifizierten Plasmide in beiden DNA-Strängen kurze RNA-Sequenzen aufweisen. Dabei handelt es sich um Primer, die nicht aus der DNA entfernt worden sind.

Eine nähere Analyse hat ergeben, daß der L-Strang nahe der *ori*-Region ein RNA-Segment, bestehend aus etwa 40 Ribonucleotiden, enthält. Der H-Strang weist ein RNA-Segment einer Länge von etwa 15 Ribonucleotiden auf, welches bei verschiedenen Molekülen an unterschiedlichen Stellen lokalisiert ist.

Wie sind der L- und der H-Strang definiert? Diese Unterscheidung wird experimentell getroffen. Man linearisiert zunächst ColE1, trennt dann beide Stränge durch Denaturierung, versetzt sie mit Poly(U,G) und gibt sie in eine CsCl-Lösung, die dann bis zum Erreichen eines linearen Gleichgewichtsgradienten zentrifugiert wird. Nach Beendigung der Zentrifugation erhält man zwei Banden, die den beiden DNA-Strängen entsprechen. Die untere Bande enthält den schweren (H = heavy) Strang, die obere den leichten (L = light) Strang.

Die Trennung der an sich gleich schweren DNA-Stränge wird durch ihr unterschiedliches Verhalten gegenüber dem Poly(U,G) erreicht. Diese Substanz bindet an A,C-reiche Regionen der Einzelstrang-DNA und bewirkt dadurch eine Veränderung der spezifischen Dichte. Da die A,C-reichen Regionen in beiden Molekülen in unterschiedlicher Häufigkeit vorkommen, findet auch eine differentielle Verschiebung der spezifischen Dichte der beiden Einzelstränge statt, und es kommt zu einer Trennung im CsCl-Gradienten.

5.2.2 Initiation der Replikation

Die Initiation der Replikation beginnt mit der Synthese eines Primers. Dieser enzymatische Schritt wird von der RNA-Polymerase durchgeführt. Wie in Abb.18a dargestellt, liegt der Startpunkt der Transkription 555 Nucleotide stromaufwärts vom *ori*. Da das 3'-Ende der RNA, die RNAII genannt wird, variabel ist, kommt es zur Synthese einer Kollektion an heterogenen Molekülen.

Im zweiten Schritt werden diese heterogenen Moleküle prozessiert und dabei auf die gleiche Länge gebracht. Diese Reaktion wird von der RNase H ausgeführt, einem Enzym, welches spezifisch DNA-RNA-Hybridmoleküle erkennt, und dann die RNA hydrolysiert. Bevor die Hydrolyse stattfinden kann, muß die RNAII an die DNA hybridisieren. Die Hydrolyse endet bei den Positionen +1, +2 oder +3, bezogen auf den *ori* (siehe Abb.18b).

Im dritten Schritt kommt es zur Initiation der DNA-Synthese. Dabei wird die DNA-Doppelhelix durch die Gyrase entwunden, und die Einzelstrang-Bereiche werden durch das SSB-Protein (Einzelstrang-bindendes Protein) stabilisiert. An das freie 3'-OH-Ende des Primers werden dann mit Hilfe der DNA-Polymerase I etwa 500 Nucleotide polymerisiert (Abb.18c). Diesen Strang nennt man den L-(leading) Strang; er entspricht dem im Abschnitt 5.1.1 definierten leichten Strang. Damit ist die Initiation der Replikation abgeschlossen.

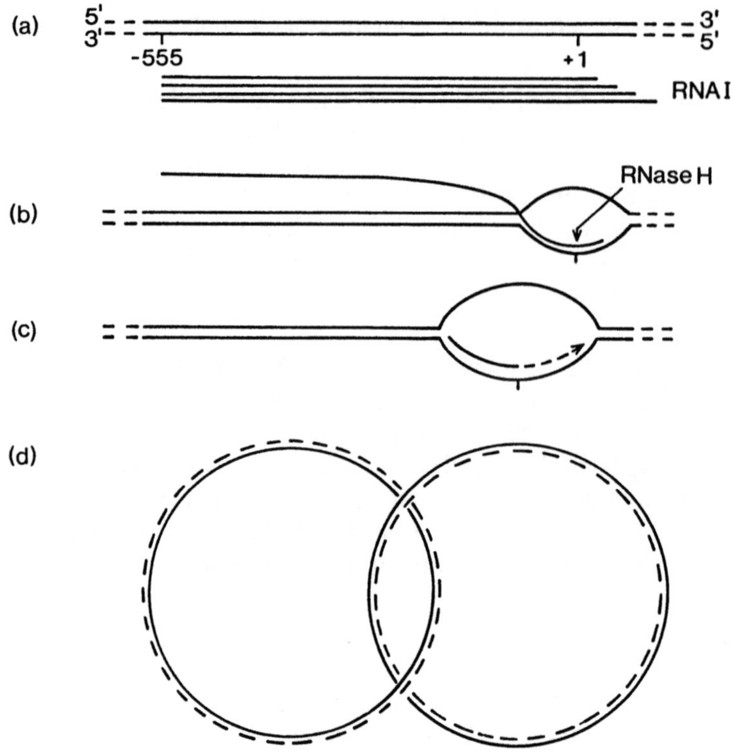

Abb.18. Initiation der Replikation bei ColE1. a) Die Replikation startet mit der Synthese eines Präprimers, auch RNAI genannt, bei Position -555, wobei eine Population von RNA-Molekülen mit identischen 5'-, aber unterschiedlichen 3'-Enden entsteht. b) Nach Hybridisierung an die Matrize werden die heterogenen Präprimer-Moleküle mit Hilfe der RNase H auf die gleich Länge prozesssiert und enden bei Position +1, +2 oder +3. c) Die RNA-Polymerase I bindet im *ori*-Bereich und polymerisiert etwa 500 Nucleotide an den Primer. d) Nach der Termination der Replikation sind die beiden Tochtermoleküle wie zwei Kettenglieder miteinander verbunden; ihre Trennung wird durch die Gyrase katalysiert.

5.2.3 Elongation der Replikation

Die Elongation beginnt mit der Synthese des neuen H-Stranges; dieser geht die Synthese eines Primers voraus. Die Synthese dieses Primers erfolgt durch die Primase, das DnaG-Protein. Die Primase ist Teil des Primosoms, eines Komlexes aus etwa 20 Proteinmolekülen, bestehend aus den Proteinen DnaB, DnaC, DnaG, n, n', n'' und j.

Bei der Ausbildung des Primosoms bindet zunächst das Protein n' an die DNA, gefolgt von den Proteinen n, n'' und j. Dann lagern sich Komplexe bestehend aus je sechs Molekülen DnaB- und DnaC-Protein an die DNA. Zum Abschluß bindet die Primase.

Das Primosom wird von dem n'-Protein angeführt und bewegt sich unter ATP-Verbrauch auf die Replikationsgabel zu. Dabei bildet das DnaB-Protein Sekundärstrukturen in der Einzelstrang-DNA aus, die der Primase die Synthese eines Primers ermöglichen, der eine Länge von etwa 10 Nucleotiden hat. Das DnaB-Protein wirkt daher quasi als mobiler Promotor.

Dieser Primer wird anschließend von der DNA-Polymerase III um etwa 1000 Nucleotide verlängert. Diese Fragmente nennt man nach ihrem Entdecker Okazaki-Fragmente, den DNA-Strang den Lagging-Strang (er entspricht dem neuen H-Strang) und die Synthese des Lagging-Stranges als diskontinuierlich.

Die DNA-Polymerase III verlängert auch den Leading-Strang, nachdem die DNA-Polymerase I den Primer um etwa 500 Nucleotide verlängert hat, und zwar bis zum Ende der Matrize, benötigt daher nur einen einzigen Primer. Daher spricht man hier von der kontinuierlichen Synthese.

Der eine lange Primer im neusynthetisierten L-Strang und die fünf bis sechs kurzen Primer im H-Strang werden durch die DNA-Polymerase I entfernt und gleichzeitig durch Nucleotide ersetzt. Die kovalente Verknüpfung der einzelnen Fragmente erfolgt durch die DNA-Ligase.

5.2.4 Termination der Replikation

Nach Beendigung der Replikation eines ColE1-Plasmids sind die beiden Tochtermoleküle wie zwei Kettenglieder miteinander verbunden (Abb.18d). Ihre Trennung erfolgt mit Hilfe der Gyrase.

5.3 Replikation des Plasmids pSC101

Das Plasmid pSC101 wurde aus *Salmonella panama* isoliert. Es hat eine Größe von 9263 bp, liegt in etwa acht Kopien pro Chromosom vor, enthält die beiden IS-Elemente IS*101* (1534 bp) und IS*102* (201 bp) und codiert für Tetracyclin-Resistenz (Abb.19a). Dieses Plasmid benötigt zur Replikation in *E. coli* das DnaA-Protein und ist damit bislang das einzige Plasmid mit dieser Erfordernis.

1977 wurde eine Temperatur-sensitive Mutante isoliert, die nur bei niedriger Temperatur replizieren kann. Bei hoher Temperatur (42°C) geht dieses Plasmid verloren. Man spricht hier von einem Repts-Phänotyp. Die Isolie-

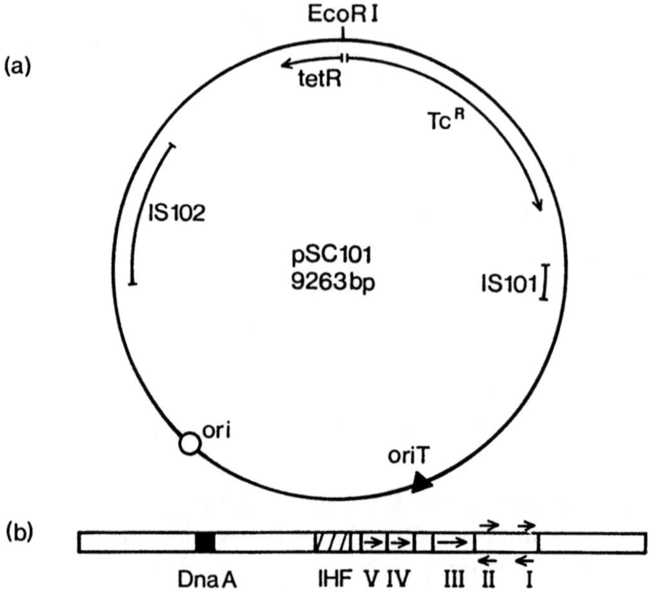

Abb.19. a) Genetische und physikalische Karte von pSC101. Angegeben ist die Lage der beiden IS-Elemente IS*101* (209 bp) und IS*102* (1057 bp), die Tetracyclin-Resistenzdeterminante Tc^R (codiert für Proteine mit 34 , 18 und 26 kda), das Gen für den Tet-Repressor (*tetR*) sowie der Replikationsursprung (*ori*) und der *oriT* (origin of transfer).

b) Domänen in der essentiellen *ori*-Region von pSC101. Diese Region enthält Bindungsstellen für die Proteine DnaA, IHF (integration host factor) und das Initiatorprotein (I bis V); die umgekehrten Wiederholungen im Bereich von I und II zeigen eine starke Affinität zum Initiatorprotein, während die drei 21 bp direkten Wiederholungen III, IV und V schwache Bindungsstellen darstellen.

rung einer solchen Mutante zeigt, daß die Replikation von pSC101 ein Plasmid-codiertes Protein benötigt.

Die Kartierung dieses Gens erfolgte durch die Isolierung und Analyse von Kointegraten. Verwendet wurde dabei ein Derivat des ColE1, nämlich pMB8 mit dem Transposon Tn*3*. Dieses Plasmid kann in einer *polA*-Mutante nicht replizieren, benötigt aber kein DnaA-Protein, während pSC101 keine DNA-Polymerase I, dafür aber DnaA-Protein benötigt. Diese Verhältnisse sind noch einmal schematisch in Tabelle 4 wiedergegeben.

Kointegrate beider Plasmide, die durch Transposition von Tn*3* entstehen, wurden auf ihre Replikationsfähigkeit in *polA*- und *dnaA*-Stämmen getestet. Die meisten dieser Kointegrate konnten in beiden Mutanten replizieren. Erst wenn durch die Integration von Tn*3* das für die Replikation von pSC101 essentielle Gen *rep* inaktiviert wurde, dann konnte dieses Plasmid in keiner der beiden Mutanten replizieren.

Tabelle 4. *Replikation von pMB8::Tn3, pSC101 und Kointegraten in zwei verschiedenen E. coli Mutanten*

	polA	dnaA
pMB8::Tn3	-	+
pSC101	+	-
pSC101::Tn3::pMB8	+	+
pSC101rep::Tn3::pMB8	-	+

+, Replikation; -, keine Replikation

Alle Kointegrate, die nicht mehr zur Replikation in der *polA*-Mutante befähigt waren, wurden in der gleichen Region von pSC101 kartiert. Diese Region wurde sequenziert und ergab ein ORF (open reading frame = offenes Leseraster) für ein 37-kda-Protein. Dieses Protein ist für die Initiation der Replikation notwendig.

Das essentielle Replicon von pSC101 konnte bislang auf ein 400-bp-Fragment, welches in *cis* vorhanden sein muß, und ein 1200-bp-Fragment, welches für das 37-kda-Initiator-Protein codiert, eingegrenzt werden. Die Sequenzanalyse des 400-bp-Fragments hat gezeigt, daß es Bindungsstellen für mindestens drei verschiedene sequenzspezifische, DNA-bindende Proteine enthält, von denen die für zwei Proteine bislang experimentell nachgewiesen wurden (Abb.19b). Bindungsstudien mit gereinigtem Initiator-Protein haben gezeigt, daß es mit hoher Affinität an zwei umgekehrte Wiederholungen und mit schwacher Affinität an drei direkte Wiederholungen mit einer Länge von jeweils 21 bp bindet (Abb.19b). Die umgekehrten Wiederholungen überlappen partiell mit einem Promotor, von dem aus die Expression des *rep*-Gens erfolgt. Somit hat das Initiator-Protein eine duale Funktion: Zum einen reguliert es die Initiation der Replikation von pSC101, zum anderen beeinflußt es auch die eigene Expression.

Das zweite Protein, dessen Bindung im Bereich des 400-bp-Fragments experimentell nachgewiesen wurde, ist der IHF (integration host factor), ein heterodimeres Protein, dessen beiden Untereinheiten von den *E. coli* Genen *himA* (11,2 kda) und *himD* (10,6 kda) codiert werden. Dieses Protein bindet an einen gekrümmten Bereich der DNA und verstärkt durch die Bindung den Grad der Krümmung, ein Prozeß, der wahrscheinlich für die Initiation der Replikation notwendig ist. pSC101 kann in einer *himA*- oder *himD*-Mutante nicht replizieren.

Bei dem dritten Protein handelt es sich um das bereits erwähnte DnaA-Protein, dessen Bindungsstelle (Abb.19b) allerdings bislang experimentell nicht bestätigt wurde.

5.4 Replikation des Plasmids R6K

Das Plasmid R6K wurde aus dem *E. coli* Stamm TEM isoliert, hat eine Größe von 38 kb (Abb.20a) und eine Kopienzahl von 15-20 pro Chromosom. Es codiert für Ampicillin- und Streptomycin-Resistenz, wobei das Ampicillin-Reistenzgen Teil des Transposons Tn*A* ist. R6K ist das kleinste bekannte konjugative Plasmid; allerdings sind die Tra-Funktionen bislang nicht untersucht worden.

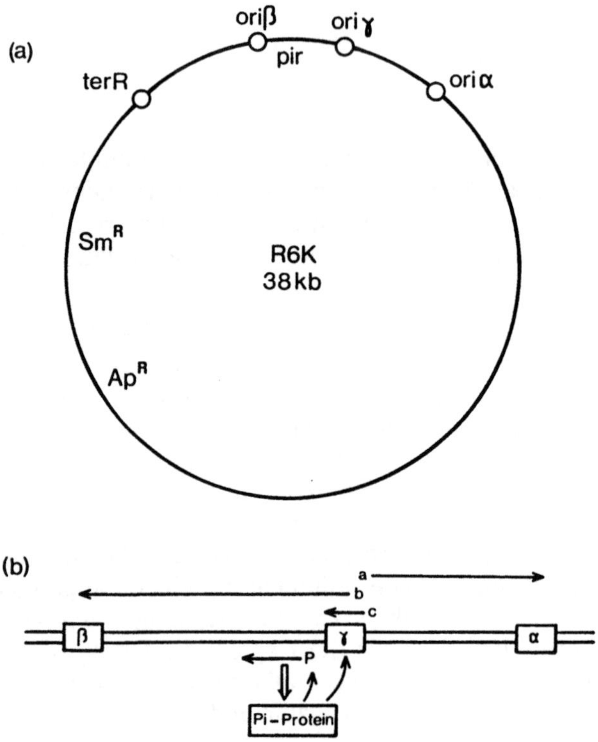

Abb.20. a) Genetische und physikalische Karte von R6K. Eingezeichnet ist die Lage der drei Replikationsursprünge α, β und γ, des Terminus der Replikation (*terR*), des Gens *pir* (codiert für das Initiatorprotein Pi) und der beiden Antibiotikum-Resistenzdeterminanten für Streptomycin (Sm^R) und Ampicillin (Ap^R).
b) Modell der Initiation der Replikation. Diese schematische Darstellung zeigt die drei Replikationsursprünge α, β und γ, und den Promotor P, von dem aus das Gen *pir* exprimiert wird. Das von ihm codierte Pi-Protein bindet im Bereich des Promotors P (Autoregulation) und an sieben direkte Wiederholungen im Bereich des *ori*γ. Dies resultiert in der Synthese einer der drei mRNAs a, b oder c.

Auch R6K dient als Modellsystem zur Analyse der Replikation, und die besondere Attraktion diese Plasmids besteht in dem Vorhandensein von drei verschiedenen *oris*, die mit den griechischen Buchstaben α, β und γ bezeichnet wurden. Diese drei *oris* sind auf einem 4-kb-Segment lokalisiert, welches außerdem die Gene *pir* und *bis* enthält (Abb.20a).

Elektronenmikroskopische Untersuchungen an replizierenden R6K-Molekülen haben gezeigt, daß die Replikation an einem der drei *oris* startet. Dabei werden die *oris* α und β *in vivo* bevorzugt benutzt, während *in vitro* die Replikation an allen drei *oris* mit gleicher Frequenz startet. Der Grund für die Bevorzugung von α und β *in vivo* ist unbekannt. Die Replikation verläuft zunächst unidirektional bis zu einem asymmetrisch gelegenen Terminus (*terR*); dann startet eine zweite Replikationsgabel am *ori*, die in entgegengesetzte Richtung zum Terminus läuft.

Der Terminus wurde auf einem 216-bp-Fragment lokalisiert. Dieses Fragment kann in andere Plasmide eingebaut werden und führt dort zu einer Arretierung der Replikationsgabel. Die Sequenz- und Funktionsanalysen von *terR* haben ergeben, daß der Terminus in die beiden Subsequenzen *terR*1 und *terR*2 zerfällt, wobei jede Subsequenz die Replikationsgabel in einer Orientierungs-abhängigen Art und Weise blockieren kann.

Alle drei *oris* benötigen ein DNA-Segment, welches sieben 22 bp lange direkte Wiederholungen und das Gen *pir* enthält, der *ori*β zusätzlich das Gen *bis*. Das *pir*-Gen codiert für das Initiatorprotein Pi (35 kda), welches als Dimer an die sieben Wiederholungen bindet und dadurch die Replikation initiiert. Durch Bindung an eine achte 22 bp Wiederholung in der Nachbarschaft seines Promotors reguliert das Pi-Protein seine eigene Synthese.

Die Rolle des *bis*-Gens bei der Initiation der Replikation am *ori*β ist noch unklar. Aufgrund der DNA-Sequenz codiert dieses Gen für ein Protein mit 151 Aminosäuren. Das Leseraster des *bis*-Gens beginnt 3 bp nach dem Stop-Codon des *pir*-Gens. Vor diesem Gen liegt eine potentielle Ribosomenbindungsstelle mit guter Homologie zur Konsensussequenz. Der Promotor liegt vor dem *pir*-Gen (Abb.2ob), d.h. beide Gene haben eine gemeinsame Transkriptionsstartstelle. Allerdings verlangt die Expression des *bis*-Gens ein funktionelles Pi-Protein; der zugrundeliegende Regulationsmechanismus ist noch unverstanden.

Das das zur Zeit favorisierte Modell der Initiation der Replikation von R6K ist in Abb.20b dargestellt. Durch Bindung des Pi-Proteins an die sieben direkten Wiederholungen kommt es zur Synthese einer der drei mRNAs a, b oder c, die dann ihrerseits den entsprechenden *ori* aktiviert.

5.5 Replikation des F-Faktors

Das Studium der Replikation des F-Faktors konzentriert sich besonders auf die Beantwortung der Frage, wie dieses Plasmid die Kopienzahl von eins pro Chromosom konstant hält. Um diesen Sachverhalt verstehen zu können, war es zunächst notwendig, die für die Replikation notwendigen Sequenzen auf der F-DNA zu identifizieren. Diese Untersuchungen führten zur Entdeckung von drei Replicons, von denen zwei funktionell und das dritte defekt ist. Außerdem könnte die Leading-Region Teile eines vierten enthalten. In den nachfolgenden Abschnittten wird ein Überblick über die genetische Organisation der Replikationsregionen gegeben.

5.5.1 RepFIA, das primäre Replicon

Die Kartierung einer Replikationsregion auf der F-DNA erfolgte zu einer Zeit, als gentechnologische Methoden noch nicht bekannt waren. Sie basierte auf der Überlegung, daß die Analyse von sehr vielen verschiedenen F'-Faktoren eine allen gemeinsame Region ergeben müßte, nämlich die Replikations-Region. So führte die Heteroduplex-Analyse zwischen F- und F'-DNA zum Auffinden einer allen Plasmiden gemeinsamen Sequenz. In der heute gebräuchlichen Nomenklatur entspricht sie der DNA zwischen den Koordinaten 47-57F (Abb.8).

Viele Jahre später konnte ein selbstreplizierendes *Eco*RI-Fragment der F-DNA (Koordinaten 44,6-53,7F) als Mini-F-Plasmid etabliert werden. Dieses Fragment enthält das primäre Replicon RepFIA. Es ist verantwortlich für (1) die Replikation des F-Faktors unter normalen Bedingungen, (2) die Stabilität des Plasmids, (3) die geringe Kopienzahl und (4) die Inkompatibilität gegenüber anderen F-Faktoren, nicht aber gegen alle Plasmide der Gruppe FII.

Eine genauere Analyse des RepFIA ergab, daß es zwei *oris* enthält, die dann *oriV* und *oriS* genannt wurden. Zunächst wurde der *oriV* entdeckt, da er aber deletiert werden konnte, ohne die autonome Replikation des Mini-F's zu verhindern, mußte es noch einen zweiten, sekundären *ori* geben. Das Deletionsderivat enthielt die F-DNA mit den Koordinaten 48,4-50,65F. Dieses Fragment wurde sequenziert und analysiert. Es enthält folgende Regionen:

(1) In einer 217-bp-Sequenz, welche den *oriS* enthält, eine 46 bp lange AT-reiche Sequenz (ist in die Initiation der Replikation involviert), zwei benachbarte DnaA-Boxen (Bindungsstellen für das DnaA-Protein) und vier reiterierte Sequenzen von jeweils 19 bp Länge (Iterons genannt), welche den *incB*-Inkompatibilitäts-Locus bilden;

(2) das Gen *repE* (auch *copA* genannt), welches für ein 29-kda- Protein codiert; Mutationen in diesem Gen beeinflussen die Kopienzahl;

(3) fünf weitere 19-bp-Iterons, die den *incC*-Locus (auch *copB* genannt) bilden. Mutationen in diesem Locus beeinflussen die Kopienzahl des Plasmids sowie seine Sensitivität gegenüber Acridinorange.

1960 entdeckte Y. Hirota, daß die Behandlung eines F-haltigen *E. coli* Stammes mit einer subinhibitorischen Konzentration an Acridinorange (25-125 µg/ml; variiert von Stamm zu Stamm) zu einem Verlust des Plasmids führt. Er vermutete, daß es unter dem Einfluß des Farbstoffs zu einer präferentiellen Hemmung der F-Faktor-Replikation kommt. 1980 isolierten J. Wechsler und B. Kline eine Tn*3*-Insertionsmutation im Bereich von *incC*, die zu einer Resistenz gegenüber dem Farbstoff führte. Diese Mutante beweist, daß die Acridinorange-Resistenz genetisch bedingt ist.

Nur die beiden ersten Regionen sind für die am *oriS* startende Replikation notwendig. Dabei bindet das Protein RepE an die Iterons im Bereich der *incB-oriS* Region und bildet zusammen mit Wirts-Proteinen einen Replikationskomplex.

Die Replikation am *oriV* wird durch das Produkt des *repC*-Gens positiv kontrolliert. Die Synthese des Proteins RepC unterliegt der Autoregulation.

5.5.2 RepFIB, das sekundäre Replicon

Das RepFIB-Replicon liegt zwischen den Koordinaten 38-40F und wurde als autonom replizierendes DNA-Fragment isoliert. Im Gegensatz zum RepFIA sind jedoch die entsprechenden Mini-Plasmide instabil. Man vermutet, daß das RepFIB dann eine Rolle bei der Replikation des F-Faktors spielt, wenn das RepFIA blockiert ist.

Mit Hilfe von Heteroduplex-Analyse, Restriktionskartierung und DNA-Hybridisierung konnte gezeigt werden, daß eine Reihe von Plasmiden der IncF-Gruppe (I, II, III und IV) Homologie zur RepFIB-Region besitzen. Außerdem enthält diese Region die Inkompatibilitäts-Determinante *incE*, welche Inkompatibilität gegenüber den Plasmiden ColV3-K30 und pHH507 vermittelt.

5.5.3 RepFIC, ein defektes Replicon

Zusätzlich zu den bereits erwähnten besitzt der F-Faktor Teile eines dritten Replicons, welches durch das Element Tn*1000* inaktiviert ist (siehe Abb.8). Dieses Transposon ist vermutlich in eine Sequenz inseriert, die für ein "RepA-ähnliches" Protein codiert; außer der Insertion muß sich auch eine Deletion ereignet haben, durch die ein Teil von RepFIC verlorengegangen ist.

Untersuchungen an den Plasmiden EntP307 und R386 haben gezeigt, daß diese ein RepFIC-homologes Replicon als funktionelles sekundäres Replicon besitzen.

Warum enthält der F-Faktor drei Replicons, von denen nur eines benutzt wird und ein weiteres völlig inaktiv ist? Deutet dies an, daß der F-Faktor durch Fusion mehrerer Plasmide entstanden ist? Oder spielt das RepFIB-Replicon eine wichtige Rolle bei der Replikation in einer anderen Spezies? Die Antworten auf diese Fragen stehen noch aus.

5.6 Replikation von Staphylococcus-Plasmiden

Kleine (4,2-4,6 kb) Resistenzplasmide mit hoher Kopienzahl (20-40) aus *S. aureus*, die verschiedenen Inkompatibilitätsgruppen angehören, zeigen sowohl Homologie auf DNA-Ebene als auch einen vergleichbaren funktionellen Aufbau. Eine genauere genomische Analyse von fünf verschiedenen Plasmiden bestätigte diese Beobachtungen. Es handelt sich um die Plasmide pT181 (4,4 kb; Tc^r; Inc3), pC221 (4,5 kb: Cm^r; Inc4), pS194 (4,4 kb; Sm^r; Inc5), pC223 (4,6 kb; Cm^r; Inc10) und pUB112 (4,0 kb; Cm^r; Inc9).

Alle fünf Plasmide codieren für *trans*-aktive Replikationsproteine, die untereinander mindestens 63% Homologie aufweisen, aber nur ihren eigenen Plasmid-*ori* erkennen, also keine Kreuzkomplementation zeigen. Für die Plasmide pT181 und pC194 haben detaillierte Untersuchungen gezeigt, daß die Replikation nach dem Rolling-circle-Mechanismus startet. Neben dem bereits erwähnten Rep-Protein werden noch ein Plus- und ein Minus-Origin benötigt. Das Rep-Protein (im Falle von pT181 als Topoisomerase mit Nicking-closing-Aktivität identifiziert) erkennt den Plus-*ori* und hydrolysiert eine Phosphodiesterbindung im Plus-Strang. An diesem nick kommt es dann zur Verdrängung des Plus-Stranges durch Polymerisation eines neuen Plus-Stranges, die am freien 3'-OH-Ende startet. Diese Art der Replikation wird auch Displacement-Synthese genannt und ist in Abb.21 dargestellt.

Wenn der gesamte parentale Plus-Strang verdrängt ist, erkennt das Rep-Protein eine Terminationssequenz, welche mit dem Plus-*ori* überlappt, und hydrolysiert eine zweite Phosphodiesterbindung im Plus-Strang. Die Produkte sind ein vollständig repliziertes Plasmid-Molekül und ein linearer Einzelstrang, dessen Enden dann von dem Rep-Protein miteinander ligiert werden.

Der zirkulare Plus-Strang enthält den Minus-*ori* (Abb.21) mit einem palindromischen Sequenzelement, *palA* genannt, mit einer Länge von etwa 150 bp, das an einem Ende eine innerhalb der oben erwähnten Plasmide konservierte Region (RS_B) enthält. An der *palA*-RS_B Region startet die Lagging-Strang-Synthese mit Hilfe von Wirtsproteinen.

Ein Vergleich der DNA-Sequenzen im Bereich des Plus-*ori* hat nicht nur Homologie bei diesen fünf Plasmiden und bei weiteren (pUB110, pC194, pFTB14, pBAA1), sondern auch mit den *ori*-Bereichen der *E. coli* Einzelstrang-Phagen M13 und ØX174 ergeben. Darüberhinaus zeigen sogar die Replikationsproteine der Plasmide und Phagen untereinander Homologie.

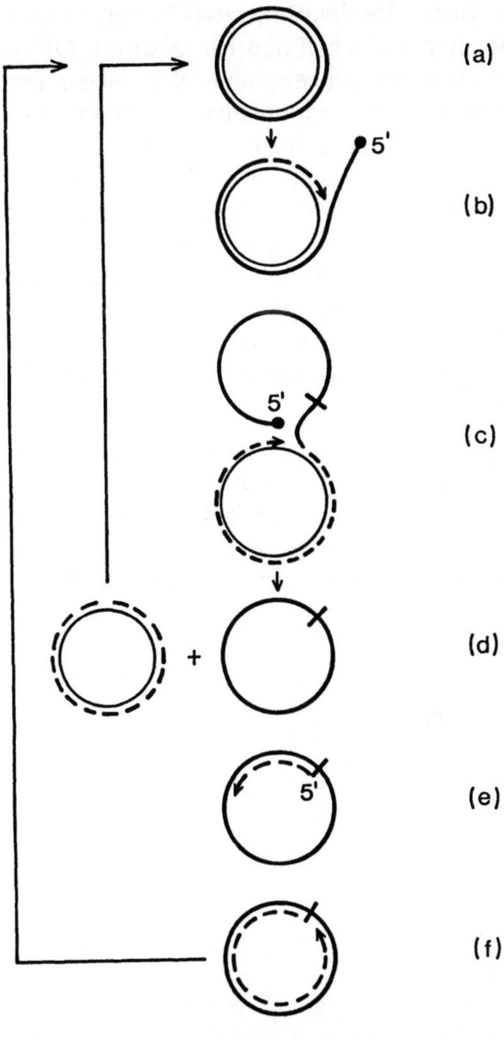

Abb.21. Rolling-circle-Replikation bei Plasmiden aus Gram-positiven Organismen. a) Doppelsträngige Ausgangsform. b) Das Rep-Protein erkennt den Plus-*ori* und hydrolysiert eine Phosphodiesterbindung. An diesem nick erfolgt am 3'-OH-Ende Kettenverlängerung unter Verdrängung des Plus-Stranges. c) Das Rep-Protein hydrolysiert im Bereich der Terminatorsequenz eine zweite Phosphodiesterbindung und d) ligiert dann die freien Enden. Das vollständig replizierte Molekül kann in einen weiteren Replikationszyklus eingeschleust werden. e) Der einzelsträngige, zirkulare Plus-Strang enthält einen Minus-*ori* (dargestellt durch einen Strich), an dem die komplementäre Strangsynthese mit Hilfe von Wirtsproteinen startet. f) Das doppelsträngige Molekül kann ebenfalls in eine neue Replikationsrunde eintreten. Zeichnung modifiziert nach A. Gruss und S.D. Ehrlich (1989), Microbiol.Rev. 53, 231-241.

Diese Homologien und die vergleichbaren Replikationsmodi lassen vermuten, daß eine evolutionäre Verwandtschaft zwischen den Einzelstrang-DNA-Phagen der Gram-negativen Bakterien und den Einzelstrang-DNA-Plasmiden der Gram-positiven existiert. Es soll in diesem Zusammenhang noch erwähnt werden, daß neben den hier angeführten Plasmiden noch viele andere, die in *B. cereus*, *B. subtilis*, *Streptococcus lactis*, *Streptococcus pneumoniae* und *Streptomyces lividans* nachgewiesen wurden, Einzelstrang-DNA bilden und daher alle nach einem ähnlichen Mechanismus replizieren könnten. Warum haben so viele Plasmide aus Gram-positiven Bakterien einen Replikationsmodus gewählt, der bislang nur von bestimmten Phagen der Gram-negativen Bakterien her bekannt ist? Die Produktion von Einzelstrang-DNA stimuliert sowohl die homologe als auch die illegitime Rekombination und könnte dadurch ihre schnellere Verbreitung bewirken.

Während die drei Plasmide pS194, pC221 und pC223 einen DNA-Protein-Relaxationskomplex ausbilden, wurde dies für pT181 und pUB112 nicht gefunden. Der Relaxations-Locus von pC221 wurde mittels Deletionsanalyse und sequenzspezifischer Mutagenese kartiert. Er besteht aus zwei Genen (*mobA* und *mobB*), die für Relaxationsproteine codieren, und einer nicht-co-

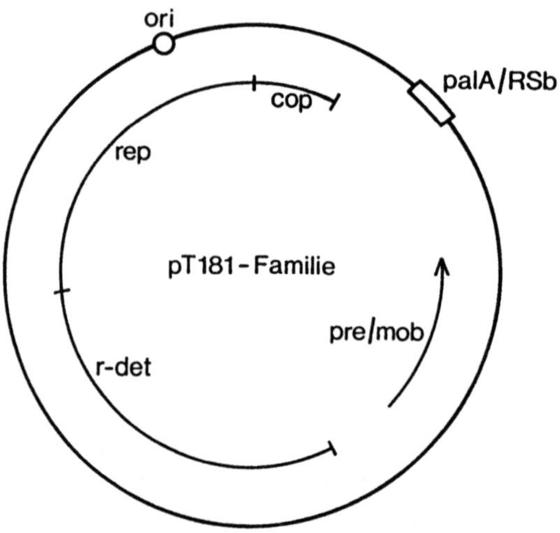

Abb.22. Struktur- und Funktionselemente von fünf *Staphylococcus*-Plasmiden. Die Plasmide pS194, pC221, pC223, pT181 und pUB112 (pT181-Familie genannt) zeigen eine auffallende Ähnlichkeit im Aufbau ihrer Struktur- und Funktionselemente, die auf einen gemeinsamen Vorläufer hinweisen. Die Abkürzungen bedeuten: *rep* = Replikationsfunktionen; *cop* = an der Kontrolle der Kopienzahl beteiligt; *r-det* = Antibiotikum-Resistenzdeterminante; *pre* = codiert für eine Rekombinationsfunktion; *mob* = codiert für Relaxationsproteine; *palA/RSb* = Initiationssequenz für die Lagging-Strang-Synthese. Darstellung modifiziert nach S. Projan und R. Novick (1988), Plasmid 19, 203-221.

dierenden Region, in der der Einzelstrangbruch stattfindet. Alle drei Plasmide können z.B. durch pG01 mobilisiert werden, nicht aber pT181 und pUB112.

Die nicht-relaxierenden Plasmide pT181 und pUB112 zeigen eine große Ähnlichkeit in dem Bereich der Plasmide, die bei den anderen drei dem Relaxierungs-Locus entspricht. pT181 enthält ein offenes Leseraster, welches für ein 45-kda-Protein codiert. Das Gen wurde *pre* genannt und exprimiert eine sequenzspezifische Rekombinationsfunktion, die durch Interaktion mit der Sequenz RS_A Plasmid-Kointegrate ausbildet. Die RS_A-Sequenz liegt bei pT181 75 bp stromaufwärts vom 5'-Ende der codierenden Region im Bereich des Promotors, von dem aus die Transkription von *pre* erfolgt.

Alle diese Struktur- und Funktionselemente dieser fünf Plasmide sind in Abb.22 schematisch dargestellt. Die Regulation der Initiation der Replikation wird durch den *cop*-Locus reguliert und ist unter Abschnitt 6.2.3 dargestellt.

Literatur

A. Gruss, S.D. Ehrlich (1989), Microbiol. Rev. 53, 231-241. The family of highly interrelated single-stranded deoxyribonucleic acid plasmids

6 Kontrolle der Kopienzahl

Wie bereits erwähnt, ist die Kopienzahl eines Plasmids im statistischen Mittel einer Population konstant. Welcher Mechanismus bewirkt die Stabilität der Kopienzahl? Bevor diese Frage behandelt wird, wenden wir uns einer anderen Frage zu: Falls die Kopienzahl >1 ist, werden dann alle Plasmide einer Zelle einmal pro Generation repliziert?

6.1 Wird jedes Plasmid einmal pro Generation repliziert?

Wenn ein Plasmid in zehn Kopien pro Chromosom vorkommt, dann muß diese Population an Plasmiden insgesamt zehn Duplikationen pro Generation durchlaufen, um die Kopienzahl konstant zu halten. Dabei sind drei theoretische Möglichkeiten denkbar:

(1) Jede der zehn Kopien repliziert einmal;

(2) eine der zehn Kopien repliziert zehnmal;

(3) einige Kopien replizieren mehrmals, so daß insgesamt zehn Kopien entstehen.

Wie kann experimentell zwischen diesen drei Möglichkeiten unterschieden werden? Beantwortet wurde diese Frage bislang für die Plasmide NR1, ColE1, R1, pT181 und pC221 mit Hilfe von Dichtemarkierungs-Experimenten, wie sie von M. Meselson und F. Stahl zur Aufkärung des Replikationsmodus von chromosomaler *E. coli* DNA erstmals angewendet wurden.

Das Plasmid NR1 kommt in *Proteus mirabilis* in zehn Kopien pro Chromosom vor. Beide DNAs unterscheiden sich in ihrer spezifischen Dichte (chromosomale DNA: 1,700 g/cm^3; NR1: 1,718 g/cm^3). Plasmid-haltige Bakterien wurden zunächst in einem "normalen = leichten " Medium mit [^{14}N]H_4Cl vermehrt, dann in ein "schweres" Medium mit [^{15}N]H_4Cl überführt. Zu verschiedenen Zeiten wurden Proben entnommen, die Zellen lysiert und die spezifische Dichte der Plasmid-DNA in einem CsCl-Gradienten bestimmt.

Wie in Abb.23 dargestellt, taucht nach 0,3 Generationen ein neuer Peak mit einer spezifischen Dichte von 1,725 auf. Er wird von Plasmid-Molekülen gebildet, die aus einem leichten und einem schweren DNA-Strang bestehen. Nach 0,5 Generationen besteht die Plasmid-Population bereits aus drei Klassen. Dies bedeutet, daß ein Teil der Plasmide bereits mehr als einmal repliziert wurde. Auch nach einer Generation sind noch alle drei Klassen vertre-

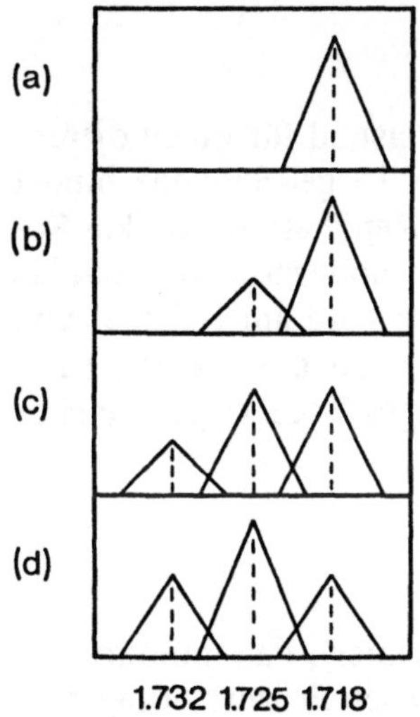

Abb.23. Schematische Darstellung der Dichte-Verteilung replizierender Moleküle des Plasmids NR1. a) Unmittelbar vor Zugabe von "schwerem" Medium zu replizierenden Zellen ist nur eine Spezies "leichte" Plasmid-DNA mit einer Dichte von 1,718 g/cm³ im CsCl-Gradienten nachweisbar. b) Bereits nach 0,3 Generationen taucht eine neue, schwerere Plasmid-Fraktion mit einer Dichte von 1,725 g/cm³ auf. c) Nach 0,5 Generationen hat sich der Anteil "halbschwerer" Moleküle vergrößert, und es ist zusätzlich eine Fraktion noch schwererer Moleküle mit einer spezifischen Dichte von 1,732 g/cm³ nachweisbar. d) Der Anteil der "leichten" Moleküle hat weiter auf Kosten der beiden anderen Fraktionen abgenommen.

ten, d.h. ein Teil der Plasmide wurde nicht repliziert. Dieses Ergebnis spricht gegen die erste Möglichkeit. Die zweite scheidet aufgrund der quantitativen Verteilung aus. Daher spricht das Ergebnis dieses Experiments für die dritte Möglichkeit, d.h. einige Plasmide aus der Population replizieren mehrmals.

Die gleichen Analysen wurden für die Plasmide ColE1 (15 Kopien/Chromosom) und R1 (4 Kopien/Chromosom) und für die *Staphylococcus aureus* Plasmide pT181 und pC221 mit dem gleichen Resultat durchgeführt. Daher wird davon ausgegangen, daß dieser bei fünf verschiedenen Plasmiden nachgewiesene Mechanismus für alle Plasmide mit einer Kopienzahl >1 Gültigkeit hat.

Wie wird die Kopienzahl konstant gehalten? Dies erfolgt über die Initiation neuer Replikationsrunden; hierbei werden zwei verschiedene Strategien verfolgt, die Inhibitor-Target- und die Iteron-Bindungsstrategie.

6.2 Inhibitor-Target-Strategie

Das Prinzip dieser Strategie besteht darin, daß das Plasmid für einen diffundierbaren Replikations-Inhibitor codiert, der an eine Target-Sequenz bindet und durch diese Bindung entweder die Initiation der Replikation (direkte Regulation) oder die Synthese eines für die Replikation notwendigen Produkts (indirekte Regulation) hemmt. Die direkte Regulation wird am Beispiel von ColE1, die indirekte Regulation am Beispiel der Plasmide R1 und pT181 dargestellt. In allen drei Fällen ist das Target ein langes Transkript, welches für die Replikation notwendig ist.

6.2.1 Beispiel ColE1

Beim Plasmid ColE1 ist das Target die RNAII (Präprimer), der Inhibitor die RNAI, die durch Hybridisierung an den Präprimer dessen Prozessierung zum Primer durch die RNase H verhindert, wie dies bereits im Abschnitt 5.2.2 näher ausgeführt wurde. Das Erkennungssignal für die RNase H auf der RNAII ist eine Sekundärstruktur unmittelbar vor der Prozessierungsstelle, deren Ausbildung durch den Inhibitor in einer noch unbekannten Art und Weise verhindert wird (Abb.24a).

Die Interaktion Inhibitor-Target erfolgt in zwei Schritten. Zunächst kommt es zu einer reversiblen Interaktion zwischen komplementären Haarnadel-

(a)

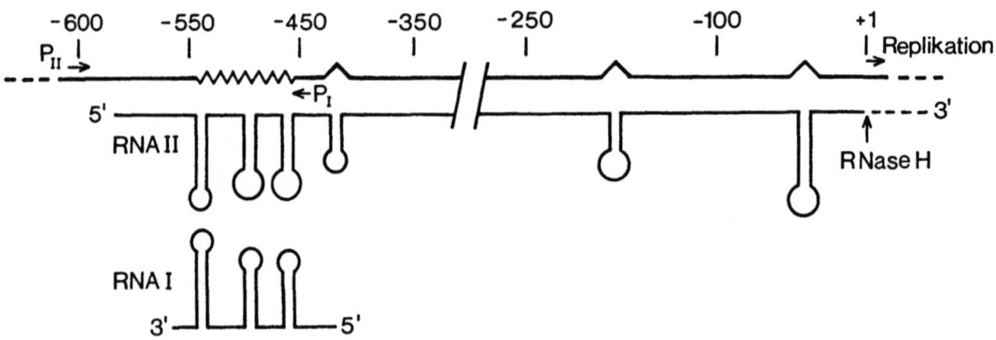

Abb.24. Schematische Darstellung der Inhibitor-Target-Strategie zur Regulation der Kopienzahl. In allen drei Fällen zeigt der obere Teil einen Ausschnitt aus der Plasmid-DNA mit dem *ori*-Bereich und den für die Replikationskontrolle wichtigen Promotoren. Der mittlere und untere Teil stellt RNA-Moleküle dar, die über die schematisch dargestellten Sekundärstrukturen interagieren. a) ColE1: Die RNAII wird zunächst als Präprimer synthetisiert und dann von der RNase H zum Primer prozessiert. Dieser Prozessierungsschritt erfordert Hy-

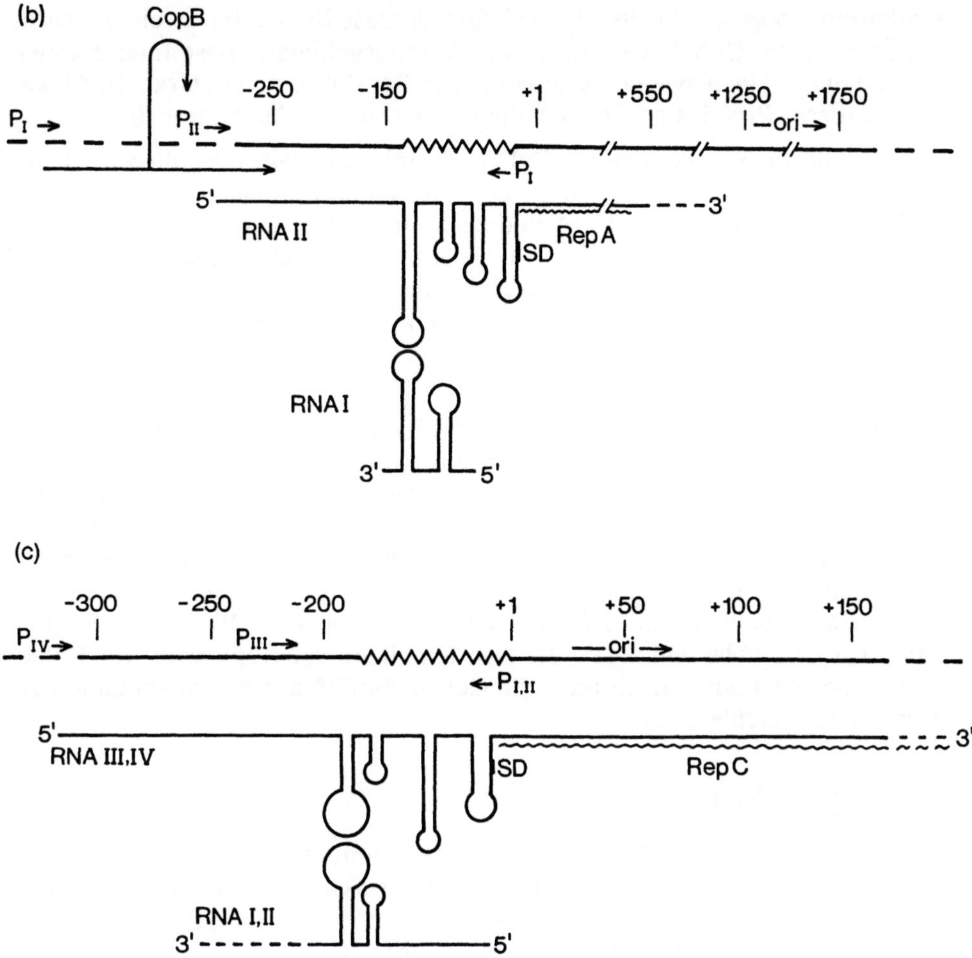

bridisierung an die DNA und kann durch Interaktion mit der RNAI verhindert werden. b) R1: Hier codiert die RNAII für das Initiatorprotein RepA. Durch Interaktion zwischen RNAI und RNAII gelangt die SD- (Shine-Dalgarno-) Sequenz in einen basengepaarten Bereich und steht für die Bindung der Ribosomen nicht zur Verfügung. Das CopB-Protein hemmt den Promotor P_{II}. c) pT181: Auch hier blockieren die Inhibitor-RNAs I und II durch Interaktion mit den RNAs III und IV die Translation des Gens *repC*, welches für ein Initiatorprotein codiert. Darstellung modifiziert nach R. Novick (1987), Microbiol.Rev. 51, 381-395.

strukturen (loops), wie dies in Abb.24a dargestellt ist. Im zweiten Schritt wird dann eine RNA-RNA-Duplex-Struktur ausgebildet. Diese Interaktionen werden durch einen zweiten Regulator, das Rop-Protein, verstärkt. In Abwesenheit dieses Proteins erhöht sich die Kopienzahl um den Faktor fünf.

Somit stellt die Replikation des ColE1-Plasmids ein selbst-regulierendes System dar. Die Inhibitor-RNA wird konstitutiv und in höherer Konzentration synthetisiert als die Target-RNA und bestimmt dadurch die Replikationsrate. Wenn sich bei einer wachsenden Bakterienzelle das Zellvolumen vergrößert, dann sinkt die Wahrscheinlichkeit einer Interaktion zwischen Inhibitor und Target. Durch die Menge an funktionellem Rop-Protein (die Menge kann über Transkription, Translation und Stabilität reguliert werden) ist eine weitere Möglichkeit der Regulation gegeben.

Dieses Regulationsmodell muß durch die Isolierung und Analyse von Mutanten überprüft werden. Bereits erwähnt wurden Mutationen im *rop*-Gen, die zu einer Erhöhung der Kopienzahl führen. Weiterhin führen Punktmutationen im Bereich der loops von RNAI und RNAII (diese loops wurden zunächst durch Computer-Analysen vorhergesagt und dann auch experimentell bestätigt) zu einer Erhöhung der Kopienzahl. Es wurden aber auch Mutationen außerhalb dieser Sekundärstrukturen isoliert (z.B. in der Region -300 bis -250; siehe Abb.24a), die eine Erhöhung der Kopienzahl zur Folge haben. Sie üben einen noch unverstandenen Einfluß auf die Ausbildung der Prozessierungsschleife aus.

6.2.2 Beispiel R1

Beim IncFII-Plasmid R1 (siehe Tabelle 1, Abschnitt 3.1.1.3) besteht das Target aus einer mRNA (RNAII), die für das *cis*-aktive Initiatorprotein RepA codiert. Die Translation dieser mRNA wird durch den Inhibitor, die RNAI (auch *copA*-RNA genannt) blockiert (Abb.24b).

Von der RNAI, deren Transkription vom Promotor P_I aus konstitutiv erfolgt, gibt es zwei unterschiedlich lange Spezies, die ein gemeinsames 5'-, aber verschiedene 3'-Enden besitzen. Die Expression der mRNA erfolgt von zwei in Tandem angeordneten Promotoren; dabei startet die Transkription an dem einen Promotor (P_{III}) konstitutiv, an dem anderen (P_{II}) wird sie durch das CopB-Protein auf Transkriptionsebene reguliert. Dieses Regulatorprotein wird von der am P_{III} startenden mRNA translatiert. Mutationen im *copB*-Gen führen zu einer achtfachen Erhöhung der Kopienzahl.

Der Inhibitor-Mechanismus besteht in einer Interaktion der beiden RNAs über einen loop. Dies führt zur Ausbildung weiterer Sekundärstrukturen in der RNAII und hat zur Folge, daß die Shine-Dalgarno-Sequenz des *repA*-Gens in einem basengepaarten Bereich liegt (Abb.24b). Dadurch kann sie von den Ribosomen nicht gebunden werden, und es kommt zur Blockierung der Translation des Initiatorproteins RepA.

6.2.3 Beispiel pT181

Bei dem *Staphylococcus aureus* Plasmid pT181 (4,4 kb) blockiert der Inhibitor ebenfalls die Translation des Targets. Die Transkription des Inhibitors startet an den Promotoren P_I und P_{II} und führt zur Synthese der RNAs I und II (Abb.24c). Das Target stellt eine mRNA dar, deren Synthese an den Promotoren P_{III} und P_{IV} initiiert wird, und führt zur Translation des *trans*-aktiven Initiatorproteins RepC. Durch Interaktion zwischen jeweils einem loop der Inhibitor- und Target-RNA kommt es zur Ausbildung weiterer Sekundärstrukturen auf der mRNA. Eine dieser Sekundärstrukturen beinhaltet die Shine-Dalgarno-Sequenz, was zu einer Blockierung der Translation führt. In Abwesenheit der Initiator-RNA kommt es zur Ausbildung einer alternativen Sekundärstruktur, das Initiatorprotein RepC kann translatiert werden.

6.3 Iteron-Strategie

Viele Plasmide codieren für ein zur Diffusion befähigtes Initiatorprotein, welches an eine Reihe von direkten Wiederholungen (Iterons) bindet. Das Initiatorprotein hat drei distinkte Eigenschaften:

(1) Es initiert neue Replikationsrunden;

(2) es hemmt die Replikation;

(3) es fungiert als Autorepressor auf Transkriptionsebene.

Plasmide, deren Replikation nach dieser Strategie reguliert werden, sind der F-Faktor, der Prophage P1 sowie R6K, Rts1, Lambdadv, pSC101 und RP4. Die Einzelheiten der Iteron-Bindungsstrategie werden am Beispiel eines Plasmids mit geringer (F-Faktor) und mit hoher Kopienzahl (R6K) erläutert.

6.3.1 Beispiel F-Faktor

Hier codiert das *rep*-Gen für das Initiatorprotein, welches in geringer Kopienzahl synthetisiert wird. Das *rep*-Gen wird von insgesamt neun Iterons flankiert, vier auf der linken Seite (L-Iterons) im Bereich des *oriS* und fünf auf der rechten Seite (R-Iterons; Abb.25a). Die Konzentration an Rep-Protein wird durch Bindung an die R-Iterons (Titration des Initiatorproteins) und durch Autorepression auf Transkriptionsebene (durch Bindung an ein L-Iteron) reguliert. Daher führt die Deletion von R-Iterons zu einer Erhöhung und die Addition zusätzlicher Iterons zu einer Erniedrigung der Kopienzahl. Außerdem erhöhen bestimmte Mutationen im *repC*-Gen die Kopienzahl. Hier wird angenommen, daß diese Mutationen zu einer Reduktion der autorepressiven Aktivität des Proteins führen.

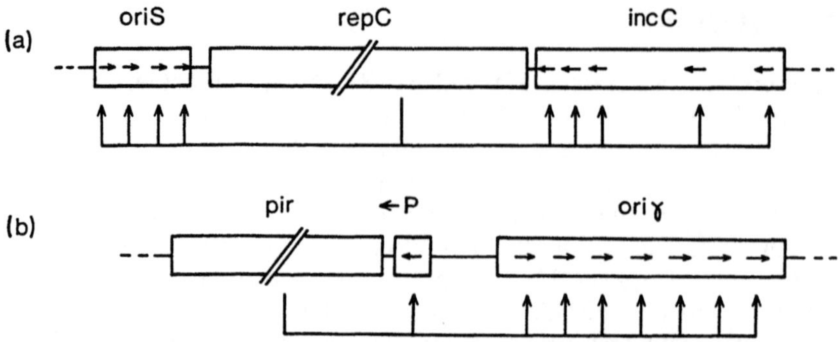

Abb.25. Schematische Darstellung der Iteron-Strategie zur Regulation der Kopienzahl. a) F-Faktor: Das RepC-Protein bindet zunächst an die Iterons im Bereich von *insC* (auch R-Iterons genannt) und bei höherer Konzentration im Bereich des *oriS* (L-Iterons) und aktiviert diesen durch die Bindung. b) Das Pi-Protein aktiviert durch Bindung an die Iterons im Bereich des *oriγ* die Replikation, und durch Bindung an das einzelne Iteron im Bereich seines Promotors reprimiert es seine eigene Transkription.

Zu klären bleibt noch das Paradoxon, wie die Replikationsrate eines Plasmids durch ein Protein reguliert wird, das zum einen als Repressor und zum anderen als Initiator fungiert. Gelöst werden kann dieses Paradoxon durch die Annahme, daß das Rep-Protein entweder in zwei alternativen Formen vorkommen kann, oder daß die Iterons unterschiedliche Affinität für das Rep-Protein besitzen.

Gemäß der ersten Hypothese wäre das primäre Translationsprodukt der Autorepressor, der mit einer konstanten Rate in das Initiatorprotein umgewandelt würde. Dieses bindet zunächst an die R-Iterons, und, wenn alle Bindungsstellen besetzt sind, an die L-Iterons, was zur Initiation einer neuen Replikationsrunde führt. Dadurch werden neue, unbesetzte R-Iterons geschaffen, die nun ihrerseits das Initiatorprotein titrieren.

Die alternative Hypothese besagt, daß die verschiedenen Iterons mit unterschiedlicher Affinität gebunden werden. Dabei besitzen die R-Iterons eine höhere Affinität als die L-Iterons. Letztere werden erst bei einer hohen Konzentration an Rep-Protein besetzt und initiieren dann eine neue Replikationsrunde.

6.3.2 Beispiel R6K

R6K enthält sieben Iterons im Bereich des *ori* und ein achtes Iteron, welches mit dem Promotor zur Expression des Initiatorproteins Pi überlappt (Abb.25b). Durch Bindung an dieses achte Iteron wird die Transkription des *pir*-Gens gehemmt (Autorepression), und durch Bindung an die anderen Iterons erfolgt die Initiation der Replikation. Liegt das Pi-Protein in einer hohen Konzentration in der Zelle vor, dann wird die Replikation blockiert.

Wie erfolgt nun die Regulation der Kopienzahl? Es wird angenommen, daß die Replikationsrate durch ein Gleichgewicht zwischen der negativen und positiven Aktivität des Proteins bestimmt wird. Wenn das Verhältnis dieser beiden Aktivitäten umgekehrt proportional zur Konzentration des Pi-Proteins ist, dann kann das Gleichgewicht zu einer Konzentrations-unabhängigen Replikationsrate führen. Dieses Gleichgewicht kann durch zwei Formen des Initiatorproteins erreicht werden, einer aktiven und einer inhibitorischen, wobei die Umwandlung der einen in die andere Form irreversibel ist.

Literatur

R.P. Novick (1987), Microbiol. Rev. 51, 381-395. Plasmid incompatibility

C.M. Thomas (1988), Bioch. Biophys. Acta 949, 253-263. Recent studies on the control of plasmid replication

7 Mechanismen der stabilen Vererbung von Plasmiden

Wenn sich eine Bakterienzelle teilt, dann werden die Chromosomen auf die beiden Tochterzellen verteilt. Gilt dies auch für Plasmide? Gibt es einen Mechanismus, der gewährleistet, daß bei Plasmiden mit einer geringen Kopienzahl (z.B. dem F-Faktor) diese in beide Tochterzellen segregieren? Oder erfolgt die Verteilung zufallsgemäß, was dann, in Abhängigkeit von der Kopienzahl, zu einem Auftauchen von Plasmid-freien Zellen führt?

Die Analyse der Stabilität, z.B. des F-Faktors, hat gezeigt, daß Plasmid-freie Zellen praktisch nicht auftreten. Daraus wurde gefolgert, daß es mindestens einen Mechanismus geben muß, der die gleichmäßige Verteilung (eng. partitioning) gewährleistet. Neben diesem Verteilungsmechanismus wurde dann bei einigen Plasmiden noch ein weiterer Mechanismus entdeckt, der zum Abtöten Plasmid-freier Zellen führt, und der damit die Stabilität des Plasmids (engl. maintenance) in einer Bakterien-Population gewährleistet. Diese Mechanismen werden im nachfolgenden dargestellt.

Vergleicht man Plasmide mit unterschiedlicher Kopienzahl, dann zeichnet sich folgendes Bild ab: Plasmide mit geringer und mittlerer Kopienzahl verfügen über mindestens einen Mechanismus, der ihre Stabilität in einer bakteriellen Population gewährleistet. Plasmide mit einer hohen Kopienzahl (z.B. ColE1) codieren nicht für einen solchen Mechanismus; sie werden offensichtlich zufallsgemäß auf die Tochterzellen verteilt, und Ungleichgewichte werden über die Initiation neuer Replikationsereignisse ausgeglichen.

7.1 Der par-Locus bei pSC101

Um die Stabilität eines Plasmids zu bestimmen, inkubiert man den entsprechenden Bakterienstamm in nicht-selektivem Medium und bestimmt das Verhältnis Plasmid-haltiger zu Plasmid-freien Zellen nach verschiedenen Generationen. Ein solches Experiment ergab für pSC101, daß es über mindestens 100 Generationen stabil vererbt wird.

Liegt dieser Stabilität ein genetischer Mechanismus zugrunde? Zur Beantwortung dieser Frage wurden Deletionsderivate konstruiert und auf Stabilität getestet. Dabei zeigte sich, daß die Stabilität eines bestimmten Deletionsderivats (pSC101delta370), dem ein 370-bp-Fragment fehlte, drastisch reduziert war. Nach 100 Generationen in einem nicht-selektiven Medium hatten 75% der Zellen das Plasmid verloren. Diese Instabilität konnte durch Isolierung einer *cop*-Mutante (etwa 50 Kopien/Chromosom) reduziert werden. Nach

100 Generationen hatten nur 10% der Zellen das Plasmid pSC101delta370*cop* verloren. Aus diesen Ergebnissen folgt, daß die Stabilität des Plasmid pSC101 durch eine DNA-Sequenz beeinflußt wird, die auf einem 370-bp-Fragment lokalisiert wurde. Der Verlust dieser Sequenz kann durch eine erhöhte Kopienzahl partiell kompensiert werden.

Weitere Analysen dieses 370-bp-Fragments ergaben: (1) Es muß nicht an einer bestimmten Stelle oder Orientierung innerhalb von pSC101 lokalisiert sein; (2) es stabilisiert nur in *cis*; (3) es stabilisiert auch nicht-verwandte Plasmide; (4) enthält eine Zelle pSC101 und ein weiteres kompatibles Plasmid mit dem 370-bp-Fragment, dann werden beide Plasmide stabil vererbt. Demnach hat die stabilisierende Funktion dieses Fragments nichts mit Replikation, Inkompatibilität oder Kopienzahl zu tun, sondern ist an der Verteilung der Plasmide auf die Tochterzellen beteiligt. Daher wurde dieses genetische Element als *par*-Locus bezeichnet.

Die Sequenzierung des *par*-Locus zeigte drei Wiederholungen von jeweils 16 bp Länge, davon zwei direkt (mit a und a' bezeichnet) und die dritte umgekehrt (mit b bezeichnet). Deletionsanalysen zeigten, daß mindestens zwei der drei Wiederholungen für die Stabilität notwendig sind (a und b oder b und a'). Der Wirkungsmechanismus des *par*-Locus ist noch unbekannt; es wird vermutet, daß die Plasmide über diesen Locus an die Membran gebunden werden.

7.2 Stabilisierung des F-Faktors

Da der F-Faktor in nur einer Kopie pro Chromosom vorkommt, muß ein äußerst präziser Mechanismus dafür sorgen, daß bei der Zellteilung die beiden Kopien auf die Tochterzellen verteilt werden. Eine Analyse des Verteilungsmechanismus hat ergeben, daß ein zweiter unabhängiger Mechanismus dann wirksam wird, wenn Plasmid-freie Zellen entstehen. Dieser zweite Mechanismus führt zu einem Abtöten der Plasmid-freien Zellen.

Der Entdeckung des Verteilungsmechanismus ging folgende Beobachtung voraus: Plasmide mit dem *oriC* (dem *ori* des *E.-coli*-Chromosoms) sind instabil. Wird ein solches Plasmid mit einem Mini-F fusioniert, dann zeigt das Kointegrat Stabilität unter Bedingungen, unter denen die Replikation des Mini-F's blockiert ist.

Eine nähere Analyse der für diese Stabilisierung verantwortlichen Region führte zur Identifizierung eines 3-kb-Fragments. Dieses Fragment enthält mindestens drei Loci, die mit *sop* (stability of plasmid) bezeichnet wurden.

Der *sopA*-Locus codiert für ein 41-kda-Protein, der *sopB*-Locus für ein 37-kda-Protein, die beide in *trans* wirken. Bei dem *sopC*-Locus hingegen handelt es sich um ein *cis*-agierendes Element, welches aus zwölf 43 bp direkten

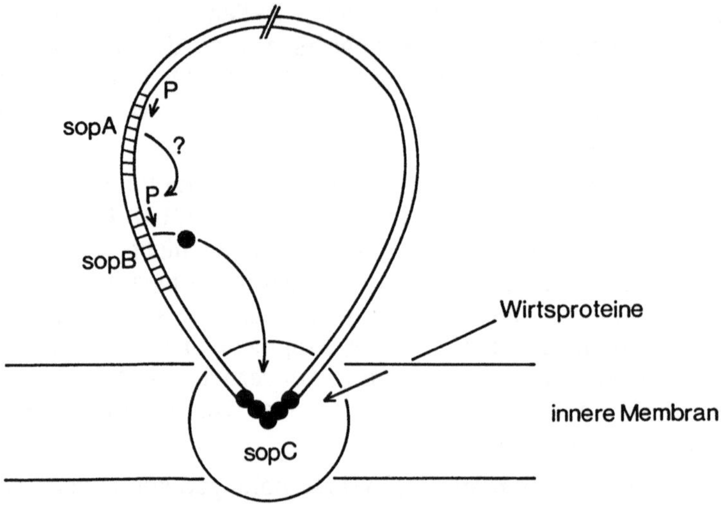

Abb.26. Modellvorstellung zur Wirkungsweise der Sop-Funktionen beim F-Faktor. *SopA* codiert für ein Protein, welches vermutlich die Expression von *sopB* reguliert. Das SopB-Protein wiederum bindet zusammen mit Wirtsproteinen an den *sopC*-Locus, der aus zwölf 43-bp-Tandem-Wiederholungen besteht und an der inneren Membran verankert ist. P = Promotor.

Wiederholungen, die in Tandem angeordnet sind, bestehen. Diese Wiederholungen enthalten intern zwei 7 bp lange umgekehrte Wiederholungen.

Die vermutete Wirkungsweise dieser Sop-Funktionen zeigt die Modellvorstellung in Abb.26. SopB interagiert mit SopC und mindestens zwei weiteren Wirts-Proteinen (molare Masse dieser Proteine: 75 und 33 kda).

Der zweite Mechanismus, der zum Abtöten Plasmid-loser Zellen führt, wird von den *ccd*-Genen (coupled cell division) codiert. Er umfaßt die beiden Gene *ccdA* und *ccdB* und betrifft nur Plasmid-freie Segreganten, nicht aber zugemischte Zellen. Das CcdB-Protein hemmt die Zellteilung in diesen Plasmid-freien Segreganten, die zunächst noch einige Zellteilungen ausführen können, dann aber als tote, filamentöse Zellen enden. Das CcdA-Protein supprimiert die inhibitorische Funktion des CcdB-Proteins. Es wird vermutet, daß in den Plasmid-freien Segreganten das CcdA-Protein schneller verdünnt oder inaktiviert wird als das CcdB-Protein, so daß dieses dann letztendlich die Zellteilung inhibiert.

7.3 Stabilisierung des R-Faktors R1

Auch dieses Plasmid codiert für zwei Mechanismen, die die Stabilität garantieren. Sie wurden mit *parA* und *parB* bezeichnet. *ParA* wurde auf einem 1,5-kb-Fragment lokalisiert. Die Sequenz dieses Fragments zeigt zwei offene Leseraster (32 und 42 Aminosäuren) flankiert von einer Regulatorregion und einer Region mit einer umgekehrten Wiederholung. Deletion dieser umgekehrten Wiederholung führt zur Instabilität des Plasmids. Von dem 36-kda-Protein ist nur bekannt, daß es seine eigene Expression reguliert. Der Wirkungsmechanismus des *parA*-Locus scheint dem des F-Faktor-codierten *sop*-Locus zu entsprechen und daher die Verteilung der Plasmide zu regulieren.

Der zweite Mechanismus codiert für Funktionen, die ein Abtöten Plasmid-freier Zellen bewirken. Dies wurde durch folgendes Experiment nachgewiesen. Inkubiert man Zellen mit einem pSC101*rep*ts-Plasmid bei 42°C, dann kann das Plasmid aufgrund des Repts-Phänotyps nicht mehr repliziert werden, und es erscheinen nach einigen Generationen die ersten Plasmid-freien, aber lebenden Zellen. Wird dieses Experiment mit einem Derivat des pSC101*rep*ts durchgeführt, in das ein 900-bp-Fragment aus dem *parB*-Locus inseriert wurde, dann sind nach Inkubation bei der restriktiven Temperatur keine Plasmid-freien Zellen mehr nachweisbar.

Was ist mit diesen Segreganten passiert? Eine lichtmikroskopische Analyse der Bakterien nach Inkubation bei 42°C zeigte, daß ein Teil von ihnen eine geänderte Morphologie aufwies. Dies machte sogar eine Isolierung dieser Zellen in einem Percoll-Gradienten möglich. Sie konnten keine Kolonien ausbilden und enthielten auch keine Plasmide; es handelte sich daher um tote Segreganten. Aufgrund dieser Beobachtung wurde gefolgert, daß der *parB*-Locus für eine Funktion codiert, die zum Abtöten Plasmid-freier Zellen führt. Diese Funktion wurde *hok* (**h**ost **k**illing) genannt.

Wenn das Plasmid R1 für eine Funktion codiert, deren Produkt für die Bakterienzelle toxisch ist, dann muß die Expression dieses Gens reguliert sein. Die Suche nach einem solchem Regulator führte dann zur Identifizierung des Gens *sok* (**s**uppressor **o**f **k**illing). Die Wirkungsweise des Sok-Proteins ist noch unbekannt. Man vermutet, daß das Hok-vermittelte Abtöten Plasmid-freier Segreganten durch einen Mechanismus erfolgt, der posttranskriptionell wirkt.

7.4 Stabilisierung des R-Faktors R100

Auch bei diesem Plasmid wurden zwei verschiedene Regionen identifiziert, die die Stabilität des Plasmids garantieren. Die eine Region wurde *pem* (**p**lasmid **e**mergency **m**aintenance) genannt; sie enthält zwei offene Leseraster, die von einem gemeinsamen Promotor aus transkribiert werden. Diese beiden offenen Leseraster codieren für Proteine einer molaren Masse von 9,3 und 11,9 kda.

Die zweite Region enthält ebenfalls zwei Gene, von denen das eine mit der Bezeichnung *pemK* (K für killing) offensichtlich für das Abtöten Plasmid-freier Segreganten verantwortlich ist, während das *pemI*-Gen für einen Inhibitor codiert.

Die drei Systeme *pem, ccd* und *parB* zeigen weder auf der Ebene der DNA noch auf der der Proteine signifikante Homologie. Daraus ist zu folgern, daß diese drei Systeme sich unabhängig voneinander entwickelt haben müssen.

8 Inkompatibilität

Inkompatibilität ist definiert als das Unvermögen von zwei verschiedenen Plasmiden, ohne selektiven Druck in einer Bakterienzelle koexistieren zu können. Entdeckt wurde dieses Phänomen 1962 durch R. Maas und W.K. Maas. Sie untersuchten den konjugativen Transfer eines F'-*lac*-Plasmids in der Kreuzung *E. coli* B/F'*lac* x *E. coli* K12 Hfr. Sie konnten auch die gewünschten Exkonjuganten isolieren, mußten aber feststellen, daß diese sehr instabil waren und mit hoher Frequenz den F'-*lac*-Faktor verloren hatten. Diese Instabilität beruht auf Inkompatibilität (Unverträglichkeit) zwischen dem integriertem F-Faktor und dem autonom replizierenden F'-Faktor, wobei letzterer verdrängt wird.

Das Inkompatibilitäts-Phänomen hat Anlaß dazu gegeben, die Plasmide in Inkompatibilitätsgruppen einzuteilen. Diese Inkompatibilitätsgruppen werden bei *E. coli* und den Enterobacteriaceen allgemein mit Inc, gefolgt von einem Buchstaben und gelegentlich einer Zahl und bei *S. aureus* ebenfalls mit Inc, gefolgt von einer Zahl, bezeichnet.

Bislang wurden bei *E. coli* etwa 30 und bei *Staphylococcus* zehn Inkompatibilitätsgruppen definiert. Gehören zwei Plasmide der gleichen Inkompatibilitätsgruppe an, dann bedeutet dies, daß sie ohne selektiven Druck in einer Zelle nicht koexistieren können. Gehören sie zwei unterschiedlichen Gruppen an, dann werden sie auch in Abwesenheit von selektivem Druck stabil vererbt. Man unterscheidet zwischen vektorieller und symmetrischer Inkompatibilität. Beim Vorliegen von vektorieller Inkompatibilität wird immer ein bestimmtes der beiden Plasmide verdrängt; symmetrische Inkompatibilität bedeutet, daß beide Plasmide die gleiche Chance haben, verdrängt zu werden. Welcher molekulare Mechanismus liegt der Inkompatibilität zugrunde?

8.1 Modellvorstellungen zum Mechanismus der Inkompatibilität

1963 schlugen F. Jacob, S. Brenner und F. Cuzin das Membrananheftungsmodell vor. Gemäß diesem Modell sind nur eine oder einige wenige Plasmidkopien an bestimmte Stellen der inneren Membran angeheftet. Nur diese Plasmide können repliziert werden. Hier ist Inkompatibilität als Kompetition von zwei verwandten Plasmiden um dieselbe Anheftungsstelle zu verstehen.

Daß dieses Modell zumindest nicht für alle Plasmide zutreffen kann, ergibt sich aus der im letzten Abschnitt geschilderten Beobachtung, daß ein integriertes Plasmid (Hfr-Stamm) auch Inkompatibilität zeigt.

1969 veröffentlichte R.H. Pritchard das Inhibitor-Verdünnungsmodell. Dieses Modell besagt, daß die Initiation der DNA-Synthese durch einen Replicon-codierten Inhibitor der Replikation reguliert wird. Dieser Inhibitor wirkt in *trans* und seine zelluläre Konzentration ist direkt proportional zur zellulären Konzentration an Repliconkopien.

Die in den letzten Jahren bei verschiedenen Plasmiden erarbeiteten Daten sprechen für das Inhibitor-Verdünnungsmodell. Allerdings beruht Inkompatibilität nicht nur auf der Wirkungsweise des Inhibitors, sondern zusätzliche Sequenzen können an der Ausbildung der Inkompatibilität beteiligt sein. Alle diese Sequenzen werden mit *inc* bezeichnet, einerlei, ob es sich um Gene, die für ein *trans*-aktives Produkt (RNA oder Protein) codieren, oder um eine Regulatorsequenz handelt. Auf jeden Fall ist Inkompatibilität untrennbar mit der Kontrolle der Plasmid-Replikation verknüpft. Betrachten wir nun die Inkompatibilitäts-Determinanten bei Plasmiden, deren Kontrolle der Kopienzahl der Inhibitor-Target- und der Iteron-Strategie folgen.

8.2 Inkompatibilität bei Plasmiden, deren Kopienzahl nach der Inhibitor-Target-Strategie kontrolliert wird

Baut man die Determinante, die bei ColE1 für die Inhibitor-RNA codiert, in ein mit ColE1 kompatibles Plasmid ein und analysiert dann die Stabilität der beiden Plasmide in Abwesenheit von selektivem Druck, dann beobachtet man vektorielle Inkompatibilität von ColE1, d.h. ColE1 ist instabil.

Die Stärke dieser Inkompatibilität und ihre Abhängigkeit von der Gendosis kann unter Verwendung eines Plasmids mit einem Repts-Phänotyp getestet werden. Durch Variation der Temperatur kann die Menge an Inhibitor-RNA verändert werden. Bei hoher Temperatur liegt das Repts-Plasmid mit der eingebauten Inhibitor-RNA-Determinante in niedriger Kopienzahl vor, und das zweite Plasmid ColE1 bleibt erhalten. Bei niedriger Temperatur hingegen ist das Repts-Plasmid in hoher Kopienzahl vorhanden, und es kommt zum Verlust des ColE1. Somit stellt die Inhibitor-RNA eine Inkompatibilitäts-Determinante dar.

Man unterscheidet zwischen primären und sekundären Inkompatibilitäts-Determinanten. Die Inhibitor-RNA stellt eine primäre Inkompatibilitäts-Determinante dar und wirkt direkt. Sekundäre Inkompatibilitäts-Determinanten wirken im Gegensatz dazu indirekt, und Beispiele für solche sekundären Inkompatibilitäts-Determinanten sind die Gene *rop* und *copB* bei ColE1 und R1. Die Erhöhung der Menge an Rop-Protein durch den Einbau eines Gens in ein kompatibles Plasmid und Fusion an einen regulierbaren Promotor verbessert die Inhibitor-Target-Interaktion und erniedrigt dadurch die Kopienzahl. Dies wiederum beschleunigt die Segregation zweier isologer Plasmide.

Die Erhöhung der Menge an CopB hat keinen Einfluß auf die Replikation des Wildtyp-Plasmids, da die Synthese der RepA-mRNA an einem CopB-insensitiven Promotor startet. Eine Deletion dieses Promotors führt allerdings zu starker vektorieller Inkompatibilität.

Im Gegensatz zu den direkt regulierten Plasmiden (ColE1, R1) zeigen indirekt regulierte Plasmide (z.B. pT181) symmetrische Inkompatibilität. Der Grund dafür ist darin zu sehen, daß jedes Inhibitor-sensitive pT181-Replicon unabhängig von der Menge an Inhibitor replizieren kann, solange irgendein Plasmid das *trans*-aktive RepC produziert.

8.3 Inkompatibilität bei Plasmiden, deren Kopienzahl nach der Iteron-Strategie kontrolliert wird

Bei dieser Plasmid-Klasse werden drei verschiedene Inkompatibilitäts-Determinanten unterschieden:

(1) Iterons, an die ein Initiatorprotein bindet. Unter der Annahme, daß die Menge an Initiatorprotein pro Zelle konstant ist, führt eine Zunahme an Iterons pro Zelle (durch Einbau in ein zweites Plasmid) zu einer Verzögerung oder einem Ausbleiben der Replikation.

(2) Indirekt regulierte *ori*s. Der *ori* eines indirekt regulierten Plasmids zeigt vektorielle Inkompatibilität. Die Wirkungsweise ist analog der bei dem Iteron geschilderten, da die zusätzlichen *ori*-Kopien das Initiatorprotein titrieren.

(3) Partitioning-Determinanten. Hier spricht man auch von Segregations-Inkompatibilität aufgrund ungleicher Verteilung. Der Nachweis dieser Inkompatibilität erfolgt durch die Klonierung von *par*-Determinanten.

9 Plasmide mit weitem Wirtsbereich

Die meisten Plasmide verfügen über einen engen Wirtsbereich, der in der Regel nur nahe verwandte Spezies umfaßt. So z.B. repliziert ColE1 nur in Enterobacteriaceen, nicht aber in Rhizobien oder Pseudomonaden. Daneben kennt man aber auch Plasmide, die über einen größeren Wirtsbereich verfügen. Sie spielen sicherlich bei der Übertragung genetischer Information zwischen verschiedenen Gattungen und Familien eine wichtige Rolle, was aber im einzelnen bislang wenig dokumentiert ist. Unter den Gram-negativen Bakterien sind die konjugativen Plasmide der IncP1-Gruppe zu nennen, von denen RP4 der prominenteste Vertreter darstellt.

9.1 Das Plasmid RP4

Das Plasmid RP4 wurde in Birmingham/England 1969 als Verursacher einer Carbenicillin-Resistenz bei *Pseudomonas aeruginosa* aus einem Patienten isoliert. In den darauffolgenden Jahren wurden Plasmide gleicher Größe und mit identischen Antibiotikaresistenzen (außer der bereits erwähnten Resistenz gegen Penicillinderivate noch Kanamycin- und Tetracyclin-Resistenz) aus anderen *P. aeruginosa* Stämmen und aus *Klebsiella pneumoniae* isoliert, die die Bezeichnungen RP1, R18, R68 und RK2 erhielten. Ein Vergleich des partiellen Denaturierungsmusters dieser Plasmide und ihrer Restriktionskarten ergab, daß alle vier Plasmide mit großer Wahrscheinlichkeit identisch sind. Obwohl Untersuchungen über den molekularen Aufbau während der letzten Jahre mit den Plasmiden RP4 und RK2 durchgeführt wurden, wird im nachfolgenden nur die Bezeichnung RP4 verwendet.

9.1.1 Der Wirtsbereich

Der Wirtsbereich von RP4 und von vielen weiteren Vertretern der IncP1-Gruppe wurde ausführlich bei den Purpurbakterien untersucht, welche den überwiegenden Teil der Familien, Gattungen und Spezies der Gram-negativen Bakterien ausmachen. Die Mitglieder der Gruppe der Purpurbakterien sind aufgrund von vergleichenden Untersuchungen ihrer 16-S-rRNA miteinander verwandt und wurden von C. Woese in die vier Subgruppen α, β, γ und δ eingeteilt, von denen wiederum die ersten drei näher miteinander verwandt sind als diese mit der δ-Subgruppe.

In der Tabelle 5 sind alle Gattungen und Spezies der Purpurbakterien zusammengefaßt, in die RP4 konjugativ übertragen werden kann und auch stabil repliziert. Soweit bekannt sind auch die Resistenzen angegeben, die in den entsprechenden Spezies exprimiert werden.

Tabelle 5. Der Wirtsbereich von RP4 bei den Purpurbakterien

	exprimierte Resistenz		
Spezies/Gattung	Ap	Km	Tc
Subgruppe α			
Rhodobacter sphaeroides	R	R	R
Rhodobacter capsulatum			
Rhizobium meliloti			
Rhizobium japonicum	S	R	S
Rhizobium leguminosarum	(R)	R	R
Rhizobium trifolii	S	R	S
Rhizobium phaseoli			
Azospirillum brasilense			
Agrobacterium tumefaciens	S	S	R
Agrobacterium radiobacter	S	R	R
Paracoccus denitrificans	S	R	S
Subgruppe β			
Neisseria perflava	R	R	R
Alcaligenes liquidum	S	R	R
Alcaligenes faecalis	S	R	R
Bordetella			
Thiobacillus neapolitanus	R	R	R
Achrobacter parvulus			
Acetobacter xylinum	R	R	R
Acetobacter suboxydans	S	R	S
Chromobacterium violaceum			
Subgruppe γ			
Escherichia coli	R	R	R
Salmonella typhimurium	R	R	R
Citrobacter freundii	R	R	R
Shigella			
Erwinia chrysanthemi			
Erwinia carotovora	S	R	R
Erwinia amylovora	S	R	R
Klebsiella pneumoniae			
Klebsiella aerogenes	R	R	R
Proteus mirabilis	R	R	R
Proteus rettgeri	R	R	R
Enterobacter cloacae	R	R	R

Tabelle 5 (Fortsetzung)

	exprimierte Resistenz		
Spezies/Gattung	Ap	Km	Tc
Vibrio cholerae	R	R	R
Serratia marcescens	R	S	S
Yersinia enterocolitica			R
Legionella pneumophila	R	R	
Aeromonas			
Acinetobacter calcoaceticus	R	R	R
Azotobacter vinelandii	R	R	R
Pseudomonas aeruginosa	R	R	R
Pseudomonas amyloderamosa	S	R	S
Pseudomonas putida	R	R	R
Pseudomonas glycinea			
Pseudomonas oxalaticus			
Pseudomonas fluorescens	R	R	R
Pseudomonas solanacearum			
Pseudomonas stutzeri	R	R	R
Zymomonas mobilis			
Xanthomonas vesicatoria	R	R	R
Subgruppe δ			
Myxococcus xanthus	R	R	R

Ap, Ampicillin; Km, Kanamycin; Tc, Tetracyclin; R, resistent; S, sensitiv

Der Wirtsbereich geht über die Gruppe der Purpurbakterien hinaus und umfaßt weiterhin *Caulobacter crescentus*, *Hypomicrobium*, *Methylococcus*, *Methylobacterium organophilum*, *Bacteroides fragilis* und das Cyanobakterium *Anabaena*. Allerdings kann RP4 in *M. xanthus* (hier kommt es zu einer instabilen Integration des RP4 in das Bakterienchromosom), *B. fragilis* und *Anabaena* nicht replizieren. Diese Ergebnisse zeigen, daß der Wirtsbereich des RP4 Konjugationssystems den des Replikationssystems übertrifft.

9.1.2 Genetischer Aufbau

Abb.27 zeigt eine physikalische und Genkarte des Plasmids RP4; inzwischen ist der größte Teil der 60-kb-DNA sequenziert.

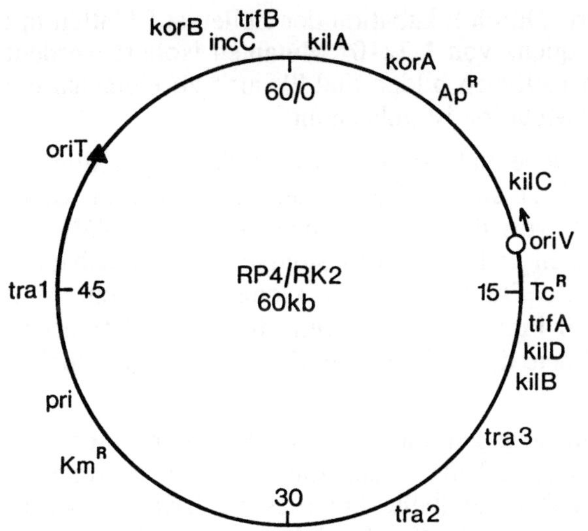

Abb.27. Genetische und physikalische Karte von RP4/RK2. Dieses promiske Plasmid codiert für Resistenzen gegen die drei Antibiotika Ampicillin (Ap^R), Tetracyclin (Tc^R) und Kanamycin (Km^R), enthält drei Transfer-Regionen (*tra1*, *tra2*, *tra3*), ein Primasegen (*pri*), sowie eine Reihe von *kil*- (*kil*ling of the cell) und *kor*- (*k*ill *o*ver*r*ide) Genen. Die Replikation startet unidirektional am *oriV*, die konjugative Übertragung am *oriT*.

Bezüglich der Restriktionskarte fällt auf, daß es für eine Reihe von Restriktionsenzymen, die Hexanucleotidsequenzen erkennen, nur jeweils eine Schnittstelle gibt (z.B. für *Eco*RI, *Bam*HI, *Hin*dIII und *Sal*I). Wenn die Schnittstellen statistisch verteilt wären, dann müßten für jedes dieser Enzyme etwa 14 Schnittstellen vorhanden sein. Diese auffallend ungleiche Verteilung der Schnittstellen wird als Folge des promisken Verhaltens dieses Plasmids interpretiert. Bei der Wanderung durch die verschiedenen Gram-negativen Spezies waren die Plasmide im Vorteil, bei denen durch spontane Mutationen Schnittstellen verschwanden. Dadurch wurden diese Plasmide weniger angreifbar durch die entsprechenden Restriktionsenzyme. Diese Hypothese wird unterstützt durch die Beobachtung, daß Phagen, die an RP4-codierte Pili adsorbieren, in ihrer DNA ebenfalls einen starken Unterschuß für viele Restriktionsenzymschnittstellen besitzen.

Wie bereits erwähnt, codiert RP4 für Resistenz gegen die Antibiotika Ampicillin, Tetracyclin und Kanamycin/Neomycin, wobei nur das Ampicillin-Resistenzgen Teil eines Transposons ist (Abb.27). Außerdem codiert RP4 für Resistenz gegen das Schwermetall Tellur bzw. das Anion Tellurit (TeO_3^{2-}). Diese Resistenz-Determinante liegt auf dem 4,5-kb-Transposon Tn*521*, wird aber in *E. coli* nicht exprimiert. Durch Inkubation der Zellen auf Platten mit Tellurit konnten mit einer Frequenz von $1{,}7 \times 10^{-8}$ Mutanten isoliert werden, die unter diesen Bedingungen Kolonien bilden und Tellurit zu elementarem Tellur reduzieren. Die Art der Mutation ist unbekannt.

Weiterhin codiert RP4 für *tra*-Gene und für Gene, die an der Regulation der Initiation der Replikation beteiligt sind: *trf* (trans-active replication function), *kil* (killing) und *kor* (kill override). Als man begann, die RP4-DNA in Restriktionsfragmente zu zerlegen und diese in Plasmidvektoren einzubauen, stellte man fest, daß bestimmte Fragmente nicht klonierbar waren. Man schloß, daß diese Fragmente für Funktionen codieren, die für die Bakterienzellen letal wirken und bezeichnete daher die diesen Funktionen zugrundeliegenden Gene mit *kil*.

Weitere Klonierungsexperimente ergaben, daß ein DNA-Fragment mit einem *kil*-Gen dann stabil kloniert werden kann, wenn die Zelle ein bestimmtes zweites Fragment aus der RP4-DNA enthielt. Aus diesem Verhalten wurde geschlossen, daß das zweite Fragment für eine Funktion codiert, die die Kil-Funktion supprimiert. Diese Funktion wurde dann mit Kor bezeichnet. Inzwischen sind mehrere *kil*- und *kor*-Gene identifiziert und zum Teil auch schon sequenziert worden (siehe unter Abschnitt 9.1.3).

Außerdem enthält RP4 einen *oriV* zur Replikation und einen *oriT* zum konjugativen DNA-Transfer.

9.1.3 Analyse der Tra-Funktionen

Im Gegensatz zu dem F-Faktor sind bei RP4 die *tra*-Gene auf mindestens zwei Regionen verteilt. Der Nachweis dieser Regionen erfolgte mittels Transposon-Mutagenese unter Verwendung von Tn*7* und Tn*76*. Dabei ist die Region *tra*3 bislang nur durch eine Tn*7*-Mutation charakterisiert, die zu einem Ausfall des Oberflächen-Ausschlusses führt. Es ist durchaus möglich, daß *tra*2 und *tra*3 zusammenhängend sind.

Die *tra*1-Region liegt zwischen 40 und 55 kb und wird auf der einen Seite durch das Kanamycin-Resistenzgen begrenzt (Abb.27). Sie enthält mindestens vier Operons, von denen drei polycistronisch sind. Zusammen enthalten die vier Operons mindestens 16 Gene. Der *oriT* kartiert bei 51 kb in einer 350 bp intergenischen Region. Zwischen 49 und 51 kb liegt das Relaxase-Operon. Es codiert für ein 11-kda-Protein, welches als Dimer spezifisch an die *oriT*-Region bindet und ist somit eine Proteinkomponente des Relaxosoms. Ein weiteres 18-kda-Protein, welches ebenfalls vom Relaxase-Operon codiert wird, ist ein weiterer Kandidat für das Relaxosom. Zwischen 51 und 53 kb liegt ein weiteres Operon, welches für drei Proteine mit molaren Massen von 15, 26 und 12 kda codiert, deren Funktionen noch nicht geklärt sind. Bei 42 kb liegt der *pri*-Locus, welcher für eine Primase codiert. Er codiert für zwei Polypeptide einer molaren Masse von 118 und 80 kda, die von einem Transkript translatiert werden. Die Leseraster sind überlappend und identisch, so daß das 80-kda-Protein eine verkürzte Version des 118-kda-Proteins darstellt. Beide Proteine haben identische spezifische Aktivitäten; daher ist der N-terminale Bereich des 118-kda-Proteins für die Primer-Synthese nicht notwendig und könnte eine andere Funktion ausüben. Während eine Tn7-Insertion im *pri*-Locus die konjugative Übertragung von *P. aeruginosa* nach *P. stutzeri* drastisch reduziert, kann dieser Defekt durch einen klonierten intakten *pri*-Locus sowohl im Donor als auch im Rezipient komplementiert werden. Dieses Ergebnis zeigt, daß der Primase eine wichtige Aufgabe im Rezipienten zukommt, und daß sie zusammen mit der Einzelstrang-DNA in diesen übertragen wird.

9.1.4 Kontrolle der Replikation

Die Replikation von RP4 startet am *oriV*, der bei etwa 15 kb kartiert, unidirektional gegen den Uhrzeigersinn (Abb.27). Der *oriV*-Bereich enthält insgesamt elf 17 bp direkte Wiederholungen, die eine Regulation nach der Iteron-Strategie (siehe Abschnitt 6.3) vermuten lassen. Die Initiation wird von dem *trfA*-Gen kontrolliert, und dieses Gen codiert für zwei Polypeptide mit einer molaren Masse von 43 und 32 kda. Beide Proteine werden vom gleichen Transkript im gleichen Leseraster translatiert, so daß das 32-kda-Protein eine verkürzte Version des 43-kda-Proteins darstellt. In *E. coli* und in *P. putida* ist das 32-kda-TrfA-Protein für die Replikation von RP4 ausreichend, während in *P. aeruginosa* das 43-kda-Protein zur Aktivierung des *oriV* benötigt wird.

Warum zwei fast identische Initiationsproteine synthetisiert werden (können), ist noch unklar. Da offensichtlich beide Proteine die gleiche Funktion besitzen, kann das eine das andere ersetzen, wenn, in Abhängigkeit von der Bakterienspezies, nur eines der beiden synthetisiert wird. Dies könnte dem Plasmid mehr Flexibilität bei der Interaktion mit den Replikationsfaktoren aus vielen Bakterienspezies erlauben.

Die Expression des *trfA*-Gens wird durch die *kil*- und *kor*-Gene reguliert, die ein regulatorisches Netzwerk ausbilden (Abb.28). Das *trfA*-Gen wird als Teil eines Operons transkribiert, welches durch mindestens zwei Genprodukte auf Transkriptionsebene reprimiert wird, und zwar durch *trfB* (auch *korA* und *korD* genannt) und durch *korB*. Mögliche Operatoren, an die diese beiden Proteine binden könnten, wurden bereits identifiziert. Die Aminosäuresequenz des TrfB-Proteins (36 kda) enthält ein Helix-Turn-Helix-Motiv, welches für DNA-bindende Proteine charakteristisch ist. Die Proteine TrfB und KorB (39 kda) reprimieren die Transkription an den *trfA*- und *trfB*-Promotoren 100fach, aber KorB alleine reprimiert die Transkription am *trfB*-Promotor nur 2- bis 4fach. Dies ist ein Hinweis darauf, daß beide Proteine kooperativ interagieren.

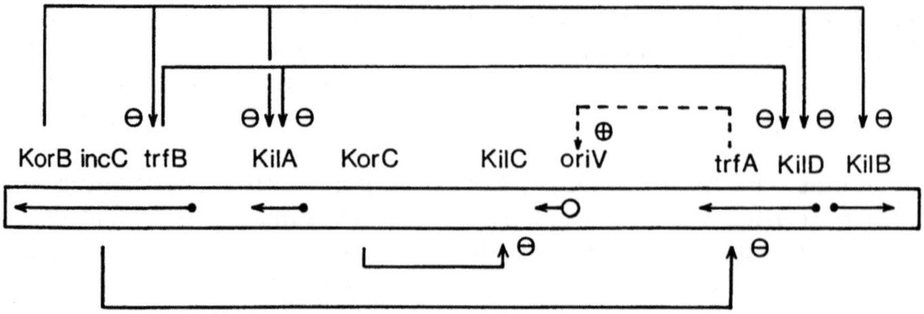

Abb.28. Schematische Darstellung der Interaktionen zwischen den *kil-*, *kor-* und *trf-*Genen mit dem Ziel der Aktivierung des Replikationsursprungs *oriV*.

Zusätzlich zu dieser dualen Repression gibt es eine weitere posttranskriptionelle Modulation des *trfA*-Operons durch *incC*, dessen Mechanismus aber noch unverstanden ist. Das Gen *incC* ist Teil des *trfB*-Operons, dem außerdem die Gene *trfB* und *korB* angehören (Abb.28). Diese dreifache Regulation der Expression des *trfA*-Gens erlaubt eine optimale Anpassung an Fluktuationen in der Inhibitor-Konzentration und damit eine Gewährleistung der Kopienzahl. Zusätzlich könnte die Beobachtung, daß die *trfA*- und *trfB*-Promotoren sehr ähnlich sind, und daß das *trfB*-Operon durch TrfB und KorB autoreguliert wird, dazu beitragen, daß die Repressionszyklen als eine Art Puffer gegen Fluktuationen in der Stärke der Promotoren von *trfA* und *trfB*, die bei verschiedenen Spezies auftreten, fungieren. Die posttranskriptionelle Wirkungsweise des IncC kann dazu beitragen, die *trfA*-Expression in den Spezies zu kontrollieren, in denen die Repression durch TrfB und KorB nicht so effizient funktioniert wie in *E. coli*. Die Intaktheit dieser Regulationskreise ist von besonderer Bedeutung für die Promiskuität von RP4, da Insertionen im *trfB*-Operon den Wirtsbereich beeinflussen.

Wie aus Abb.28 hervorgeht, gibt es weitere Interaktionen zwischen den *kil*- und *kor*-Genen; so z.B. reguliert *korC* die Expression von *kilC* negativ. Interessant ist auch der Hinweis, daß wahrscheinlich *sowohl trfB* als auch *kilA* Teil des Tn*521* sind.

Was ist die biologische Bedeutung dieser komplexen Regulationskreise? Hier kann zum jetzigen Zeitpunkt nur spekuliert werden, da die meisten Daten in *E. coli* erarbeitet wurden und vergleichende Analysen in anderen Bakterienspezies fehlen. Basierend auf der Beobachtung, daß 14 verschiedene IncP-Plasmide *kil*- und *kor*-Gene enthalten, wurde zunächst geschlossen, daß sie eine besondere Eigenschaft dieser Plasmide darstellen. Diese Gene bilden ein Replikations-Regulon, welches die adäquate Expression von *trfA* gewährleistet, und ermöglichen so die Anpassung an die intrazellulären Bedingungen der verschiedenen Wirte.

Literatur

C.M. Thomas, C.A. Smith (1987), Ann. Rev. Microbiol. 41, 77-101. Incompatibility group P plasmids: Genetics, evolution, and use in genetic manipulation

9.2 Das Plasmid RSF1010

Innerhalb der Gram-negativen Bakterien besitzt auch das 8,3 kb große, nichtkonjugative Plasmid RSF1010 einen weiten Wirtsbereich, der aber nicht alle der in Tabelle 5 angeführten Spezies einschließt. Auch bei diesem Plasmid fällt das Fehlen von Schnittstellen für viele Restriktionsenzyme auf (z.B. *Xma*I, *Xho*I und *Cla*I). Dieses Plasmid verfügt in *E. coli* über eine Kopienzahl von 10-12, gehört zur Gruppe IncQ (Klassifizierungsschema der Enterobacteriaceen) bzw. IncP-4 (Pseudomonaden) und ist identisch mit R300B und R1162. RSF1010 wurde aus *E. coli*, R300B aus *S. typhimurium* und R1162 aus *P. aeruginosa* isoliert. Diese Plasmide codieren für Resistenz gegen Streptomycin und Sulfonamide.

Die Replikation startet am *oriV*, der bei 2,6 kb kartiert (Abb.29), und verläuft entweder unidirektional in die eine oder andere Richtung oder simultan

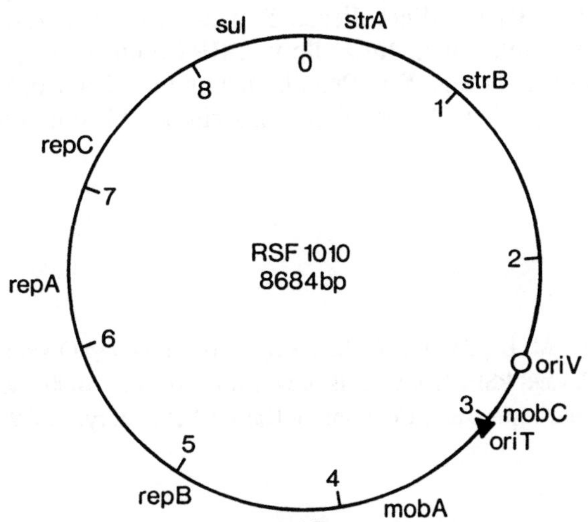

Abb.29. Genetische und physikalische Karte von RSF1010. Dieses Plasmid codiert für Resistenz gegen Sulfonamide (*sul*) und Streptomycin (*strA*, *strB*). Die Initiation der Replikation am *oriV* durch die Produkte der drei *rep*-Gene erfolgt nach dem Iteron-Mechanismus. Die Produkte beider *mob*-Gene katalysieren den Transfer des Plasmids durch Interaktion mit dem *oriT*.

in beide Richtungen. Da Versuche, die *oriV*-Region mit einem Marker zu klonieren, fehlschlugen, wurde gefolgert, daß mindestens ein RSF1010-codiertes Genprodukt für die Replikation benötigt wird. Eine diesbezügliche Analyse führte zur Identifizierung von drei plasmidcodierten Genprodukten, deren Gene mit *repA*, *repB* und *repC* bezeichnet wurden; ihre codierende Region liegt zwischen den Koordinaten 4,2 und 8,7 kb (Abb.29).

Im *oriV*-Bereich wurden vier 20 bp direkte Wiederholungen lokalisiert, die eine Regulation der Initiation der Replikation nach der Iteron-Strategie vermuten lassen. Das RepC-Protein (27 kda) bindet an diese Region, vermutlich als Dimer. Das RepA-Protein (29,7 kda) hat Helikase-Aktivität und ist wahrscheinlich für die Entwindung der DNA-Doppelhelix im Bereich des *oriV* verantwortlich. Nach Bindung von RepC deckt RepA Primase-Stellen auf, an die dann das RepB-Protein, eine Primase, bindet und die Leading-Strang-Synthese initiiert.

Im Gegensatz zu Plasmiden mit einem engen Wirtsbereich, die für ihre Replikation entweder kein plasmidcodiertes Protein (Beispiel: ColE1) oder nur ein solches Protein (Beispiele: pSC101, R6K) benötigen, fällt auf, daß Plasmide mit einem weiten Wirtsbereich für mehrere Replikationsfunktionen codieren. Ob hier ein direkter Zusammenhang zwischen Wirtsbereich und Anzahl der Replikationsfunktionen besteht, ist zum jetzigen Zeitpunkt noch unklar. Es ist allerdings verlockend zu postulieren, daß ein Mehr an Replikationsfunktionen die Plasmide von entsprechenden Wirtsfunktionen unabhängig macht. Gerade im Fall von RSF1010 codiert dieses Plasmid für drei definierte biochemische Replikationsfunktionen. Im Falle von RP4 muß noch gezeigt werden, ob es sich bei den Kil- und Kor-Proteinen nur um DNA-bindende Regulatorproteine handelt, oder ob sie über zusätzliche Aktivitäten verfügen.

Literatur

M.M. Bagdasarian, P. Scholz, J. Frey, M. Bagdasarian (1986), Regulation of the *rep* Operon expression in the broad host range plasmid RSF1010, in: S.B. Levy, R.P. Novick: Antibiotic resistance genes: Ecology, transfer, and expression; Cold Spring Harbor Laboratory, S.209-223

9.3 Weitere Plasmide mit weitem Wirtsbereich

Die Suche nach Plasmiden mit einem weiten Wirtsbereich außerhalb der Gruppe der Gram-negativen Bakterien hat erst zum Nachweis von einigen wenigen, in ihrer Biologie bislang kaum erforschten Plasmiden geführt, die über einen erweiterten Wirtsbereich verfügen. Einige dieser Plasmide können sogar in *E.coli* replizieren.

Das konjugative Plasmid pAMβ1 (siehe Abb.12, Abschnitt 3.2.1.1) wurde in *Streptococcus faecalis* nachgewiesen. Es kann aber auch in *S. sanguis, S. mutants, S. salivarius, Staphylococcus aureus, B. subtilis* und in Mitgliedern der Familie der Lactobacillen replizieren. Das ebenfalls aus *Streptococcus faecalis* stammende konjugative Plasmid pRI405 (26 kb; MLS-Resistenz) repliziert in Streptococcen der Serotypen A, B und D, sowie in *Streptococcus pneumoniae* und *Staphylococcus aureus*.

Das Plasmid pNG2 (9,5 kb; Erythromycin-Resistenz) wurde aus *Corynebacterium diphtheriae* isoliert und repliziert außerdem in *C. ulcerans, C. glutamicum* und *E. coli*. Aus *Streptococcus cremoris* wurde das kryptische 2,2-kb-Plasmid pWV01 isoliert; es wurde mit dem Chloramphenicol-Resistenzgen aus pC194 und dem Erythromycin-Resistenzgen aus pE194 markiert und erhielt die Bezeichnung pGK12 (4,5 kb). Dieses Plasmid repliziert stabil zusätzlich in *B. subtilis*, (Kopienzahl 5), *Streptococcus lactis* (Kopienzahl 5) und *E. coli* (Kopienzahl 60). Das Plasmid pLS1 (4408 bp) ist ein *in vitro* hergestelltes Deletionsderivat des *Streptococcus-agalactiae*-Plasmids pMV158 (5,5 kb) und repliziert außerdem in *Streptococcus pneumoniae* (Kopienzahl 24), *B. subtilis* (Kopienzahl 4) und *E. coli* (Kopienzahl 4) und exprimiert in allen diesen Spezies Tetracyclin-Resistenz.

Über den größten Wirtsbereich verfügt das 2910 bp *Staphylococcus aureus* Plasmid pC194. Neben *B. subtilis* repliziert dieses Plasmid in *E. coli* und in dem niederen Eukaryonten *Saccharomyces cerevisiae*.

10 Lineare Plasmide

Lineare Plasmide sind bislang nur bei Streptomyceten beschrieben worden. Ein interessanter Aspekt dieser Plasmide liegt in der Beantwortung der Frage, wie lineare Plasmide (und lineare DNA im allgemeinen) sich vor exonucleolytischem Abbau schützen. Im prokaryontischen Bereich sind lineare Replicons die große Ausnahme; die Chromosomen sind zirkular, die meisten Phagen zirkularisieren ihre DNA nach erfolgter Infektion, und auch die Plasmide sind, bis auf die hier zu beschreibenden Ausnahmen, zirkular. Im Gegensatz dazu sind die eukaryontischen Chromosomen linear, besitzen aber besonders strukturierte Enden, die Telomere, deren Struktur noch nicht vollständig aufgeklärt ist.

10.1 Isolierung linearer Plasmide

Aufgrund ihrer Struktur können lineare Plasmide nicht mit der Technik der CsCl-Ethidiumbromid-Gradienten-Zentrifugation isoliert werden. Daher soll die Methodik hier skizziert werden.

Zunächst wird das Mycel lysiert, anschließend muß es mit unspezifischen Proteasen (Pronase, Proteinase K) behandelt werden, da sonst keine Plasmide isoliert werden können. Ohne diese Protease-Behandlung gehen die Plasmide bei der anschließenden Phenolisierung verloren, da sie dann in die proteinreiche Interphase wandern würden. Aus diesem Verhalten kann geschlossen werden, daß lineare Plasmide kovalent gebundenes Protein enthalten.

Nach der Reinigung der Nucleinsäuren gibt es zwei Möglichkeiten, die chromosomale von der plasmidalen DNA abzutrennen: Entweder Trennung in einem 10-30% linearen Sucrosegradienten oder in einem Agarosegel.

10.2 Charakterisierung der Plasmide

Nach der Isolierung der Plasmide wird ihre Größe im Agarosegel oder durch Bestimmung der Konturlänge auf einer elektronenmikroskopischen Aufnahme ermittelt. Restriktionskarten werden erstellt und die Enden auf terminale Redundanz geprüft. Hierzu stehen zwei Methoden zur Verfügung. Zum einen kann man die lineare, doppelsträngige DNA zunächst denaturieren und dann unter Bedingungen renaturieren lassen, unter denen eine intramolekulare gegenüber einer intermolekularen Renaturierung bevorzugt ist. Unter dem Elektronenmikroskop sieht man dann, falls terminale Redundanz vorliegt, charakteristische Strukturen, die aus einem doppelsträngigen Bereich bestehen, der durch eine lange Einzelstrang-Schleife verbunden ist. Alternativ kann das eine Ende radioaktiv markiert und dann gegen das andere hybridisiert werden. Ein Signal wird nur dann erzielt, wenn beide Enden Homologie zeigen.

Die bislang bekannten Plasmide sind mit ihren Charakteristika in Tabelle 6 zusammengefaßt.

Tabelle 6. Lineare Plasmide bei Streptomyceten

Spezies	Plasmid	Größe (kb)	Kopienzahl
S. clavuligerus	pSCL	12	
S. rimosus	pSRM	45	
S. rochei	pSLA1	17	60
S. rochei	pSLA2		
S. azureus	pSA1	8.8	1

10.3 Charakterisierung der kovalenten Bindung zwischen Plasmid-DNA und Protein

Wie bereits im Abschnitt 10.1 kurz erwähnt, ist die lineare Plasmid-DNA kovalent mit Protein verbunden. Wo genau ist dieses Protein gebunden? Intern oder an den Enden? Bei dem *B. subtilis* Phagen ø29 und bei dem animalen Adenovirus ist Protein kovalent an die beiden 5'-Enden gebunden. Folglich war es im vorliegenden Fall naheliegend zu überprüfen, ob auch hier das Protein an die Enden gebunden ist.

Zum Nachweis eines terminal gebundenen Proteins und zur Charakterisierung der Enden werden drei verschiedene Experimente durchgeführt:

(1) Die lineare DNA wird zunächst mit alkalischer Phosphatase und dann mit Kinase in Gegenwart von [^{32}P]dATP inkubiert. Eine radioaktive Markierung ist nur dann möglich, wenn kein Protein am 5'-Ende gebunden ist.

(2) Die Plasmid-DNA wird mit Klenow-Polymerase in Gegenwart der vier radioaktiv markierten dNTP's inkubiert. Ist eine radioaktive Markierung auf diese Art und Weise nicht möglich, dann besitzt die DNA entweder glatte Enden, oder die 3'-Enden sind blockiert.

(3) Die Plasmid-DNA wird zunächst mit Exonuclease III und dann mit Klenow-Enzym behandelt. Ist unter diesen Bedingungen eine radioaktive Markierung der Enden möglich, dann sind die 3'-Enden nicht blockiert.

Diese Experimente haben bei den in Tabelle 6 aufgeführten Plasmiden gezeigt, daß Protein an die 5'-Enden kovalent gebunden ist. Diese Bindung ist Alkali-labil. Beim Phagen ø29 konnte gezeigt werden, daß die Bindung des Proteins an die DNA über eine Phosphoester-Bindung zwischen einem Serinrest und einem 5'-AMP erfolgt. Über die Funktion des Proteins kann im Moment nur spekuliert werden. Neben dem Schutz der Enden vor dem Angriff durch Exonucleasen wird eine Rolle als Primer diskutiert.

Die Enden des Plasmids pSLA1 wurden sequenziert; sie zeigen eine terminale Redundanz von 614 bp (ø29: 6 bp; Adenovirus: größer 100 bp) und innerhalb dieser Redundanz eine Reihe von Wiederholungen (sechs unterschiedliche pro Ende). An diese Wiederholungen könnten Proteine binden und dadurch die beiden Enden zusammenbringen. Dies würde dann dem DNA-Molekül die Form eines Tennisschlägers geben, wobei der Griff von den beiden Enden gebildet würde.

Literatur

C.L. Keen, S. Mendelovitz, G. Cohen, Y. Abharonowitz, K.L. Roy (1988), Mol. Gen. Genet. 212, 172-176

11 Weitere Plasmid-inhärente Eigenschaften

11.1 Stabilisierung von Plasmiden durch sequenzspezifische Rekombination

ColE1 und viele andere Plasmide bilden in *E. coli* Multimere durch intermolekulare homologe Rekombination. Da ColE1-Plasmide nach dem Zufallsprinzip verteilt werden und die Anzahl der *oris* und nicht die der Plasmide-Moleküle pro Zelle konstant gehalten wird, kann Multimerisierung zu einer Instabilität führen. Diese Instabilität äußert sich in dem Auftauchen von plasmidlosen Tochterzellen. Um der Multimerisierung und der damit verbundenen Instabilität von ColE1 entgegenzuwirken, codiert das Plasmid für ein sequenzspezifisches Rekombinationssystem, welches sehr effizient Multimere in Monomere auflöst.

Durch Deletionsanalyse wurde bei ColE1 eine 250-bp-Region identifiziert, die für den Rekombinationsprozeß essentiell ist. Nach Deletion dieser *cer* genannten Region häufen sich Multimere in den Zellen an, und es entstehen plasmidlose Zellen. Da weder die *cer*-Region noch die ColE1-DNA für ein Protein codieren, welches an *cer* bindet und die Rekombination ausführt, muß diese Funktion vom Wirts-Chromosom codiert werden.

Nach Tn*5*-Mutagenese konnten *E. coli* Mutanten identifiziert werden, in denen Multimere nicht mehr in Monomere aufgelöst werden können oder in denen dieser Prozeß beeinträchtigt ist. Die Mutationen konnten an drei verschiedenen Loci des *E. coli* Chromosoms kartiert werden und erhielten die Bezeichnungen *xerA*, *xerB* und *xerC*. Diese Mutanten wurden mit einem Plasmid identifiziert, welches das CAT-Gen, flankiert von zwei *cer*-Regionen in gleicher Orientierung, enthielt. Während im *E.-coli*-Wildtyp durch sequenzspezifische Rekombination zwischen den beiden *cer*-Regionen das CAT-Gen verlorengeht und die Zellen dadurch Chloramphenicol-sensitiv werden, wird in den *xer*-Mutanten das CAT-Gen nicht deletiert.

Der Locus *xerA* wurde bei 70,5 min kartiert und erwies sich als identisch mit dem Gen *argR*, welches für den Repressor des Arginin-Biosynthese-Operons codiert. Gereinigter Repressor bindet in Gegenwart von Arginin sowohl *in vivo* als auch *in vitro* an die *cer*-Region. Es wird spekuliert, daß durch die Bindung des ArgR-Repressors an die DNA ein Protein-DNA-Komplex höherer Ordnung gebildet wird, der für den Rekombinationsvorgang wichtig ist.

Der Locus *xerB* kartiert bei 96-97 min und zeigt Homologie mit dem *pepA*-Gen von *S. typhimurium* (codiert für die Aminopeptidase A). Die Lage des *xerC*-Locus ist noch nicht bekannt.

Eine Analyse der *cer*-Region hat gezeigt, daß das crossing-over-Ereignis innerhalb einer 35-bp-Sequenz stattfindet, die nahe dem einen Ende von *cer* kartiert. Außerdem sind ungefähr 200 bp links und 30 bp rechts der crossing-over-Sequenz an der dreidimensionalen Organisation des Rekombinationskomplexes beteiligt.

Wie zu Beginn dieses Kapitels erwähnt, ist diese Art der sequenzspezifischen Rekombination nicht auf ColE1 beschränkt. Auch die Plasmide ColA, ColK, pMB1 und CloDF13 enthalten eine *cer*-homologe Region. Ein Sequenzvergleich der vier *cer*-Regionen ergab, daß eine 35-bp-Sequenz mit Rotationssymmetrie nahezu vollständig konserviert ist. Daher kann davon ausgegangen werden, daß die *E. coli* Xer-Proteine auch an die *cer*-Regionen der anderen drei Plasmide binden und damit an der Auflösung der Multimere beteiligt sind.

Weitere sequenzspezifische Rekombinationssysteme sind für den Prophagen P1 und für den R-Faktor R64 beschrieben worden. Im Unterschied zu den bereits beschriebenen Systemen codieren diese für eine eigene Rekombinase. Bei P1 wurden die Rekombinationsstelle *loxP*, das Rekombinationsgen *cre* genannt. Bei R64 interagiert die *per*-Rekombinase mit der *per*-Sequenz. Hier konnte gezeigt werden, daß ein Defekt im *per*-Gen durch das *tnpR*-Genprodukt des Tn*A* (die Resolvase) komplementiert werden kann. In beiden Fällen (P1 und R64) sorgt das sequenzspezifische Rekombinationssystem für eine Auflösung von Monomeren und erhöht somit die Stabilität dieser Plasmide, die mit einer Kopienzahl von 1-2 pro Chromosom vorkommen.

Literatur

C.J. Stirling, G. Szatmari, G. Stewart, M.C.M. Smith, D.J. Sherratt (1988), EMBO J. 7, 4389-4395

11.2 Integrative Suppression

Die Initiation der Replikation am *oriC* des *E. coli* Chromosoms benötigt das Produkt des *dnaA*-Gens. Das DnaA-Protein bindet an eine 9-bp-Sequenz (DnaA-Box genannt), welche in der *oriC*-Sequenz in vierfacher Wiederholung vorkommt. Eine Reihe von temperatursensitiven Mutanten im *dnaA*-Gen bewirken, daß bei der restriktiven Temperatur (42 °C) keine Initiation der DNA-Replikation mehr stattfindet.

Nach Integration des F-Faktors, eines Mini-F oder eines anderen Plasmids (z.B. R1, R100, RP4) oder der Prophagen P1 oder P2 in das Chromosom einer *dnaA*ts-Mutante kann diese bei 42°C replizieren, d.h. das integrierte

Plasmid steuert die Replikation. Dieses Phänomen wurde 1971 durch Y. Nishimura und Mitarbeiter entdeckt und wird als integrative Suppression bezeichnet. Es kann dazu benutzt werden, um Zellen zu selektionieren, in denen es zu einer spontanen Integration eines dieser Replicons gekommen ist.

Durch welchen Mechanismus wird unter den Bedingungen der integrativen Suppression das *E. coli* Chromosom repliziert? Theoretisch sind zwei Möglichkeiten denkbar:

(1) Die Replikation startet am *oriC*, und das integrierte Plasmid codiert für eine DnaA-homologe Funktion, die das defekte DnaA-Protein substituiert.

(2) Die Replikation startet am *ori* des integrierten Plasmids und ist unabhängig vom DnaA-Protein.

Aufgrund der bislang vorliegenden molekulargenetischen Daten startet die Replikation am *ori* des jeweils integrierten Plasmids. Am ausführlichsten wurde das Replikationsverhalten am Beispiel des F-Faktors bzw. des Mini-F untersucht. Unter restriktiven Bedingungen (*dnaA*ts, *dnaA*amber, *dnaA*::Tn*10*) kann der F-Faktor nicht replizieren, d.h. er ist strikt abhängig vom DnaA-Protein. Dies wird auch durch das Vorhandensein von drei DnaA-Boxen im Bereich des *oriS* unterstrichen. Wie kann nun die Initiation der Replikation am integrierten Plasmid-*ori* erfolgen? Da die Effizienz der integrativen Suppression von der Integrationsstelle und von dem für die Experimente verwendeten Nährmedium abhängt, wird sie durch Restaktivitäten der verschiedenen DnaA-Proteine (engl. leakiness) unter restriktiven Bedingungen erklärt. Ob diese Erklärung auch auf die anderen Plasmide zutrifft, muß noch geklärt werden. Von RP4 und R1 ist bekannt, daß ihre Replikation *dnaA*-abhängig ist.

Literatur

T. Kogoma, B.C. Kline (1978), Mol. Gen. Genet. 210, 262-269

11.3 Shufflons

Sequenzspezifische Rekombination spielt eine wichtige Rolle bei der Umstrukturierung von DNA-Sequenzen bei Prokaryonten. Man unterscheidet zwischen zwei Typen von sequenzspezifischer Rekombination: (1) Intramolekulare Rekombination zwischen umgekehrten Wiederholungen resultiert in der Inversion eines DNA-Segments. Diese Art der Rekombination wurde für das G-Segment des Phagen Mu, das C-Segment des Phagen P1 und für bestimmte Bereiche der Chromosomen von *E. coli* und *S. typhimurium* beschrieben. (2) Intermolekulare Rekombination zwischen identischen oder nahezu identischen Sequenzen führt zur Bildung eines Kointegrats, d.h. es kommt zur Fusion der beiden Replicons. Das bekannteste Beispiel ist die Integration des Phagen Lambda in das Wirtschromosom.

1984 wurde ein neuer Typ von DNA-Umstrukturierung bei dem IncIβ R-Faktor R64 beschrieben, der Shufflon bezeichnet wurde. Das R64-Shufflon besteht aus vier DNA-Segmenten, die mit A, B, C und D bezeichnet wurden. Diese vier DNA-Segmente unterscheiden sich in ihrer Größe und Nucleotidsequenz und werden von 19-bp-Wiederholungen flankiert (Abb.30). Dabei werden die DNA-Segmente A, B und C von umgekehrten, das Segment D von direkten Wiederholungen flankiert. Sequenzspezifische Rekombination zwischen irgendwelchen umgekehrten Wiederholungen resultiert in der Inversion eines oder mehrerer DNA-Segmente. Rein rechnerisch ergeben sich 1152 verschiedene DNA-Isomere.

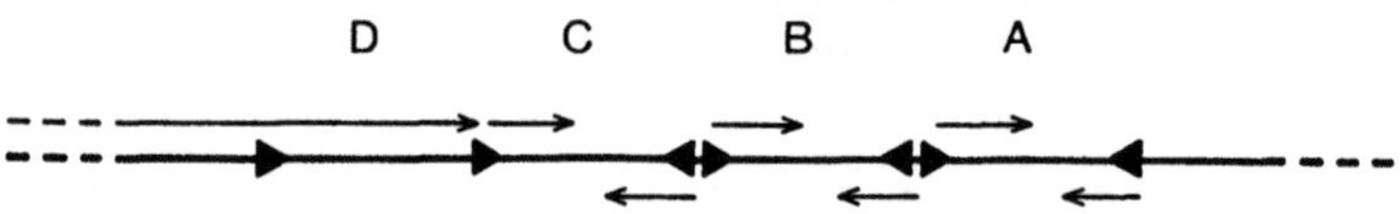

Abb.30. Schematische Darstellung der Shufflon-Region des Plasmids R64. Die vier invertierbaren DNA-Segmente sind mit A-D bezeichnet, die Dreiecke symbolisieren 19-bp-Wiederholungen, die Pfeile oberhalb und unterhalb der DNA offene Leseraster.

Aufgrund der Analyse der gesamten DNA-Sequenz des Shufflons in bezug auf die verschiedenen theoretisch denkbaren Isomere führen allerdings nur sieben DNA-Isomere zu unterschiedlichen offenen Leserastern. Dies kann zur Bildung von sieben Proteinen führen, deren N-terminale Aminosäuresequenz jeweils identisch ist (die codierende Region beginnt außerhalb des Shufflons), während der C-terminale Anteil unterschiedlich ist.

Die biologische Funktion dieser Proteine ist bislang unbekannt. R64-Derivate, bei denen die Shufflon-Region deletiert wurde, sind resistent gegen die Phagen PR64 und Iβ. Außerdem zeigen sie eine reduzierte Transferfrequenz. Diese Ergebnisse lassen vermuten, daß das Shufflon an der Bildung der Pili und damit am konjugativen Transfer von R64 beteiligt ist.

Die sequenzspezifische Rekombination wird von dem Produkt des Gens *rci* ausgeführt, welches für eine DNA-Rekombinase codiert. Das *rci*-Gen codiert für ein aus 384 Aminosäuren bestehendes, basisches Protein, welches partielle Homologie mit den sequenzspezifischen Rekombinasen der Phagen Lambda, φ80, P22, P2, 186, P4 und P1 zeigt.

Das Shufflon ist nicht auf R64 beschränkt; vielmehr zeigen alle bislang untersuchten Plasmide der Inkompatibilitätsgruppen IncI und IncII eine solche Struktur. Dazu gehören die Plasmide Delta, pIP111, pIP565, pIP112, pIP186, R144, R163, R483, R621a und ColIb, wobei das Shufflon des letzteren aus drei DNA-Segmenten besteht.

Literatur

A. Kubo, A. Kusukawa, T. Komano (1988), Mol. Gen. Genet. 213, 30-35

11.4 Sequenzspezifische Integration konjugativer Streptomyces-Plasmide

Bei den Streptomyceten sind eine Reihe von Plasmiden bekannt, die in freier und integrierter Form vorkommen können. Die Integration erfolgt durch sequenzspezifische Rekombination zwischen zwei DNA-Sequenzen auf dem Chromosom und dem Plasmid. Diese Sequenzen werden mit *attB* und *attP* bezeichnet (*att* steht für Anheftungsstelle). Nach der Integration wird das Plasmid von den beiden *att*-Stellen *attL* und *attR* flankiert. Solche integrierenden Plasmide wurden auch bei *Nocardia* und *Saccharopolyspora* beschrieben. Einige dieser Plasmide können nur dann in ihrer autonomen Form nachgewiesen werden, wenn die Plasmidfunktionen, die für den Integrationsprozeß notwendig sind, deletiert wurden. Andere Plasmide können in beiden Zuständen existieren.

Die *att*-Sequenzen wurden bislang bei den Plasmiden SLP1, SAM2 und pMEA100 isoliert und sequenziert. Ein Vergleich der Nucleotidsequenzen von *attB* und *attP* ergab eine Übereinstimmung in 111 von 112 Basenpaaren (Plasmid SLP1 (17 kb) und Chromosom *S. coelicolor*). Die Rekombinationsstelle innerhalb der *att*-Loci liegt in der unmittelbaren Nachbarschaft von 25 bp langen invertierten Sequenzen, die durch 4 bp getrennt sind. Ein Vergleich der *att*-Sequenzen zwischen dem Plasmid SAM2 (11,1 kb) und dem Wirtsbakterium *S. ambofaciens* führte zur Identifizierung einer 66-bp-Region, die bis auf 4 bp identisch ist. Auch hier wird angenommen, daß das Crossing-over-Ereignis zwischen diesen beiden Sequenzen stattfindet. Bei dem *Nocardia mediterranei* Plasmid pMEA100 (23,7 kb) enthalten *attB* und *attP* eine 47 bp identische Sequenz, die mit großer Wahrscheinlichkeit am Prozeß der Integration/Exzision beteiligt ist.

Bei dem Plasmid SLP1 wurden neben *attP* zwei verschiedene Loci (*intA* und *intB*) identifiziert, die für den Integrationsprozeß notwendig sind. Wenn der *intA*-Locus in *trans* vorhanden ist, dann erlaubt dieser Locus einem integrationsdefekten Derivat von SLP1 die Integration. Bei dem Plasmid SAM2 wurden die Integrationsfunktionen bislang auf einem 2,5-kb-Fragment lokalisiert.

Es wird vermutet, daß Plasmide, die in einem Stamm sowohl in freier als auch in integrierter Form vorkommen, nur in der integrierten Form repliziert werden.

Das sequenzspezifische Rekombinationssystem von pSAM2 zeigt große Ähnlichkeit mit denen von verschiedenen temperenten Phagen. Die Integration wird durch eine sequenzspezifische Rekombinase aus der Integrase-Familie katalysiert. Das *int*-Gen kartiert in der Nähe von *attP*, und ein kurzes, offenes Leseraster, welches das *int*-Gen überlappt, zeigt aufgrund der Aminosäuresequenz Ähnlichkeit mit den *xis*-Genen temperenter Phagen.

Literatur

F. Boccard, T. Smokvina, J.L. Pernodet, A. Friedmann, M. Guérineau (1989), EMBO J. 8, 973-980

11.5 Hemmung des konjugativen Transfers

Enthält eine Bakterienzelle zwei konjugative Plasmide, die unterschiedlichen Inkompatibilitätsgruppen angehören, dann kann ein Plasmid den konjugativen Transfer des zweiten hemmen. Dieses Phänomen wird als Hemmung des Transfers (engl. transfer inhibition) bezeichnet. Das die Hemmung ausübende Plasmid codiert für eine Fi^+-Funktion (fertility inhibition). Der Hemmung des konjugativen Transfers können offensichtlich verschiedene Mechanismen zugrunde liegen, und ganz allgemein wird angenommen, daß die Hemmung des Transfers auf einer Interaktion der die Transfergene kontrollierenden Regulationssysteme beruht.

Das Plasmid R100 reduziert die Transfer-Frequenz des F-Faktors 100-1000fach. Der molekulare Wirkungsmechanismus ist hier bekannt. Wie bereits im Abschnitt 3.1.1.4.1 beschrieben, ist beim F-Faktor das Regulatorgen *finO* durch ein IS*3*-Element inaktiviert. R100 enthält ein intaktes *finO*-Gen, dessen Produkt den Defekt beim F-Faktor komplementieren kann. Dies resultiert dann in einer Repression der Expression der *tra*-Gene.

Der F-Faktor und viele seiner Derivate hemmen den konjugativen Transfer von RP4 500-1000fach, während umgekehrt RP4 den Transfer des F-Faktors nicht beeinflußt. In diesem Fall konnte gezeigt werden, daß das PifC-Protein, der Repressor des *pif*-Operons (Abschnitt 3.1.1.3), für diese Hemmung verantwortlich ist. Da es sich bei dem *pifC*-Produkt um ein DNA-bindendes Protein handelt, wird vermutet, daß dieses Protein an die RP4-DNA bindet und dadurch die Expression von einem oder mehreren RP4-Genen hemmt, deren Produkte für den konjugativen Transfer notwendig sind. Da durch PifC weder der RP4-codierte Oberflächen-Ausschluß noch die Pilusbildung beeinträchtigt sind, könnte der konjugative DNA-Metabolismus gehemmt sein.

Der konjugative Transfer von RP4 kann auch durch das IncN-Plasmid pKM101 (Abschnitt 18.3) gehemmt werden. In Anwesenheit beider Plasmide in einer Donorzelle wird der Transfer von RP4 um den Faktor 10 000 reduziert. Der genetische Locus, der für die Transfer-Hemmung verantwortlich ist, wurde auf einem 1,1-kb-Fragment identifiziert und *fip* (fertility inhibition of IncP plasmids) genannt. Analog *pifC* hemmt *fip* nicht die Pilusbildung von RP4 und könnte daher die gleiche Wirkungsweise haben.

RP1 hemmt den Transfer bestimmter Plasmide aus der IncW-Gruppe. So wird z.B. die Übertragung von R388 um den Faktor 10^{-6} reduziert, während eine Deletionsmutante von RP1 den Transfer um den Faktor 10^{-3} reduziert. Dies läßt darauf schließen, daß RP1 für zwei verschiedene Inhibitorfunktionen codiert. Eine dieser Fi^{+}-Funktionen konnte auf dem 6,5-kb-*Pst*I-C Fragment lokalisiert werden, während die Lage der zweiten, die die Ausbildung der Pilusbildung bei R388 hemmt, noch unbekannt ist.

R100 reduziert den Transfer von RP4 um den Faktor 1000. Auf der DNA von R100 konnte ein Gen *tir* (transfer inhibition of RP4) kartiert werden, welches funktionelle Homologie mit *pifC* zeigt, ohne allerdings *pifC*-Mutanten komplementieren zu können.

Diese Beispiele zeigen, daß die Hemmung des konjugativen Transfers ein weitverbreitetes Phänomen ist und im Prinzip jedes konjugative Plasmid betreffen kann. Soweit bekannt, wird der Fi^{+}-Phänotyp immer von einem konjugativen Plasmid codiert und wirkt unidirektional. Das Fi^{+}-Plasmid unterdrückt den Transfer des Fi^{-}-Plasmids und sorgt so für die eigene Verbreitung. Die Hemmung des Transfers scheint über die Hemmung der Expression der *tra*-Gene zu laufen.

Literatur

K. Tanimoto, T. Iino, H. Ohtsubo, E. Ohtsubo (1985), Mol. Gen. Genet. 198, 356-357

11.6 Hemmung der Aktivierung des RecA-Proteins

Kommt es zu Schäden am *E.coli* Chromosom, dann wird der sog. SOS-Reparaturweg induziert. Die SOS-Induktion beruht auf der Aktivierung einer Koprotease-Funktion des RecA-Proteins, die dann den LexA-Repressor, Phagen- und weitere Repressoren durch Spaltung inaktiviert. Der LexA-Repressor kontrolliert die Expression von etwa 20 verschiedenen Operons, die nach SOS-Induktion exprimiert werden. Man spricht hier von der SOS-Antwort. Ein Ziel dieser SOS-Antwort ist die Reparatur der an der DNA aufgetretenen Schäden, die allerdings nicht fehlerfrei verläuft (engl. error-prone).

In-vitro-Experimente haben gezeigt, daß die Protease-Aktivität des RecA-Proteins durch Bindung des Proteins an Einzelstrang-DNA in Anwesenheit von dATP aktiviert werden kann. Somit könnte auch das *in-vivo*-Signal einzelsträngige DNA enthalten.

Es wurde ein Mechanismus beschrieben, der die Aktivierung des RecA-Proteins verhindert, und dieser Mechanismus wurde Psi (plasmid SOS inhibition) genannt. Er wurde zunächst im Zusammenhang mit dem Plasmid R6-5 nachgewiesen. Dieser R-Faktor enthält nahe dem *oriT* ein Gen *psiB*, welches für ein 16-kda-Protein codiert. Dieses Protein hemmt mindestens drei SOS-Funktionen: (1) Induktion des Lambda-Prophagen; (2) Induktion der SOS-Gene *recA* und *sfiA*; (3) Mutagenese, die durch das RecA730-Protein induziert wird. Es verhindert außerdem intramolekulare Rekombination zwischen einer chromosomalen *lac*-Duplikation, nicht aber Rekombination nach einer Konjugation Hfr x F^-. Beide Rekombinationsereignisse benötigen RecA-Protein, unterscheiden sich aber in der Natur der Substrate und in den involvierten Genprodukten.

Nach welchem Mechanismus hemmt das PsiB-Protein die SOS-Induktion? Mehrere Möglichkeiten sind theoretisch denkbar, und als wahrscheinlichste wird angesehen, daß das PsiB-Protein die Aktivierung des RecA-Proteins verhindert. Die *in-vivo*-Aktivierung des RecA-Proteins geschieht innerhalb eines Komplexes bestehend aus RecA-Protein, DNA, dNTPs und zusätzlichen Proteinen. Das PsiB-Protein könnte mit jedem dieser Komponenten interagieren. Allerdings handelt es sich um ein saures Protein, und Bindung an einzel- oder doppelsträngige DNA konnte nicht nachgewiesen werden. Daher bleiben als Möglichkeiten die Interaktion mit dem RecA- oder mit einem der zusätzlichen Proteine. Da einige Koprotease-konstitutiven RecA-Mutanten PsiB-unempfindlich sind, spricht diese Beobachtung für eine direkte Interaktion zwischen PsiB- und RecA-Protein.

Mit Hilfe von Southern-Hydridisierung unter Verwendung der R6-5 *psiB*-Genprobe wurde auch beim F-Faktor ein *psiB*-Gen lokalisiert. Beide Gene sind 435 Nucleotide lang und codieren für ein Protein bestehend aus jeweils

144 Aminosäuren. Beide Proteine unterscheiden sich in nur fünf Aminosäuren. Allerdings zeigen F^+-Zellen keine Hemmung der RecA-Protease; erst nach Einbau des *psiB*-Gens in einen Plasmidvektor mit hoher Kopienzahl wird eine Hemmung beobachtet. Dies ist entweder auf eine geringe spezifische Aktivität des F^+-codierten PsiB-Proteins oder auf eine geringe Expression zurückzuführen.

Was ist die biologische Bedeutung der Psi-Funktion? Da beim konjugativen Transfer Einzelstrang-DNA entsteht, könnte diese zur Aktivierung des RecA-Proteins führen und damit unnötigerweise die SOS-Antwort auslösen, die mit der *de-novo-* oder der erhöhten Synthese von mehr als 50 Proteinen einhergeht. Unbeantwortet in diesem Zusammenhang sind die Fragen, warum keine Hemmung in Gegenwart des F-Faktors beobachtet wird, und ob alle konjugativen Plasmide für eine Psi-Funktion codieren. Falls dies nicht zutrifft, warum benötigt R6-5 diese Funktion?

Literatur

M. Dutreix, A. Bäckman, J. Célérier, M.M. Bagdasarian, S. Sommer, A. Bailone, R. Devoret, M. Bagdasarian (1988), Nucleic Acids Res. 16, 10669-10679

11.7 Synthese linearer Plasmid-Multimere

Analysiert man Plasmid-haltige *E.-coli*-Wildtypzellen auf das Vorhandensein linearer Plasmid-DNA, dann ist solche nicht nachweisbar. Transferiert man die Plasmide in eine *recB*21 *recC*22-Mutante (defizient für DNA-Exonuclease V), dann sind in den Zellextrakten lineare Plasmid-Multimere nachweisbar. Der Anteil der linearen Multimere kann durch Einführen der Mutation *sbcB* (defizient für DNA-Exonuclease I) noch gesteigert werden. Dies wurde für die Plasmide pBR322, pACYC184, pSC101, Mini-F und solche mit dem *oriC* des *E. coli* Chromosoms gefunden.

Somit führt die Hemmung der RecBCD-Nuclease zu der Aktivierung eines DNA-Synthese-Weges, der zirkulare Monomere in lineare Multimere umwandelt. Es wird postuliert, daß es gelegentlich zu Einzelstrangbrüchen in der doppelsträngigen, monomeren Plasmid-DNA kommt, an denen aberrante Rolling-circle-Replikation startet. Da kein Terminationssignal für diese Art der Replikation vorhanden ist, häufen sich lineare Multimere in der Zelle an, die normalerweise von der DNA-Exonuclease V hydrolysiert werden und die nur in entsprechenden Mutanten auftauchen.

Daß tatsächlich die RecBCD-Nuclease an diesem Abbau beteiligt ist, wurde durch eine RecBCD-Phänokopie nachgewiesen. Die Exonuclease wird z.B. durch das Produkt des Phagen Lambda-codierten *gam*-Gens inhibiert. Bringt man das *gam*-Gen in einer Wildtypzelle zur Expression, dann beobachtet man die Anhäufung linearer Plasmid-Multimere.

Auch bei *B. subtilis* und *S. aureus* ist die Bildung von linearen Plasmid-Multimeren beschrieben worden, hier als HMW (high molecular weight) -DNA bezeichnet, deren Bildung aber einem anderen Mechanismus folgt. Die Plasmide pUB110, pC194, pE194 und pT181 sind Mitglieder einer Gruppe von kleinen Plasmiden mit hoher Kopienzahl, die aus *S. aureus* isoliert wurden, die aber auch in *B. subtilis* replizieren, und die als Klonierungsvektoren genutzt werden. Diese Plasmide replizieren über den Rolling-circle-Mechanismus, der für *E. coli* Phagen mit Einzelstrang-DNA beschrieben wurde (siehe Abschnitt 5.6).

Während in Zellen, die diese Plasmide enthalten, keine HMW-DNA nachgewiesen werden kann, bewirkt der Einbau von *E. coli* DNA-Fragmenten (aus dem Chromosom oder aus pBR322), nicht aber von Fragmenten chromosomaler *S.-aureus*-DNA, die Bildung von HMW-DNA. Diese besteht aus linearen, doppelsträngigen Tandem-Multimeren mit einer Kopf-zu-Schwanz-Verknüpfung. Hierbei reicht eine 500-bp-Insertion für die Bildung dieser HMW-DNA bereits aus, und die Größe der Insertion ist direkt proportional zum Anteil der HMW-DNA. Dabei ist die Bildung der HMW-DNA unabhängig von der Integrationsstelle in den Plasmiden.

In *recE*4-Mutanten ist weniger HMW-DNA nachweisbar, aber allgemeine Rekombination ist offensichtlich für die HMW-Bildung nicht verantwortlich. Weiterhin ist die Synthese der HMW-DNA in einer *add*-Mutante, der eine Funktion fehlt, die der DNA-Exonuclease V aus *E. coli* entspricht, nicht verändert. Es wird angenommen, daß die Insertionen in einer noch unbekannten Art und Weise die Termination der Replikation beeinflussen. Hier könnten möglicherweise Sekundärstrukturen eine Rolle spielen.

Literatur

Z. Silberstein, A. Cohen (1987), J. Bacteriol. 169, 3131-3137

A. Gruss, S.D. Ehrlich (1988), J. Bacteriol. 170, 1183-1190

12 Bacteriocin-codierende Plasmide

Bacteriocine sind Proteine, die von Bakterien produziert werden und die das Wachstum artgleicher oder nahe verwandter Bakterien hemmen (bakteriostatische Wirkung) oder diese abtöten (bakterizide Wirkung). Es handelt sich bei den Bacteriocinen um Proteine mit Antibiotikum-Charakter mit einem eng begrenzten Wirtsspektrum.

Bacteriocine sind, von einigen Ausnahmen abgesehen, Plasmid-codiert. Eine Bakterienzelle, die für ein Bacteriocin codiert, ist gleichzeitig gegen dieses Bacteriocin geschützt (immun); dieser Schutzmechanismus beruht auf der Synthese eines Immunitätsproteins, welches von dem gleichen Plasmid codiert wird, das auch die Synthese des Bacteriocins veranlaßt.

Die meisten Bacteriocine werden nicht konstitutiv synthetisiert, sondern erst nach Induktion. Diese kann spontan oder nach Behandlung der Zellen mit Substanzen oder energiereichen Stahlen erfolgen, die die SOS-Antwort auslösen (Mitomycin C, UV, etc.).

Seit einigen Jahren kennt man aber auch eine Gruppe von Bacteriocinen, die konstitutiv synthetisiert werden und die man aufgrund dieser und weiterer, noch zu behandelnder Eigenschaften, als eigene Gruppe ansieht. Sie haben die Bezeichnung Microcine erhalten und werden am Ende dieses Kapitels behandelt.

Die Entdeckung der Bacteriocine erfolgte 1925 durch den belgischen Mikrobiologen André Gratia. Er beobachtete, daß der *E.-coli*-Stamm V eine Substanz produziert, die auf einen anderen, sensitiven Stamm bakterizid wirkt. Weiterhin konnte er zeigen, daß ein steriles Filtrat des Stammes V noch in 1000facher Verdünnung eine bakterizide Wirkung entfaltet. Seine Schlußfolgerung war, daß bestimmte Bakterienstämme eine Substanz produzieren, die auf andere, sensitive Stämme wirkt. Diese Substanz muß produziert, ausgeschieden und von sensitiven Bakterien aufgenommen werden. Die Aufklärung dieser Schritte erfolgte in den letzten Jahren.

12.1 Nachweis eines Bacteriocins

Um ein Bacteriocin nachweisen zu können, benötigt man sowohl einen Produzenten- als auch einen Indikator-Stamm. Dies kann bei der Entdeckung neuer Bacteriocine mühsam sein, da sehr viele Stämme gegeneinander ausgetestet werden müssen. Nur die Kombination Produzent-Indikator führt zum Auffinden eines neuen Bacteriocins. Die Suche nach Bacteriocin-produzierenden und -sensitiven Stämmen kann dadurch erleichtert werden, daß die zu untersuchenden Stämme auf die An- bzw. Abwesenheit eines Plasmids getestet werden. Wie erfolgt der experimentelle Nachweis einer bacteriocinogenen Aktivität?

12.1.1 Qualitativer Nachweis

Zum Nachweis eines Bacteriocins stehen zwei Methoden zur Verfügung: der Patch-Test und der Überschichtungs-Test. Beim Patch-Test gibt man zunächst auf eine Nährmediumplatte so viele sensitive Bakterien, daß sie nach Inkubation der Platte einen Bakterienrasen ergeben, und überträgt dann auf diese Platte einzelne Kolonien, die auf Bacteriocin-Produktion getestet werden sollen. Nach Inkubation über Nacht sind Produzenten daran zu erkennen, daß sie von einer ringförmigen Zone umgeben sind, in denen keine Indikatorbakterien wachsen. Eine solche Lysezone, die die Morphologie eines Phagen-Plaques hat, bezeichnet man als Lacune. Sie beruht auf dem Abtöten der Indikatorbakterien durch spontan freigesetztes Bacteriocin. Setzt man der Nährmedium-Platte eine subletale Konzentration an Mitomycin C (0,1-0,5 μg/μl) zu, dann kann man durch Induktion der Bacteriocin-Produktion die Lacunen vergrößern.

Bei dem Überschichtungs-Test läßt man zunächst auf einer Nährmediumplatte mögliche Produzenten zu Kolonien heranwachsen, tötet diese dann durch Chloroform-Dämpfe ab und überschichtet anschließend mit Weichagar, der Indikatorbakterien und ggf. eine subletale Konzentration an Mitomycin C enthält. Auch hier verraten sich Produzenten durch die Ausbildung von Lacunen an den entsprechenden Stellen im Weichagar.

Um einen Bacteriocin- von einem Microcin-Produzenten zu unterscheiden, nutzt man den Unterschied in der molaren Masse der beiden Proteinklassen aus. Microcine haben eine molare Masse kleiner 5000 da und können daher durch die Poren einer Zellophanmembran diffundieren. Zur experimentellen Unterscheidung läßt man auf einer Nährmediumplatte Produzenten zu Kolonien heranwachsen, tötet die Bakterien dann mit Chloroform-Dämpfen ab, deckt die Petrischale mit einer Zellophanmembran ab und überschichtet diese dann mit Weichager, der Indikatorbakterien enthält. Bilden die Produzenten Microcine, dann diffundieren diese durch die Membran und töten dort die sensitiven Bakterien ab.

Da die Lacunen die Morphologie eines Phagen-Plaques besitzen, muß man bei einem neu entdeckten Produzenten-Stamm sicherstellen, daß die Lysezonen tatsächlich durch Bacteriocine und nicht durch Phagen hervorgerufen werden. Dazu entnimmt man mit einer Pasteur-Pipette Material aus einer Lysezone, gibt es in 100 μl physiologische Kochsalzlösung, fügt Chloroform zum Abtöten der Bakterien hinzu und schüttelt kräftig. 10 μl dieses Materials mischt man zunächst mit sensitiven Bakterien, gibt dann Weichagar hinzu und gießt die Mischung auf eine Nährmedium-Platte. Nur wenn die Lysezone Phagen enthält, dann kommt es zur Ausbildung von neuen Lysezonen (Plaques).

12.1.2 Quantitativer Nachweis

Zur Quantifizierung der Bacteriocin-Aktivität stehen ebenfalls zwei Methoden zur Verfügung, und zwar die Verdünnungs-Methode und die Bestimmung der Anzahl der Überlebenden.

Bei der Verdünnungs-Methode gibt man zunächst 10^6 Indikator-Bakterien auf eine Nährmediumplatte. Anschließend pipettiert man je 5 μl einer exponentiellen Verdünnungsreihe einer Bacteriocin-Präparation auf diese Platte. Zur Auswertung ermittelt man die Verdünnungsstufe, die noch eine klare Hemmzone ergibt. Der Bacteriocin-Titer entspricht dem reziproken Wert dieser Verdünnung.

Um die Anzahl der Überlebenden zu bestimmen, inkubiert man jeweils 10^8 sensitive Bakterien mit verschiedenen Verdünnungen des Bacteriocins für 10 min bei 37 °C. Dann werden geeignete Verdünnungen ausplattiert und der Bakterientiter bestimmt. Zur Berechnung bestimmt man die Verdünnung, bei der 50 % der Bakterien überleben.

12.2 Verbreitung der Bacteriocine

Bacteriocine wurden bei sehr vielen Gram-negativen und -positiven Bakterien nachgewiesen, so daß davon auszugehen ist, daß sie bei allen Spezies vorkommen. Die Bezeichnung der Bacteriocine erfolgt in der Regel nach dem Speziesnamen. So spricht man bei Bacteriocinen, die von *E. coli* gebildet werden, von Colicinen; *Streptococcus sanguis* bildet Sanguicin, *Bacillus megaterium* Megacin, etc. Tabelle 7 gibt einen Überblick über bekannte Bacteriocin-produzierende Spezies mit Ausnahme von *E. coli*.

Wie aus Tabelle 7 hervorgeht, sind auch glykosylierte Bacteriocine bekannt, von denen einige zusätzlich einen Lipidanteil besitzen.

Am besten untersucht hinsichtlich ihrer Synthese und Wirkungsweise sind die Colicine. Bereits 1948 konnte P. Frédéricq 88 Colicin-produzierende Stämme in 17 Klassen einteilen. Tabelle 8 gibt einen Überblick über die bekanntesten Colicine und ihre Wirkungsweise.

Tabelle 7. *Auswahl einiger Bacteriocin-produzierender Bakterienarten mit Angabe der Bezeichnung, der chemischen Zusammensetzung und der molaren Masse*

Bakterienspezies	Name des Bacteriocins	Stoffklasse	molare Masse (da)
Enterobacter cloacae	Cloacin	Protein	56 000
Streptococcus pyogenes	Streptocin A	Protein	8 000
Streptococcus sanguis	Sanguicin	Protein	280 000
Bacteroides fragilis	Bf-1	Protein	15 000
Propionibacterium acnes	Acnecin	Glycoprotein	60 000
Bacillus megaterium	Megacin	Protein	?
Staphylococcus epidermidis	Staphylococcin	Lipo-Glyco-Protein	150 000-400 000

Tabelle 8. *Bekannte Colicine mit Angaben ihrer molaren Massen und ihrer Wirkungsweise*

Colicin	molare Masse (da)	Wirkungsweise
E1	56 000	Depolarisierung der CM
E2	60 000	Endonuclease
E3	60 000	RNase
E4	53 000	Depolarisierung der CM
A	75 000	Depolarisierung der CM
B	81 000	Depolarisierung der CM
Ia	75 000	Depolarisierung der CM
Ib	80 000	Depolarisierung der CM
M	78 000	Abbau der Zellwand
N	42 000	Depolarisierung der CM

CM, Cytoplasmamembran

12.3 Produktion und Freisetzung der Colicine

Wie bereits erwähnt, werden Bacteriocine nicht konstitutiv, sondern nur nach Induktion synthetisiert. Diese kann spontan erfolgen (etwa eine unter 10^6

Zellen einer Population) oder durch Behandlung der Bakterien mit bestimmten Chemikalien erreicht werden. Es handelt sich dabei um Chemikalien, die Schädigungen an der DNA auslösen. Diese Schädigungen wiederum induzieren die SOS-Antwort, die die proteolytische Spaltung des LexA-Repressors zur Folge hat. Danach kommt es zur Synthese der Colicine, die im nachfolgenden ausführlich behandelt wird. Ein analoger Mechanismus ist aber auch für die Induktion der Bacteriocine allgemein anzunehmen.

Nach ihrer Synthese müssen die Colicine zwei Membranen passieren. Für diesen Transport gibt es zwei Möglichkeiten:

(1) Die Colicine verfügen über eine Signalsequenz, mit deren Hilfe sie die innere Membran überwinden. Zum Durchdringen der äußeren Membran benötigen sie Hilfsproteine.

(2) Es kommt zur Lyse der Zellen.

Von diesen beiden theoretisch denkbaren Möglichkeiten wurde die zweite bei vielen Colicinen nachgewiesen. Dabei erfolgt die Lyse der Zellen durch Plasmid-codierte Lyse-Proteine, von denen bislang sechs näher untersucht wurden. In Tabelle 9 sind diese Proteine zusammengefaßt.

Tabelle 9. Plasmid-codierte Lyse-Proteine

Colicin	Lyse-Gen	Anzahl der Aminosäuren des reifen Proteins
A	cal	33
E1	kil	28
E2	celB	28
E3	celB	78
DF13	brp	28
N	cni	35

Alle sechs Proteine zeigen Homologie auf der Ebene der Aminosäuren, und die ersten 13 N-terminalen Aminosäuren sind identisch. Außerdem enthalten alle sechs Proteine ein Signalpeptid mit einer Erkennnungssequenz für Lipoproteine an der Spaltstelle. Die entsprechende Konsensus-Sequenz lautet: Leu-X-Y-Cys. In dieser sog. Lipobox repräsentieren X und Y kleine, neutrale Aminosäuren. Zunächst kommt es zur Synthese eines Proproteins, das durch Modifikation in das Prolipoprotein umgewandelt wird. Dabei wird ein Diglycerid an den Cysteinrest der Lipobox gehängt. Das Prolipoprotein durchdringt anschließend die innere Membran, wobei die Signalpeptidase II zwischen Y und Cys spaltet. Das reife Lipoprotein aktiviert die im Periplasma befindliche Detergenz-resistente Phospholipase A, die das Entstehen von lokalen Permeabilitätszonen in der äußeren Membran bewirkt. Durch diese Zonen kommt es zur Freisetzung der Colicine und bestimmter zellulärer Proteine.

12.4 Interaktion der Colicine mit der Target-Zelle

Die Interaktion mit der Target-Zelle erfolgt in zwei bzw. drei Schritten. Der erste Schritt ist die Bindung des Colicins an einen Rezeptor, gefolgt von dem Durchqueren der äußeren Membran. Als Rezeptor für das Colicin M wurde das TonA-Protein identifiziert, das auch als Rezeptor für die Phagen T1 und T5 fungiert. Die Rezeptoren für die Colicine E2 und E3 dienen auch als Bindungsstellen für das Vitamin B_{12}, die für Colicin K für Nucleoside und die für Colicin B für Eisen.

Nach Durchquerung der äußeren Membran muß das Colicin von einem Transport-Protein zur inneren Membran gebracht werden (zweiter Schritt). Als Transport-Protein für die Colicine B, M, Ia und Ib wurde das TonB-Protein identifiziert. Ein Vergleich der Aminosäuresequenz der Colicine B, M und I ergab als mögliche Bindungsstelle für das TonB-Transport-Protein folgenden Bereich:

Colicin B: -Asp-Thr-Met-Val-Val-
Colicin M: -Glu-Thr-Leu-Thr-Val-
Colicin I: -Glu-Ile-Met-Ala-Val-

Übereinstimmende Positionen sind durch Unterstreichen hervorgehoben.

In den Transport der E-Colicine sind die Produkte der Gene *tolQRA* involviert, die auch für den Transport der Einzelstrang-DNA der Phagen M13, fd, etc. verantwortlich sind.

Während eine Reihe von Colicinen ihre physiologische Wirkung nach Bindung an die innere Membran entfaltet, müssen andere auch diese Membran durchdringen, um an ihren Wirkort zu gelangen (dritter Schritt).

12.5 Physiologische Wirkung der Colicine

Aufgrund ihrer physiologischen Wirkungsweise werden die Colicine in drei verschiedene Gruppen eingeteilt:

(1) Depolarisierung der inneren Membran;

(2) Endonuclease-Aktivität;

(3) Hemmung der Murein-Biosynthese.

Zur ersten Gruppe gehören die Colicine E1, E4, A, K, Ia, Ib und B. Diese werden in die innere Membran eingebaut und bilden dort einen Kanal. Dies führt zur Depolarisierung der Membran (innen negativ, außen positiv geladen) und dadurch zu einer Entkoppelung verschiedener Energie-abhängiger Transportprozesse (z.B. Transport von Aminosäuren, β-Galaktosiden). Außerdem strömen Kaliumionen und kleine phosphorylierte Moleküle (ATP, α-Methylglucosidphosphat u. a.) aus.

Zur zweiten Gruppe gehören die Colicine E2 und E3 und das Cloacin DF13. Der Wirkort des Colicin E2 ist die DNA, die in drei Stufen abgebaut wird:

(1) Die Endonuclease-Aktivität des Colicins verursacht Einzelstrangbrüche.

(2) Mit zunehmender Einwirkungszeit des Enzyms nimmt die Anzahl der Einzelstrangbrüche pro DNA-Molekül zu, die sich dann auch an gegenüberliegenden Stellen der DNA ereignen. Dies führt zu einer Fragmentierung der DNA.

(3) Die linearen Fragmente werden dann von zelleigenen Exonucleasen hydrolysiert.

Das Colicin E3 und das Cloacin DF13 hemmen die Proteinbiosynthese durch endonucleolytische Spaltung der 16-S-rRNA nach dem 49. Ribonucleotid vom 3'-Ende her gesehen. Dies führt zur Inaktivierung der 30-S-Untereinheit. Beide Bacteriocine sind inaktiv an isolierter 16-S-rRNA und an der 30-S-Untereinheit; sie katalysieren die Spaltung nur an 70-S-Ribosomen, die an mRNA gebunden sind.

Zur dritten Gruppe wird das Colicin M gezählt. Es hemmt den Einbau von Diaminopimelinsäure in das Murein wachsender Zellen. Dies wiederum führt zur Lyse der Zellen, die durch einen osmotischen Schutz verhindert werden kann. Dabei kommt es zur Umwandlung der Zellen in Sphäroplasten.

Viele Colicine zeigen einen modularen Aufbau bestehend aus den drei Domänen T, RR und A:

H_2N-[T RR A]-COOH

Die Domäne T dient der Translokation vom Rezeptor zur inneren Membran, die Domäne RR (receptor recognition) der Interaktion Rezeptor-Colicin, und die Domäne A (activity) enthält die colicinogene Aktivität des Colicins.

12.6 Insensitivität gegenüber Colicinen

Man unterscheidet drei Möglichkeiten der Insensitivität von *E. coli* Zellen gegenüber Colicinen:

(1) Immunität: Ein colicinogener Stamm ist immun gegenüber seinem eigenen Colicin. Dies beruht, wie bereits erwähnt, auf der Synthese eines Immunitätsproteins, welches das entsprechende Colicin durch Protein-Protein-Interaktion inaktiviert. Viele Colicine verlassen als Colicin-Immunitätsprotein-Komplex die Zelle.

(2) Resistenz: Diese beruht auf einer Mutation im Rezeptorgen, die zum Ausfall oder zur Synthese eines funktionslosen Rezeptors führt. Als Folge kann das Colicin nicht mehr an die Bakterienzelle adsorbieren.

(3) Toleranz: Tolerante Zellen sind dadurch ausgezeichnet, daß das Colicin noch an seinen Rezeptor binden kann, daß aber der nachfolgende Transport blockiert ist.

12.7 Organisation der Colicin-Immunitäts-Lyse-Region bei einigen colicinogenen Plasmiden

Abb.31a zeigt den Aufbau dieser Region bei dem Plasmid ColE1. Sie enthält neben den drei Strukturgenen *cea* (codiert für Colicin E1), *imm* (Immunitätsprotein) und *kil* (Lyseprotein) die beiden Promotoren P1 und P2, sowie die beiden Terminatoren T1 und T2. Bei P1 handelt es sich um einen starken SOS-induzierbaren Promotor, dem eine typische LexA-Erkennungssequenz

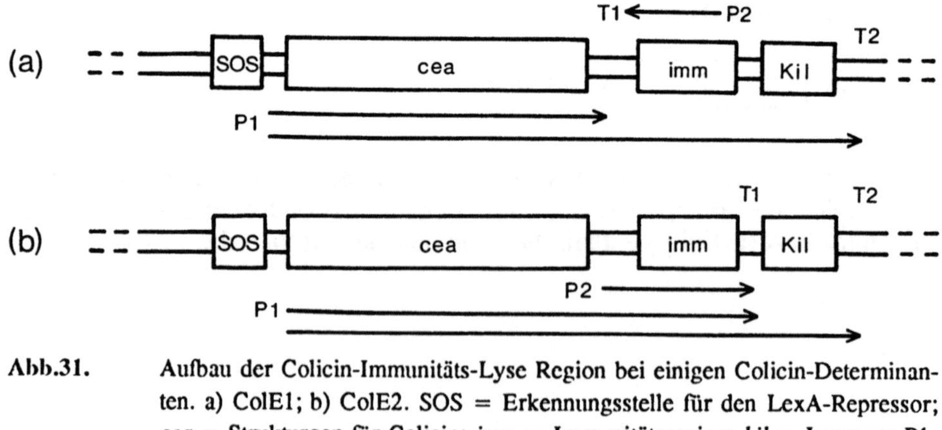

Abb.31. Aufbau der Colicin-Immunitäts-Lyse Region bei einigen Colicin-Determinanten. a) ColE1; b) ColE2. SOS = Erkennungsstelle für den LexA-Repressor; *cea* = Strukturgen für Colicin; *imm* = Immunitätsregion; *kil* = Lysegen; P1, P2 = Promotoren; T1, T2 = Terminatoren.

(SOS-Box) vorgelagert ist. An diese bindet der LexA-Repressor und verhindert dadurch die Transkription der Gene *cea* und *kil*. Außerdem wird die Transkription durch die cAMP-Konzentration in der Zelle reguliert.

Bei P2 handelt es sich um einen konstitutiven Promotor zur Expression des *imm*-Gens. T1 ist ein bidirektioneller Terminator zur Beendigung der an P2 und an P1 startenden Transkription. Allerdings werden von P1 aus zwei Transkripte synthetisiert, von denen das längere an T2 terminiert wird und zur Expression des *kil*-Gens führt.

In Abb.31b ist die Organisation der entsprechenden Gene bei den Plasmiden ColE2, ColE3 und CloDF13 dargestellt. Sie unterscheidet sich im wesentlichen von der des ColE1 dadurch, daß alle drei Gene in einem Operon angeordnet sind. Auch hier gibt es zwei Promotoren P1 und P2, von denen der Promotor P1 unter der Kontrolle des LexA-Repressors steht. Bei P2 handelt es sich um einen zusätzlichen internen Promotor zur Expression des *imm*-Gens im nicht-induzierten Zustand des gesamten Operons. Auch hier entstehen nach Induktion zwei unterschiedlich lange Transkripte, von denen das kürzere an T1 terminiert wird und zur Synthese des Colicins und des Immunitätsproteins dient, während das längere an T2 endet und zusätzlich das Lyseprotein liefert.

12.8 Microcine

Microcine sind Bacteriocine mit einer niedrigen molaren Masse, deren Synthese konstitutiv erfolgt und für die Zelle nicht letal ist. Microcine sind thermostabil (100°C, 30 min), unempfindlich gegenüber extremen pH-Werten und resistent gegen einige Proteasen. Sie werden hauptsächlich von Enterobacteriaceen gebildet und von Plasmiden codiert. Aufgrund von Kreuzaktivitäten untereinander werden die bislang bekannten Microcine in die fünf Gruppen A bis E eingeteilt. Dabei gehören zwei verschiedene Microcine dann einer Gruppe an, wenn sie wechselseitig ihre Wirtszellen nicht abtöten. Bekannte Microcine mit der Angabe einiger Charakteristika sind in Tabelle 10 aufgeführt.

Die Produktion der Microcine findet hauptsächlich während der frühen stationären Wachstumsphase der Zellen statt (Charakteristikum der Sekundär-Metaboliten) und ist von der Zusammensetzung des Kulturmediums abhängig. Es hat sich gezeigt, daß eine bessere Produktion im Minimal-Medium erreicht wird.

Zur Wirkungsweise der Microcine ist folgendes anzumerken: Microcin A15 blockiert die Protein-Biosynthese durch Hemmung der Homoserin-O-Transsuccinylase, dem ersten Enzym des Methionin-Biosynthesewegs. B17 hemmt die Elongation der DNA-Synthese, wobei das Target dieses Microcins ver-

Tabelle 10. Charakteristika verschiedener Microcine

Microcin	molare Masse (da)	Protease resistent	Protease sensitiv	Inhibitor-Wirkung
A15	<500	viele		Protein-Biosynthese
B17	3255	Trypsin Chymotrypsin	Pronase Subtilisin	DNA-Replikation
C7	900	Pronase	Trypsin	Protein-Biosynthese
D140	500	Trypsin	Pronase	Prolin-Transport
E492	5000	Trypsin	Chymotrypsin	Depolarisierung CM

CM, Cytoplasmamembran

mutlich die β-Untereinheit der Gyrase darstellt. Der Angriffspunkt des C7 bei der Hemmung der Protein-Biosynthese ist noch unbekannt, während D140 den Prolin-Transport hemmt und den ATP-Pool entleert. E492 wirkt wie viele der in Tabelle 8 aufgeführten Colicine durch Zerstörung des elektrischen transmembranösen Potentials.

Microcine werden von Plasmiden codiert, denen man die allgemeine Bezeichnung pMcc gegeben hat. Von den Microcinen A93 und D93 ist bislang nur bekannt, daß sie von 5,5-kb-Plasmiden codiert werden, die die Bezeichnung pMccA93 und pMccD93 erhalten haben.

Bei pMccB17 handelt es sich um ein konjugatives 70-kb-Plasmid aus der IncFII-Gruppe. Die genetischen Determinanten für Microcin-Synthese und für Immunität liegen auf einem 5,2-kb-Fragment. Für die B17-Synthese sind die Gene *mcbABCD* notwendig, für die Immunität die Gene *mcbEFG*. Alle Gene wurden sequenziert und die Transkription der Synthesegene analysiert. Es ergibt sich folgendes Bild:

Das Gen *mcbA* codiert für das Microcin MccB17; es wird als Vorläufer, bestehend aus 69 Aminosäuren, synthetisiert, verfügt über keine Signalsequenz, wird aber dennoch prozessiert. Dabei werden vom N-Terminus die ersten 26 Aminosäuren hydrolysiert, so daß das aktive Microcin aus 43 Aminosäuren und einer molaren Masse von 3255 da besteht. Dieses Peptidantibiotikum besteht zu 60% aus Glycinresten, hemmt die DNA-Replikation in sensitiven Bakterien, was wiederum zur Induktion des SOS-Reparatursystems führt. An der Prozessierung des Microcin-Vorläufers sind die Produkte der Gene *mcbB* (molare Masse 32 764 da), *mcbC* (30 757 da) und *mcbD* (44 870 da) in einer noch unbekannten Art und Weise beteiligt. Alle drei Proteine verfügen weder über eine Signalsequenz noch über eine potentielle transmembranöse Domäne und dürften daher im Cytoplasma lokalisiert sein.

Alle vier Gene liegen in einem Operon (Abb.32a), dessen Transkription in einer komplexen Art und Weise reguliert wird, an der verschiedene Promotoren beteiligt sein können. Die Expression des Operons wird durch mindestens drei chromosomale Gene reguliert; eines dieser Gene ist *ompR*, welches für einen positiven Regulator (molare Masse 27 353 da) der Transkription der Gene *ompC* und *ompF* (Proteine der äußeren Membran) codiert. Dieser OmpR-Aktivator beeinflußt zwei Promotoren: Ein Promotor (P1; Abb.32a) liegt vor dem *mbcA*-Gen und führt zur Transkription aller vier Gene. Die Aktivierung ist abhängig von der Wachstumsphase, und die Transkription beginnt, wenn die Zellen die stationäre Phase erreicht haben. Der zweite Promotor (P2; Abb.32a) liegt im Gen *mcbC* und bewirkt eine schwache konstitutive Transkription von *mcbD*. Zusätzlich gibt es einen dritten Promotor (P3; Abb.32a) im Gegenstrang, von dem aus eine Antisense-RNA transkribiert wird, deren Funktion unbekannt ist; ein Einfluß *in trans* konnte nicht nachgewiesen werden. Die anderen beiden *E.-coli*-Gene beeinflussen nicht die Transkription und könnten für Enzyme codieren, die an der Prozessierung des Microcins beteiligt sind.

Für die Immunität sind die Produkte der Gene *mcbE* (molare Masse: 27 864 da), *mcbF* (28 850 da) und *mcbG* (21 950 da) erforderlich. Bei dem McbE-Protein handelt es sich um ein integrales Membranprotein mit sechs potentiellen transmembranösen Domänen. Das McbF-Protein enthält eine mögliche Nucleotid-Bindungsstelle, wie sie von ATP-Bindungsproteinen her bekannt ist (Gly-X-X-X-X-Gly-Lys-Thr). Beide Proteine könnten einen Membrankomplex bilden, der am spezifischen Transport des MccB17 durch die Cytoplasmamembran beteiligt ist.

Somit codiert pMccB17 für zwei Immunitätsmechanismen. Der eine bewirkt einen Efflux von eingedrungenem Microcin, der andere wird durch das

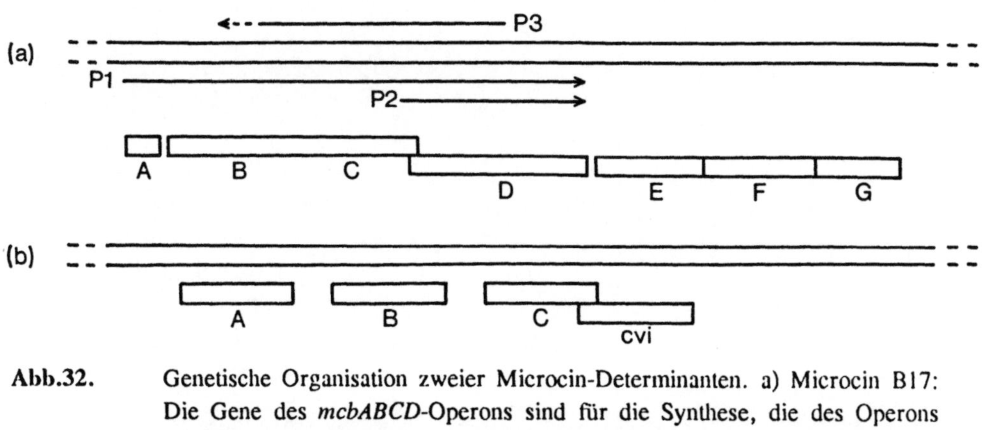

Abb.32. Genetische Organisation zweier Microcin-Determinanten. a) Microcin B17: Die Gene des *mcbABCD*-Operons sind für die Synthese, die des Operons *mcbEFG* für die Immunität notwendig; P1, P2 und P3 stehen für drei identifizierte Promotoren. b) Colicin V: *cvaAB* = Exportfunktionen; *cvaC* = Strukturgen für Colicin V; *cvi* = Immunitätsprotein.

McbG-Protein vermittelt und könnte dem der Immunitätsproteine, die von Colicin-Faktoren codiert werden, entsprechen.

Ein konjugatives 43-kb-Plasmid (pMccC7) aus der Inkompatibilitätsgruppe IncX codiert für C7, wobei 3,5 kb für die Synthese des Microcins und für die Immunitäts-Determinante notwendig sind.

Das am Anfang dieses Kapitels erwähnte Colicin V, mit dem die Entdeckung der Bacteriocine begann, wird heute zu den Microcinen gerechnet. Es hat eine molare Masse von 6000 da und führt zur Depolarisierung der inneren Membran. Die codierende Region, das *cva*-Operon, umfaßt vier Gene (Abb.32b). Während *cvi* für das Immunitätsprotein und *cvaC* für Colicin V codieren, sind die Produkte der beiden Gene *cvaA* und *cvaB* am Export beteiligt.

Ein interessanter Aspekt von allgemeinem Interesse ist die Exkretion der Microcine in das Außenmedium, die ohne Lyse der Zellen geschieht. Wie durchdringen diese Proteine die äußere Membran? Nach den bislang verfügbaren Daten sind an diesem Exkretionsprozeß Proteine beteiligt, die von dem microcinogenen Plasmid codiert werden, eine Parallele zur Exkretion der Hämolysine (siehe Abschnitt 15.3).

Literatur

S.E. Luria, J.L. Suit (1987), Colicins and col plasmids; in F.C. Neidhardt: *Escherichia coli* and *Salmonella typhimurium*; American Society for Microbiology, Washington, D.C., S.1615-1624

F. Baquero, F. Moreno (1984), FEMS Microbiol. Lett. 23, 117-124. The microcins

13 Ti-Plasmide

Ti- (Tumor-induzierende) Plasmide wurden bei dem Gram-negativen Bakterium *Agrobacterium* beschrieben, welche über Verletzungen in pflanzliches Gewebe eindringen. Ein Teil der Plasmid-DNA (die sog. T-DNA) kann in das Pflanzengenom übertragen werden, wo sie dann neoplastisches Wachstum verursacht. Man unterscheidet zwei große Gruppen dieser Tumor-induzierenden Plasmide. Neben den bereits erwähnten Ti-Plasmiden, die bei der Spezies *A. tumefaciens* vorkommen können, gibt es noch die Gruppe der Ri- (root-inducing; Wurzel-induzierende) Plasmide bei der Spezies *A. rhizogenes*. Die von den Ti-Plasmiden verursachte Krankheit wird "crown gall disease" (Wurzelhalsgallen) genannt, die von den Ri-Plasmiden verursachte wird als "hairy root disease" (haarige Wurzeln) bezeichnet.

Da die Biologie der Ti-Plasmide im Gegensatz zu der der Ri-Plasmide besonders gut untersucht ist, wird sie im nachfolgenden ausführlich beschrieben. Auf die Ri-Plasmide wird dann am Ende dieses Kapitels eingegangen.

13.1 Entdeckung der Ti-Plasmide

Bei Dikotyledonen findet man gelegentlich in Bodennähe Tumore, die als Wurzelhalsgallen bezeichnet werden. Im Jahre 1911 gelang E.F. Smith und Mitarbeitern der Nachweis, daß diese Tumoren durch ein Bodenbakterium ausgelöst werden, welches sie dann *Agrobacterium tumefaciens* nannten. 1943 konnten A.C. Braun und P.R. White nachweisen, daß das aus den Wurzelhalsgallen isolierte Tumorgewebe *in vitro* in Abwesenheit der Bakterien beliebig lange vermehrt werden kann. Die Bakterien mußten also irgendetwas in den Pflanzenzellen ausgelöst haben, was ihre unbegrenzte Proliferation in einem Nährmedium ermöglichte, dem keine Phytohormone zugefügt werden mußten.

1970 beschrieben A. Petit und Mitarbeiter zwei verschiedene pathogene Formen von *A. tumefaciens*. Als Unterscheidungsmerkmal fanden sie die Synthese zweier ungewöhnlicher Argininderivate: Octopin (entsteht durch Kondensation von Arginin und Pyruvat) und Nopalin (entsteht durch Kondensation von Arginin und α-Ketoglutarat).

Später wurden weitere Opine (übergeordneter Begriff für die gesamte Substanzklasse) entdeckt. Inzwischen kennt man sieben Opingruppen mit insgesamt 14 Verbindungen. Alle Opine entstehen durch Kondensation von zwei Vorläufern, einer Aminosäure und einer Carbonylverbindung (2-Ketosäure oder Glucose). Als Beispiele seien hier das Agropin (entsteht durch Kondensation von Glutamin und Mannose) und die Agrocinopine (phosphorylierte Zuckerderivate) genannt. Heute sind Opine definiert als Verbindungen, deren Biosynthese in pflanzlichen Tumorzellen von der Transfer-DNA (T-DNA) veranlaßt wird. Opin-ähnliche Substanzen (Rhizopine) wurden auch in Knöllchen nachgewiesen, die von einem bestimmten *Rhizobium*-Stamm in Symbiose mit *Medicago sativa* gebildet werden (siehe Abschnitt 18.1). Diese Opine diffundieren aus den Tumorzellen in die umgebenden Bakterienzellen und induzieren dort die Expression zweier Plasmid-codierter Operons:

(1) Der Gene des *tra*-Operon, was dann zum konjugativen Transfer führen kann;

(2) der Gene des Opin-Katabolismus; diese werden *noc* (**n**opaline **c**atabolism) oder *occ* (**oc**topine **c**atabolism) genannt. Ihre Genprodukte versetzen das Bakterium in die Lage, die Opine als alleinige Energie-, C- und N-Quelle zu nutzen. Der Abbau dieser beiden Opine verläuft in drei Schritten. Zunächst spaltet die Nopalin-Oxidase Nopalin in α-Ketoglutarat und L-Arginin; letzteres wird durch eine Arginase unter Abspaltung von Harnstoff in L-Ornithin umgewandelt, und aus diesem entsteht dann mit Hilfe der Ornithin-Cyclodesaminase unter Freisetzung von Ammoniak L-Prolin. Der Abbau von Octopin zu Pyruvat und L-Arginin wird durch die Octopin-Oxidase katalysiert, und der weitere Abbau des L-Arginin zu L-Prolin verläuft analog.

Im Jahre 1974 gelang im Labor von J. Schell die Entdeckung der Ti-Plasmide und der Nachweis, daß sie für die Entstehung der Tumore verantwortlich sind. Ende der 70er Jahre konnte dann in mehreren Laboratorien gezeigt werden, daß ein Teil des Ti-Plasmids, die T-DNA (Transfer-DNA), in das Pflanzengenom übertragen und dort integriert wird.

13.2 Struktur der Ti-Plasmide

Es sind viele Dutzend verschiedener Ti-Plasmide isoliert und analysiert worden, denen gemeinsam ist, daß sie einen Teil ihrer DNA in das Genom einer Pflanzenzelle transferieren können. Ein Vergleich ihrer DNAs untereinander zeigte, daß im Extremfall nur 15% Homologie zwischen zwei verschiedenen Ti-Plasmiden bestehen kann.

Aufgrund ihres Wirtsbereichs wurden die Ti-Plasmide in zwei große Gruppen eingeteilt:

(1) Die LHR- (limited host-range) Plasmide können ihre T-DNA nur in wenige Pflanzenspezies übertragen;

(2) Die WHR- (wide host-rage) Plasmide können ihre T-DNA in mehr als 600 verschiedene dikotyledone Spezies, die mehr als 300 Genera umfassen, übertragen.

Diese Eigenschaft hat dazu geführt, daß bislang hauptsächlich Plasmide der WHR-Gruppe untersucht wurden. Bei dieser Gruppe wird aufgrund des produzierten Opins zwischen Octopin- und Nopalin-Plasmiden unterschieden.

Mit der Methode der Transposon-Mutagenese (siehe Abschnitt 2.7.1) wurden bislang bei den Ti-Plasmiden drei verschiedene Regionen kartiert: Die T-DNA, die *vir*-Region und die Region für den Opin-Katabolismus. Da die Plasmide konjugativ sind, müssen sie außerdem auch über eine *tra*-Region verfügen, die aber bislang nicht kartiert wurde.

Abb.33 zeigt Genkarten von je einem Octopin- und einem Nopalin-Plasmid aus der Gruppe der WHR-Plasmide, Abb.34 die eines Plasmids aus der LHR-Gruppe, welches zwei verschiedene T-DNA-Regionen enthält.

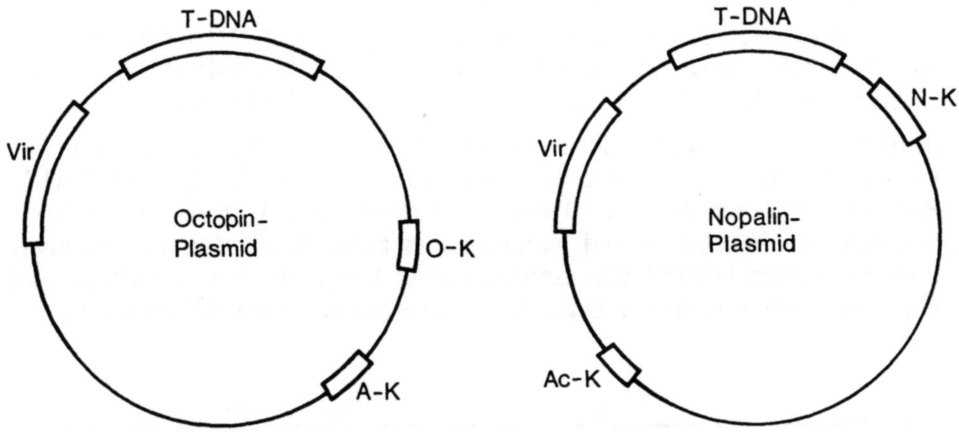

Abb.33. Genetische Organisation zweier Ti-Plasmide mit weitem Wirtsbereich. Vir = Virulenzregion; N-K = Nopalin-Katabolismus; A-K = Agropin-Katabolismus; O-K = Octopin-Katabolismus; Ac-K = Agrocinopin-Katabolismus

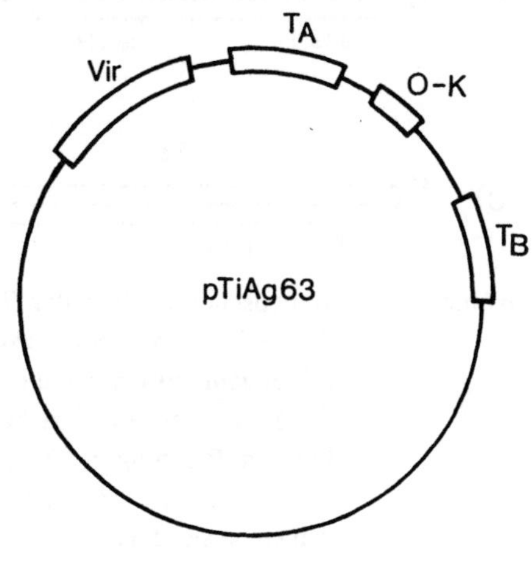

Abb.34.

Genetische Organisation des Plasmids pTiAg63 mit engem Wirtsbereich.

Vir = Virulenzregion;

T_A, T_B = zwei verschiedene T-DNA-Regionen;

O-K = Octopin-Katabolismus.

13.3 Aufbau der T-DNA

Die T-DNA der Nopalin-Plasmide hat eine Größe von 20-25 kb und wird von 25 bp langen direkten Wiederholungen (auch Border-Sequenzen genannt) flankiert. Diese 25-bp-Sequenzen spielen beim Transfer der T-DNA eine wichtige Rolle.

Welche genetische Information enthält die T-DNA? Die bislang analysierten Gene codieren für drei Gruppen von Proteinen:

(1) Proteine zur Synthese von Phytohormonen;

(2) Proteine, welche die Tumor-Morphologie beeinflussen;

(3) Proteine zur Synthese des oder der Opine.

Die Transkription der im Pflanzengenom integrierten T-DNA erfolgt durch die RNA-Polymerase III; die mRNA-Moleküle werden polyadenyliert und erhalten am 5'-Ende die für Eukaryonten typische CAP-Struktur.

In Abb.35 ist schematisch der Aufbau der T-DNA für drei verschiedene Ti-Plasmid-Typen mit den verschiedenen Genen dargestellt. Bei den WHR-Plasmiden codieren die Gene 1 (*iaaM*), 2 (*iaaH*) und 4 (*iptZ*) für Hormon-unabhängiges Wachstum und werden daher auch als *onc*-Gene bezeichnet. Ihre Expression bewirkt eine unorganisierte Morphologie des Tumors und eine Proliferation isolierter Zellen in einem Hormon-freien Nährmedium.

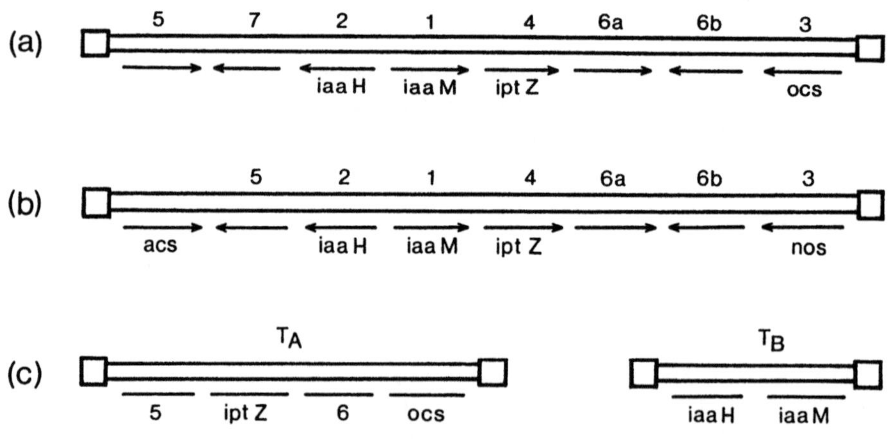

Abb.35. Genetischer Aufbau der T-DNA bei drei verschiedenen Ti-Plasmid-Typen. Plasmide mit weitem Wirtsbereich a) Octopin-Typ; b) Nopalin-Typ; Plasmid mit engem Wirtsbereich c) Octopin-Typ. Die Quadrate entsprechen den Border-Sequenzen, die Striche unter den T-DNAs den Transkripten, wobei der Pfeil die Richtung der Transkription anzeigt. Die Gene werden zum einen mit Zahlen, zum anderen mit Gensymbolen bezeichnet. Zur Funktion der einzelnen Gene siehe Text.

Die Inaktivierung aller drei *onc*-Gene durch Mutationen verhindert eine Tumor-Entwicklung. Mutationen in den Genen 1 oder 2 führen zu langsam wachsenden Tumoren, aus denen Sproße herauswachsen. Der Zusatz von Auxin unterdrückt die Sproßbildung; man spricht hier von Sproß-Suppression. Eine Mutation im Gen 4 führt ebenfalls zu langsamer wachsenden Tumoren, aus denen dann Wurzeln herauswachsen. Setzt man diesen Tumoren Cytokinin zu, dann wird die Wurzelbildung unterdrückt (Wurzel-Suppression).

Aus diesen experimentellen Befunden folgt, daß die Anwesenheit von zwei Phytohormonen (Auxin und Cytokinin) ein schnelles und undifferenziertes Tumorwachstum bewirkt. Die Abwesenheit eines der beiden Phytohormone resultiert in Sproß- bzw. Wurzelwachstum. Solange sich beide Hormone im Gleichgewicht befinden, wächst der Tumor als undifferenzierter Kallus. Bei einem Ungleichgewicht kommt es zur Ausbildung von Sproß bzw. Wurzel.

Wie wirken die *onc*-Gene? Drei Möglichkeiten sind denkbar:

(1) Sie aktivieren Phytohormone oder deren Rezeptoren; dies führt entweder zu einer erhöhten Hormonproduktion oder einer erhöhten Empfindlichkeit der Zellen.

(2) Sie beeinflussen späte Schritte des Hormon-abhängigen Differenzierungsprozesses.

(3) Die Produkte der *onc*-Gene sind Enzyme der Hormon-Biosynthese.

Die experimentelle Diskriminierung zwischen diesen drei Möglichkeiten wurde durch die Klonierung und funktionelle Expression der *onc*-Gene in *E. coli* sowie durch Verbesserungen der Techniken zur Hormon-Reinigung und -Bestimmung möglich.

Während das Produkt des *iaaM*-Gens Indol-3-acetamid bildet, wird dieser Vorläufer vom *iaaH*-Produkt in Indol-3-essigsäure (IAA), das aktive Auxin, umgewandelt. Das *iptZ*-Produkt ist an der Synthese von Cytokinin aus 5'-AMP und Isopentylpyrophosphat beteiligt.

Woher kommen die *onc*-Gene? Sind sie bakteriellen oder pflanzlichen Ursprungs? Über pflanzliche Hormongene liegen bislang keine Informationen vor. Die Gene 1 und 4 zeigen Homologie mit Genen gleicher Funktion, die aus *Pseudomonas savastoni* isoliert wurden, was einen bakteriellen Ursprung vermuten läßt.

Über die Produkte der Gene 5 und 6 ist nur bekannt, daß sie die Morphologie des Tumors beeinflussen. Während das Gen 6 die Aktivierung des Cytokinins moduliert, beeinflußt das Gen 5 vermutlich die Wirkung der *iaaM*- und *iaaH*-Gene. Die Transkription des Gens 5 wird durch hohe Konzentrationen an Auxin aktiviert und durch hohe Konzentrationen an Cytokinin reduziert. Die von den Opingenen (*ocs* = Octopin-Synthese; *nos* = Nopalin-Synthese; *acs* = Agrocinopin-Synthese) codierten Enzyme und die von ihnen katalysierten Reaktionen wurden bereits im Abschnitt 13.1 erwähnt.

Octopin-Plasmide enthalten oft zwei verschiedene T-DNAs, die unabhängig voneinander in Pflanzenzellen transferiert werden. Die T_L-DNA hat eine Länge von 13 kb und ist in allen Tumoren anwesend. Sie enthält die Gene zur Synthese der Phytohormone und das Octopin-Synthesegen. Die T_R-DNA besteht aus 8 kb, ist für die Tumorbildung nicht notwendig und codiert für die Synthese von Agropin und Mannopin.

13.4 Die Virulenz-Gene

Die *vir*-Region umfaßt einen Bereich von etwa 30 kb und codiert für die *vir*-Gene. Diese sind für den Transfer der T-DNA essentiell. Bislang wurden innerhalb der *vir*-Region sechs Transkriptions-Einheiten identifiziert (siehe Abb.36), die aufgrund der Analyse von Mutanten in zwei Gruppen eingeteilt wurden:

(1) Mutationen in den Transkriptions-Einheiten *virA*, *B*, *D* und *G* führen zu einem avirulenten Phänotyp.

(2) Mutationen in den beiden übrigen Transkriptions-Einheiten *virC* und *virE* resultieren in einer abgeschwächten Virulenz.

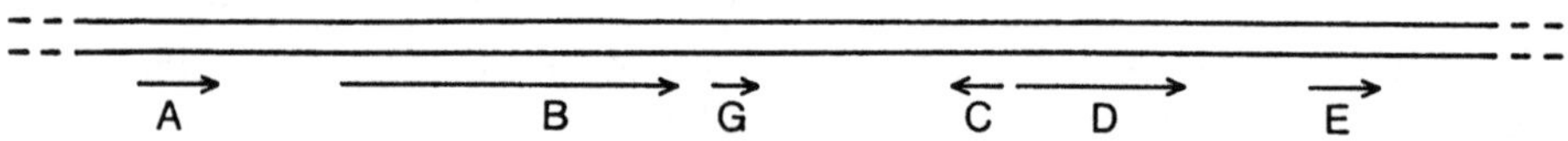

Abb.36. Aufbau der Vir-Region am Beispiel des Plasmids pTiA6. Die Buchstaben bezeichnen die einzelnen *vir*-Loci.

Was ist über den Aufbau und die Funktion der Transkriptions-Einheiten bekannt?

Die Gene *virA* und *virG* werden konstitutiv exprimiert und sind ihrerseits für eine effiziente Induktion der anderen *vir*-Gene notwendig. Der *virA*-Locus der beiden Plasmide pTiAg162 und pTiA6 wurde sequenziert. Beide Gene codieren für ein 92-kda-Protein, welches in die innere Membran eingebaut wird. Der *virG*-Locus von pTiA6 codiert für ein 30-kda-Protein, welches als positiver Regulator für mindestens zwei weitere *vir*-Loci fungiert, nämlich *virB* und *virE*. Das VirG-Protein zeigt auf der Aminosäure-Ebene Homologie zu weiteren Regulatorelementen, die aus anderen Bakterienspezies bekannt sind: OmpR, SfrA, PhoA (*E. coli*), Spo0A, SpoF (*B. subtilis*), NtrC (*K. pneumoniae*) und *dctD* (*R. leguminosarum*).

Ein Modell der Wirkungsweise der VirA- und VirG-Proteine bei der Induktion der anderen *vir*-Operons ist in Abb.37 dargestellt. Beide Proteine sind

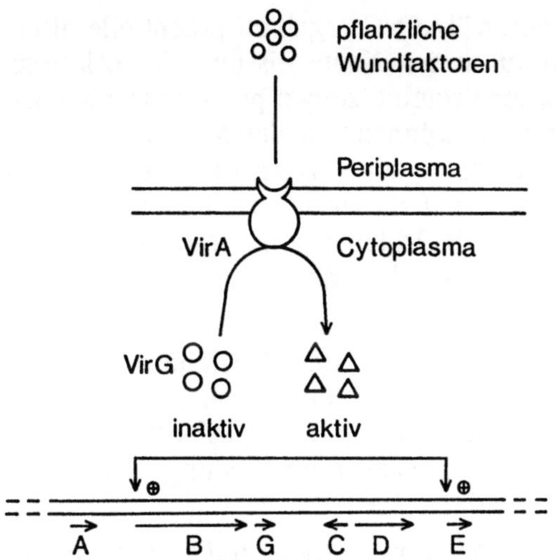

Abb.37. Modell der Wirkungsweise der Proteine VirA und VirG. VirA, ein integrales Membranprotein, interagiert mit pflanzlichen Wundfaktoren, wird dadurch aktiviert und ist dann in der Lage, inaktives in aktives VirG-Protein umzuwandeln. Dieses wiederum aktiviert die Transkription der *virB*- und *virE*-Loci.

Bestandteile eines Sensor-Regulatorsystems. Das VirA-Protein als integrales Membranprotein fungiert mit großer Wahrscheinlichkeit als Chemorezeptor für pflanzliche Wundfaktoren und wird durch diese aktiviert. Das aktivierte VirA-Protein wiederum wandelt inaktives VirG-Protein in eine aktive Form um, die dann ihrerseits als positiver Regulator die Expression der *virB*- und *virE*-Operons auslöst. Der Mechanismus der Aktivierung des VirG-Proteins ist noch unbekannt. Bei dem *ntrB* (Sensor)-*ntrC* (Regulator)-System wandelt das *ntrB*-Produkt durch Phosphorylierung und Dephosphorylierung das *ntrC*-Produkt in die aktive bzw. inaktive Form um.

Die Sequenzierung des *virD*-Locus von pTiA6NC ergab vier ORFs mit den Bezeichnungen *virD*1 (16,2 kda), *virD*2 (47,4 kda), *virD*3 (21,3 kda) und *virD*4 (75,8 kda). Die VirD1-VirD2-Polypeptide bilden eine sequenzspezifische Endonuclease, die innerhalb der beiden Border-Sequenzen jeweils einen Einzelstrangbruch verursachen.

Der *virC*-Locus von pTiA6NC besteht aus zwei ORFs, die *virC*1 (codiert für ein 25,7-kda-Protein) und *virC*2 (22,7 kda) genannt werden. Von dem VirC1-Protein wird angenommen, daß es die Aktivität der VirD1-VirD2-Endonuclease erhöht. Die Funktion des zweiten VirC-Proteins ist noch unbekannt.

Die Sequenzierung des *virB*-Locus von pTiA6NC ergab elf potentielle offene Leseraster, von denen bislang neun durch den Nachweis ihrer Translationsprodukte bestätigt wurden. Viele dieser Proteine zeigen potentielle Signalsequenzen. Drei verschiedene Vir-Proteine können mit der Membran isoliert werden und könnten daher bei dem Transfer der T-DNA durch die bakterielle Membran eine Rolle spielen. Aufgrund dieser noch unbewiesenen Eigenschaft wird diskutiert, daß die VirB-Proteine eine transmembranöse Struktur für den Transfer der T-DNA durch die bakterielle und pflanzliche Membran bilden.

Der *virE*-Locus enthält zwei offene Leseraster mit den Bezeichnungen *virE*1 (codiert für ein 65 Aminosäuren langes Protein mit einer molaren Masse von 7 132 da) und *virE*2 (533 Aminosäuren; 60 518 da). Das VirE2-Protein wird in großen Mengen gebildet und stellt ein Einzelstrang-Bindungsprotein dar (SSB-Protein).

Zusätzlich zu den Vir-Proteinen gibt es noch mindestens fünf sog. Virulenz-verwandte Proteine, deren Synthese durch pflanzliche Signalmoleküle induziert wird.

13.5 Transfer der T-DNA

Die Übertragung der T-DNA von der Bakterien- in die Pflanzenzelle zeigt formelle Ähnlichkeit mit dem konjugativen Transfer bei Gram-negativen Bakterien. In beiden Fällen wird zunächst in der Donorzelle ein Einzelstrang gebildet, der dann in die Rezipientenzelle übertragen wird. Während über die Bildung des Einzelstranges in *Agrobacterium* bereits detaillierte Vorstellungen existieren, ist der Mechanismus des Transfers und der Integration der etwa 20-kb-T-DNA in das Pflanzengenom noch unbekannt.

13.5.1 Am Transfer beteiligte Komponenten

Für die Übertragung der T-DNA in das Pflanzengenom werden vier verschiedene Komponenten benötigt:

(1) Die direkten Wiederholungen (Border-Sequenzen), die die T-DNA flankieren;

(2) eine von den verletzten Pflanzenzellen ausgeschiedene Substanz, die als Induktor der plasmidalen *vir*-Gene fungiert;

(3) bakterielle chromosomale Gene, deren Produkte für die Anheftung des Bakteriums an die Pflanzenzelle verantwortlich sind;

(4) die *vir*-Gene des Ti-Plasmids.

Die Border-Sequenzen bestehen aus nahezu perfekten direkten Wiederholungen mit einer Länge von 25 bp, die als LB (left Border) und RB (right Border) bezeichnet werden. Für das Nopalin-Plasmid pTiT37 wurden folgende Sequenzen bestimmt (es ist jeweils die Sequenz des oberen Stranges aufgeführt):

5'-TGGCAGGATATATTGTGGTGTAAAC-3' Sequenz LB
5'-TGACAGGATATATTCGCGGGTAAAC-3' Sequenz RB

Ein Vergleich der beiden Sequenzen zeigt, daß sie in fünf Positionen voneinander abweichen. Deletionsanalysen haben ergeben, daß nur die RB in einer bestimmten Orientierung für den Transfer essentiell ist. Fehlt die LB, dann kann offensichtlich eine ähnliche Sequenz die Funktion der LB übernehmen. Während Sequenzen in der Umgebung der RB den Transfer stimulieren, reduzieren solche in der Umgebung der LB den Transfer der T-DNA. Zwischen den beiden Border-Sequenzen kann mindestens 50 kb DNA liegen, die dann erfolgreich transferiert wird. Dies ist für die Übertragung fremder Gene von Bedeutung. Bei einem LHR-Plasmid vom Octopin-Typ wurde eine 24-bp-DNA-Sequenz identifiziert (overdrive genannt), die als enhancer des DNA-Transfers fungiert. Sie kann auf beiden Seiten der Border-Sequenzen und bis zu 6 kb von diesen entfernt positioniert werden, ohne die stimulierende Aktivität zu verlieren.

Der Transfer der T-DNA wird nur durch verletzte Pflanzenzellen oder in Gegenwart von Pflanzenzellen in einer Zellkultur ausgelöst. Im Exudat der Pflanzenzellen konnten Komponenten identifiziert werden, die für den Transfer notwendig sind. Dieser Nachweis erfolgte in mehreren Schritten:

(1) Wird *A. tumefaciens* mit Pflanzenzellen kokultiviert, so kommt es zunächst zur Induktion der *vir*-Loci und dann zum Transfer der T-DNA.

(2) Führt man eine solche Kokultivierung durch, trennt aber die beiden Zelltypen durch eine Dialysemembran, so findet immer noch Induktion statt. Daraus ist zu schließen, daß kein physikalischer Kontakt zwischen den beiden Zelltypen notwendig ist. Aufgrund der Porengröße der verwendeten Membran mußte die molare Masse der induzierenden Substanz kleiner 1000 da sein.

(3) Behandelt man die Bakterienzellen mit einem konditionierten Medium (ein Nährmedium, in dem Pflanzenzellen gewachsen waren), dann kam es auch hier zur Induktion der *vir*-Gene. Daher ist die Bildung der induzierenden Substanz keine direkte Antwort auf ein Bakterien-Signal.

(4) Wurde das konditionierte Medium 15 min gekocht, der pH-Wert auf 1,0 erniedrigt oder auf 11,0 angehoben und das Medium anschließemd wieder neutralisiert, so wurde durch diese Behandlungen das induzierende Signal nicht zerstört. Eine Fraktionierung des Mediums über FPLC und Analyse der einzelnen Fraktionen führte dann zur Identifizierung des Induktors. Es handelt sich um niedermolekulare Verbindungen wie Aceto-

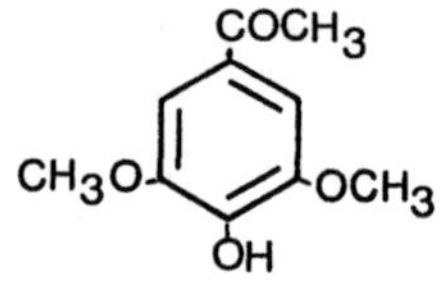

Acetosyringon

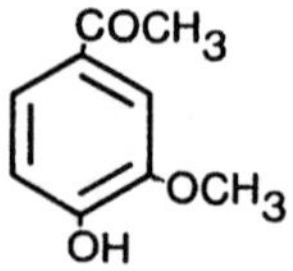

Acetovanillon

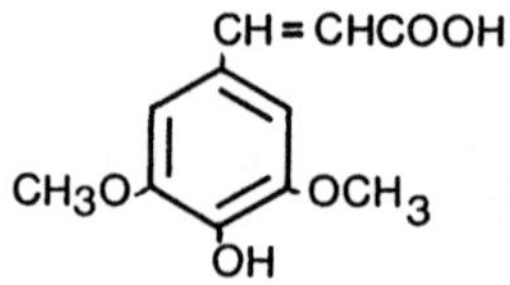

Sinapinsäure

Abb.38.

Strukturformeln wichtiger pflanzlicher Wundfaktoren, die den Transfer der T-DNA auslösen.

syringon oder Hydroxyacetosyringon und verwandte Verbindungen. Die Strukturformeln einiger dieser als chemotaktische Signale wirkenden Verbindungen sind in Abb.38 wiedergegeben.

Acetosyringon löst eine chemotaktische Antwort bei den Bakterien aus, die sich daraufhin an Pektinbausteine der Pflanzenzellen anheften. Welche bakteriellen Komponenten sind an dieser Interaktion beteiligt? Nach Transposon-Mutagenese des Bakterien-Chromosoms wurden bislang vier verschiedene Loci identifiziert, die bei der Anheftung eine Rolle spielen. Die Loci *chvA* und *chvB* (chromosomal virulence) sind gekoppelt und veranlassen die Synthese und Exkretion von β-1,2-Glucan. Der *cel*-Locus ist an der Synthese von Zellulosefibrillen beteiligt, die die Bakterien an den Pflanzenzellen verankern. In Abwesenheit dieser Fibrillen können die Bakterien durch Flüssigkeit abgeschwemmt werden. Der *pscA*-Locus (auch *exoC* genannt) beeinflußt die Synthese von zyklischem Glucan und von saurem Succinoglucan, zweier extrazellulärer Polysaccharide. Der *attC*-Locus codiert für Proteine der Zelloberfläche, die ebenfalls an der Anheftung beteiligt sind. Viele dieser Loci finden sich auch bei anderen Bodenbakterien, z.B. bei Rhizobien, die ebenfalls mit Pflanzen interagieren.

Die Rolle der Vir-Proteine wurde bereits ausführlich besprochen. Das Acetosyringon interagiert mit dem VirA-Protein; dieses aktiviert das VirG-Protein (über eine Phosphorylierung?). Das aktivierte VirG-Protein bindet an die Plasmid-DNA und aktiviert seinerseits die Expression der restlichen *vir*-Loci. Deren Produkte katalysieren dann den Transfer der T-DNA.

13.5.2 Mechanismus des Transfers

Zunächst wurde postuliert, daß die T-DNA nach dem Campbell-Mechanismus ausgeschnitten wird. Dies beruhte auf dem Nachweis von zirkularen T-DNA-Molekülen in *E. coli*. Inzwischen ist bekannt, daß doppelsträngige T-DNA als Nebenprodukt auch in *A. tumefaciens* entstehen kann. Dabei kommt es zu einem Rekombinationsereignis zwischen den beiden Border-Sequenzen; als Produkte entstehen zirkulare T-DNA-Moleküle und Ti-Plasmide mit einer Deletion der T-DNA. Das zur Zeit gültige Modell zur Bildung von linearer T-DNA ist in Abb.39 dargestellt.

Im ersten Schritt führen die Produkte der Gene *virD*1 und *virD*2 Einzelstrangbrüche in den beiden Border-Sequenzen aus (Abb.39a). Beide Polypeptide wirken somit als sequenzspezifische Endonucleasen und erinnern aufgrund ihrer Aktivität und Wirkungsweise an die Mob-Proteine, die im *oriT*-Bereich der Plasmide Einzelstrangbrüche ausführen. In der Tat konnte gezeigt werden, daß die Mob-Funktionen des Plasmids RSF1010 (siehe Abschnitt 9.2) nach Bindung an die *oriT*-Region den Transfer von Plasmiden von *Agrobacterium* in Pflanzenzellen katalysieren können. Außerdem bindet

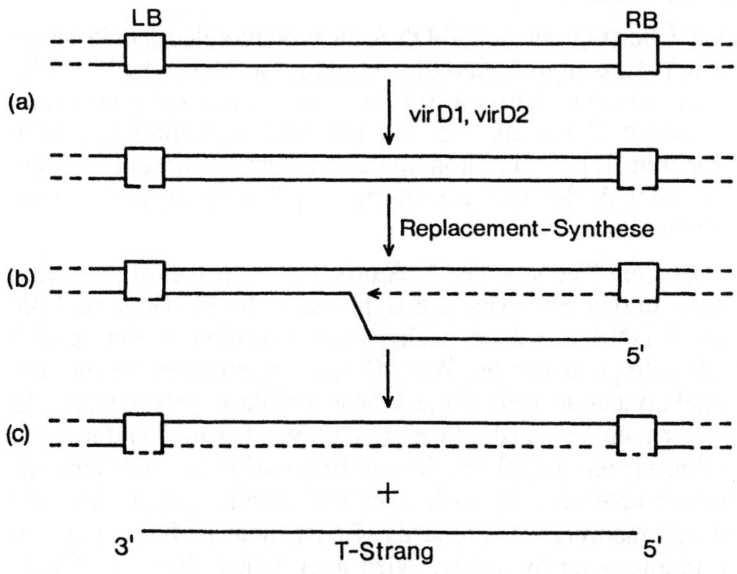

Abb.39. Modell zur Bildung linearer, einzelsträngiger T-DNA. a) Die Produkte der Gene *virD*1 und *virD*2 katalysieren Einzelstrangbrüche in den beiden Border-Sequenzen (dargestellt durch Quadrate; LB = linke, RB = rechte Border-Sequenz). b) Am freien 3'-OH-Ende innerhalb der R-Border beginnt die Replacement-Synthese unter Verdrängung des parentalen Stranges. c) Nach Erreichen der linken Border-Sequenz kommt es zur Freisetzung des T-Stranges.

das VirD2-Protein an das 5'-Ende der T-DNA und könnte als Pilot-Protein für die Übertragung in die Pflanzenzelle verantwortlich sein.

Im zweiten Schritt erfolgt Replacement-DNA-Synthese unter Verdrängung des unteren Stranges (Abb.39b). Nach Erreichen der LB kommt es zur Freisetzung des unteren Stranges (Abb.39c). An dieser Produktion der T-DNA müssen weitere Enzyme wie Helicase(n), Polymerase(n) und Reparaturenzyme beteiligt sein, die mit großer Wahrscheinlichkeit vom Bakterien-Chromosom codiert werden. Die einzelsträngige T-DNA wird mit dem *virE2*-Produkt, dem SSB-Protein, komplexiert.

Im letzten Schritt erfolgt dann der Transfer der Einzelstrang-T-DNA in die Pflanzenzelle. Einzelheiten des Transfers und vor allem auch des Einbaus in das Pflanzengenom (wahrscheinlich erst Umwandlung in Doppelstrang-DNA; wo kommt dann der Primer her?) sind unbekannt. Der Einbau kann an beliebigen Stellen des Pflanzengenoms erfolgen und geschieht gewöhnlich in mehreren Kopien, die meist in der pflanzlichen DNA an verschiedenen Stellen, manchmal aber auch in Tandem-Anordnung integrieren. Die Sequenzierung mehrerer Übergänge von der Pflanzen- in die T-DNA ergab, daß einige wenige bis zu 100 bp von den Border-Sequenzen der T-DNA fehlen. In einem Fall kam es zu einer Verdoppelung von 158-bp-Pflanzen-DNA, die die integrierte T-DNA flankierte.

Warum findet keine Übertragung der T-DNA in monokotyledone Pflanzen statt? Experimente mit *Asparagus officinalis* zeigten, daß diese doch erfolgreich infiziert werden können. Wurden Sproßfragmente mit *Agrobacterium* infiziert, dann entstanden Tumoren, die Nopalin und Agrocinopin produzierten. In einem anderen Experiment konnte der Nachweis erbracht werden, daß Integration der T-DNA des Octopin-Plasmids pTiB6S3 in das Genom von *A. officinalis* stattgefunden hat.

Mit einer neu-entwickelten Technik der Kokultivation von Keimlingen und *Agrobacterium* konnte in den Bakterien die Expression der *vir*-Gene und die Zirkularisierung der T-DNA nur dann nachgewiesen werden, wenn es sich um dikotyledone Keimlinge handelte. Aus diesen Ergebnissen wurde geschlossen, daß monokotyledone Keimlinge keinen Induktor produzieren. In weiterführenden Experimenten wurde gezeigt, daß Weizen und Hafer doch eine oder mehrere Substanzen enthalten, die die Expression der *vir*-Gene induzieren. Der Induktor unterscheidet sich aber von Acetosyringon und hat eine molare Masse von mehreren Tausend da. Er ist nicht in Exudaten von Keimlingen dieser Pflanzen nachweisbar, wird aber von Zellen der Übergangsregion zwischen Wurzel und Sproß gebildet. Dieses Ergebnis eröffnet die Möglichkeit des T-DNA-Transfers, wenn *Agrobacterium* die geeigneten Gewebe monocotyledoner Pflanzen infiziert.

13.6 Ri-Plasmide

Infektion von Pflanzen mit virulenten *Agrobacterium*-Stämmen kann aber auch zur Induktion von Wurzelbildung führen, und diese Krankheit wurde 1905 von dem Pflanzenpathologen G.G. Hedgecock als "hairy root disease" bezeichnet, da es an den Infektionsstellen zur Bildung zahlreicher Wurzeln kommt. Diese "haarigen Wurzeln" können ohne Probleme *in vitro* als Wurzelkultur vermehrt, und aus einzelnen Zellen können ganze Pflanzen regeneriert werden. A.J. Riker und Mitarbeiter haben dann 1930 die diese Krankheit auslösenden Bakterien als *Agrobacterium rhizogenes* bezeichnet.

Geforscht wird heutzutage mit zwei verschiedenen Stämmen, die die Bezeichnung A4 und 8196 tragen. Aufgrund der Unterschiede in der Synthese und in dem Aufbau der Opine enthält A4 Ri-Plasmide vom Agropin-Typ und 8196 solche vom Mannopin-Typ. Beide Stämme besitzen allerdings mehrere Plasmide unterschiedlicher Größe, von denen das mit 250 kb dem Ri-Plasmid entspricht. Ein größeres Plasmid mit der Bezeichnung pArA4a bei Stämmen vom Typ A4 enthält die genetische Information zur Verwertung von Agrocinopin.

Bei den Ri-Plasmiden vom Agropin-Typ wurden zwei T-DNA-Regionen identifiziert (T_L-DNA und T_R-DNA), die durch etwa 15 kb getrennt sind. Aufgrund von Hybridisierungsexperimenten mit Genproben aus der T-DNA von Ti-Plasmiden konnten die Gene *tms*1 und *tms*2 (codieren für die Synthese von Indolessigsäure) und die Gene für Agropin-Synthese auf der T_R-DNA lokalisiert werden. Die T_L-DNA eines Ri-Plasmids wurde sequenziert, besteht aus 21 126 bp und enthält 18 offenen Leseraster mit einer Mindestlänge von 255 Nucleotiden. Nach Transposon-Mutagenese wurden die Gene *rolA*, *B*, *C* und *D* identifiziert, die die Entstehung der Tumore beeinflussen. Während das *rolB*-Produkt die Sensitivität der Pflanzenzellen gegenüber Auxin erhöht, scheint das *rolC*-Produkt eine gegenteilige Wirkung auszuüben. Daher beeinflussen beide Produkte den Signaltransduktions-Mechanismus für Auxin, und ihre kombinierte Aktion stimuliert die Wurzelbildung.

Werden immer beide T-DNA-Regionen in die gleiche Pflanzenzelle übertragen? Da transgene Pflanzen oft ein aberrantes Erscheinungsbild zeigen (z.B. runzelige Blätter, verkürzten Abstand zwischen den Nodien, reduzierte Fertilität und apikale Dominanz), wird dies damit interpretiert, daß nicht jede Zelle beide T-DNA-Regionen enthält. Hybridisierungsstudien haben außerdem gezeigt, daß nicht immer die komplette T-DNA im Pflanzengenom enthalten ist.

Hybridisierung zwischen T-DNA und chromosomaler DNA aus mehreren Pflanzen, die nicht mit *Agrobacterium rhizogenes* infiziert worden waren, zeigten Signale, die auf das Vorhandensein endogener T-DNA in Pflanzen hinweisen. Im Falle von *Nicotiana-glauca*-DNA wurde das hybridisierende

Signal isoliert und enthielt 6-8 kb aus dem zentralen Teil der T_L-DNA. Eine nähere Analyse ergab eine Duplikation dieser Region als umgekehrte Wiederholung mit einer Gesamtlänge von etwa 12 kb. Diese endogene T-DNA enthält die Loci *rolC* und *rolB*, wobei das eine *rolC*-Gen vollständig, das andere einen Leserasterschub und ein Stop-Codon enthält. Der *rolB*-Locus kommt nur in einer Kopie vor und codiert für ein potentielles Protein, welches allerdings gegenüber dem Plasmid-codierten um 48 Aminosäuren verkürzt ist. Es wird angenommen, daß es im Verlauf der Evolution zu einer Infektion der Pflanzen mit *Agrobacterium* gekommen ist und die endogene T-DNA diesen Prozeß widerspiegelt.

Literatur

Z. Koukolikova-Nicola, L. Albright, B. Hohn (1987), Plant Gene Research 4, 109-148. The mechanism of T-DNA transfer from *Agrobacterium tumefaciens* to the plant cell

P. Zambryski, J. Tempe, J. Schell (1989), Cell 56, 193-201. Transfer and function of T-DNA genes from *Agrobacterium* Ti and Ri plasmids in plants

14 Degradative Plasmide

Viele organische Verbindungen biologischer und chemischer Herkunft werden zu Kohlendioxid, Wasser und anorganischen Verbindungen abgebaut. Dieser Abbau, auch Mineralisation genannt, erfolgt hauptsächlich durch Mikroorganismen. Allerdings sind nicht alle organischen Moleküle leicht abbaubar und verbleiben daher mit unterschiedlich langer Halbwertszeit in der Biosphäre. Moleküle mit einer langen Halbwertszeit besitzen Strukturelemente, die chemisch sehr stabil sind, verfügen über neue Strukturen, die bei organischen Molekülen biologischen Ursprungs nicht vorkommen oder sind für Mikroorganismen toxisch.

Die Mehrzahl der natürlich vorkommenden organischen Moleküle sind leicht abbaubar; allerdings gibt es auch Ausnahmen, wie z.B. Lignine und Huminsäuren. Industriell synthetisierte Chemikalien, die solchen aus der Natur sehr ähnlich sind, können im allgemeinen ebenfalls leicht mineralisiert werden. Substanzen mit Strukturelementen, die in der Biosphäre nicht vorkommen, sog. Xenobiotika, sind schwer oder überhaupt nicht abbaubar. Dies liegt hauptsächlich daran, daß diese Substanzen erst seit einigen Jahren bis Jahrzehnten in unserer Umgebung vorkommen - ein Zeitraum, der noch nicht die Evolution von Mikroorganismen erlaubt hat, die über die notwendigen funktionellen Gruppen in den katalytischen Stellen der entsprechenden katabolen Enzyme verfügen.

Zu diesen organischen Molekülen gehören viele aromatische und heterocyclische Verbindungen und solche mit Halogensubstituenten. Als Beispiele sind Kühlmittel, Feuerschutzmittel, Lösungsmittel und Pestizide (Überbegriff für die Gruppe der Herbizide, Insektizide, Fungizide, Nematozide, etc.) anzuführen. Viele dieser Verbindungen sind extrem beständig, andere sind biologisch abbaubar (Biodegradation). Diese Biodegradation erfolgt durch Boden- und durch aquatische Bakterien, die über eine außerordentliche Vielfalt an metabolischen Aktivitäten verfügen und die eine Vielfalt an organischen Verbindungen als C- und Energiequelle verfügbar machen können.

Während bei Laboruntersuchungen der Abbau einer Substanz durch einen Stamm untersucht wird, findet in der Natur durch die konzertierte Aktion mehrerer Spezies der Abbau einer Mischung von Substraten entweder in Form eines Mutualismus (jede Spezies einer Population profitiert von jeder anderen Spezies) oder eines Kommensalismus (nur eine Spezies profitiert von den anderen einer Population, ohne daß diese die eine Spezies stimulieren oder hemmen). Unter limitierten Wachstumsbedingungen werden, wenn mehrere verschiedene Substrate angeboten werden, diese simultan verwertet (keine Diauxie). Das Ergebnis der Biodegradation ist eine totale Konversion zu CO_2 und Biomasse oder ein partieller Metabolismus zu weniger toxischen Verbindungen.

Die Analyse der biodegradativen Bakterien hat gezeigt, daß viele Stämme, die synthetische organische Verbindungen metabolisieren können, große sog. degradative Plasmide enthalten. Die genetische Information zum Abbau dieser Substanzen ist auf den Plasmiden lokalisiert, und viele Plasmide werden nach dem sie codierenden Abbauweg benannt: TOL-, SAL-, NAH-, NIC-Plasmid etc. (vergleiche Abschnitt 14.3).

Die Forschung über degradative Plasmide verfolgt fünf wesentliche Ziele:

(1) Auffinden von Bakterienstämmen mit degradativen Eigenschaften;

(2) Isolierung der genetischen Determinanten;

(3) Aufklärung des Abbauweges;

(4) Vergrößerung des degradativen Potentials;

(5) gezielte Veränderung des Abbauweges.

Wie isoliert man Bakterien mit neuen degradativen Eigenschaften? Man geht zunächst in die Natur an die Stellen, die die entsprechenden Verbindungen enthalten (Deponien, Kläranlagen). Von dort entnimmt man Proben und gibt diese dann im Labor in ein Minimalmedium, welches die abzubauende organische Verbindung als alleinige C-Quelle enthält. Nach tage- bis wochenlanger Inkubation in einem Chemostaten wird man dann bakterielles Wachstum erhalten, wenn die Probe aus der Kläranlage oder der Deponie einen Bakterienstamm enthält, der die zugesetzte organische Verbindung abzubauen vermag.

Soweit bekannt, liegen die genetischen Determinanten zum Abbau der organischen Substanzen auf den bereits erwähnten degradativen Plasmiden, die in der Regel größer als 100 kb sind. Mit Hilfe von Transposon-Mutagenese und durch Klonierung von Restriktionsfragmenten können die degradativen Gene nachgewiesen und isoliert werden.

Die Aufklärung des Abbauweges verlangt neben der Isolierung der Gene auch die der von ihnen codierten Enyzme und den Nachweis der einzelnen Reaktionsprodukte. Dies wiederum setzt solide organisch-chemische Kenntnisse voraus.

Vergrößerung des degradativen Potentials beinhaltet einen schnelleren Abbau und die Umsetzung mehrerer Substrate. Hier wird man versuchen, die Regulation der Genexpression zu verändern, z.B. durch Umschalten auf konstitutive Expression, und durch entsprechende Promotor-up-Mutationen (Mutationen im Promotor, die zu einer verstärkten Transkription führen).

Weitere Ziele sind das Einbringen weiterer Gene oder sogar zusätzlicher Abbauwege in ein Plasmid.

Die gezielte Veränderung eines Abbauweges ist noch Fiktion. Hier wird man versuchen, mit der Methode des "enzyme engineering" die Substratspezifität einzelner Enzyme zu verändern mit dem Ziel, ein erweitertes Substratspektrum zu erreichen.

Die Mehrzahl der degradativen Plasmide wurde aus den beiden Gattungen *Pseudomonas* und *Alcaligenes* isoliert. In der Tabelle 11 sind wichtige Beispiele für degradative Plasmide aufgeführt.

Tabelle 11. Vorkommen von degradativen Plasmiden

Plasmid	Größe (kb)	Spezies	Abbau von
pWW0	115	P. putida	Toluol, Xylol
pWW53	105	P. putida	Toluol
pCB1	17,4	A. xylosoxidans	Benzol
SAL	81	P. putida	Salicylat
NAH7	83	P. putida	Naphthalin
pJP4	80	A. eutrophus	2,4-D

P., Pseudomonas; A., Alcaligenes

14.1 Abbau von Aromaten

Ziel beim Abbau von Aromaten ist die Spaltung des Benzolringes. Dies ist ein vorherrschend aerober Prozeß, allerdings kann die Spaltung auch in Abwesenheit von molekularem Sauerstoff erfolgen (erst Reduktion des Benzolringes, dann Spaltung). In Abhängigkeit von der Anzahl der Ringe und der Art der Substituenten können aromatische Verbindungen ganz oder partiell abgebaut werden, wobei der Abau in vier Reaktionsschritte eingeteilt werden kann:

(1) Aufnahme der Substanz in die Zelle: Die Aufnahme geschieht in der Regel durch Diffusion; spezielle Transport-Mechanismen sind für Benzoesäure und Mandelsäure nachgewiesen.

(2) Modifikation der Seitenketten: Dies ist abhängig von der bakteriellen Spezies und außerdem von der Entscheidung, ob ein Substituent vor der Ringspaltung unverändert bleibt, verändert oder sogar eliminiert wird. Mögliche Modifikationen sind β-Oxidation, oxidative Desalkylierung, Thioether-Oxidation, Phosphorothionat-Oxidation, Epoxidierung von C=C-Doppelbindungen, Hydroxylierung, Hydrolyse, Dehalogenierung oder Reduktion von Nitro-Gruppen.

(3) Umwandlung der Verbindung in ein Substrat, bei dem der Ring gespalten werden kann: Vor der Ringspaltung müssen alle aromatischen Verbindungen in Ortho- oder Para-Dihydroxybenzole umgewandelt werden. Ziel ist die Konversion der Substrate in phenolische Schlüsselinterme-

diate mit zwei oder drei Substituenten (Brenzcatechin, Protocatechuat, Gentisinsäure, Gallensäure).

Dabei gibt es zwei Mechanismen zur Hydroxylierung des Benzolringes, die in Abb.40 dargestellt sind. Bei dem einen Mechanismus wird Benzol zunächst mit Hilfe einer Dioxygenase hydroxyliert und dann mit Hilfe einer Dehydrogenase zum Brenzcatechin dehydriert. Beide Enyzme sollen als Komplex existieren (Abb.40a). Bei dem zweiten Mechanismus wird Phenol mit Hilfe einer Monooxygenase direkt zum Brenzcatechin hydroxyliert (Abb.40b). Viele Monooxygenasen sind Flavoproteine, aber auch Cytochrom P-450 kann als prosthetische Gruppe fungieren.

(a)

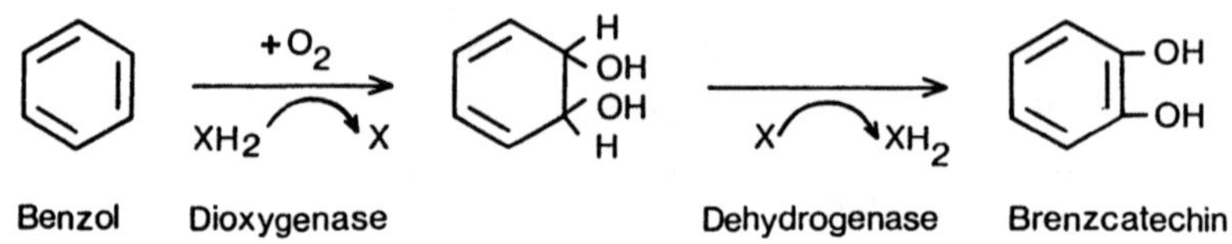

(b)

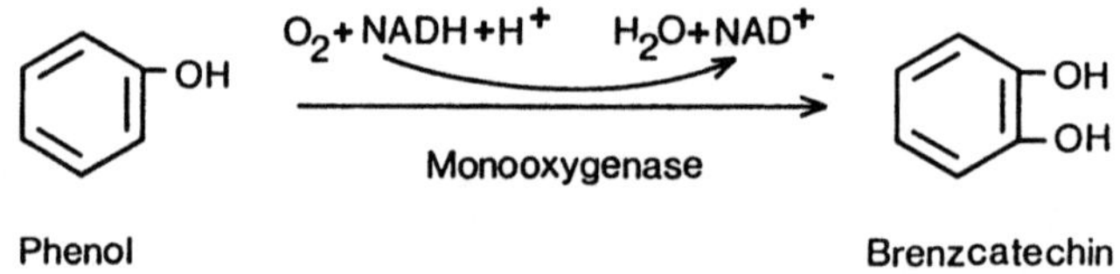

Abb.40. Mechanismus zur Hydroxylierung des Benzolringes. a) Hydroxylierung des Benzols zum 1,2-Dihydro-1,2-dihydroxy-benzol, dann Dehydrierung zum Brenzcatechin. b) Direkte Hydroxylierung zum Brenzcatechin.

(4) Ringspaltung und nachfolgende Reaktionen: Die Spaltung des aromatischen Ringes durch Dioxygenasen erfolgt unter Einbau von molekularem Sauerstoff; dabei erfolgt die Spaltung entweder zwischen zwei benachbarten Hydroxygruppen (Ortho-Spaltung) oder zwischen einem hydroxylierten und einem benachbarten nicht-hydroxylierten C-Atom (Meta-Spaltung). Beide Arten der Spaltung sind in Abb.41 am Beispiel des Brenzcatechins dargestellt.

Nach der Ringspaltung erfolgt ein weiterer Abbau zu Pyruvat, Fumarat, Acetaldehyd, Acetacetat oder Oxalacetat, um nur einige Produkte zu nennen, die dann in den Intermediärstoffwechsel eingeschleust werden.

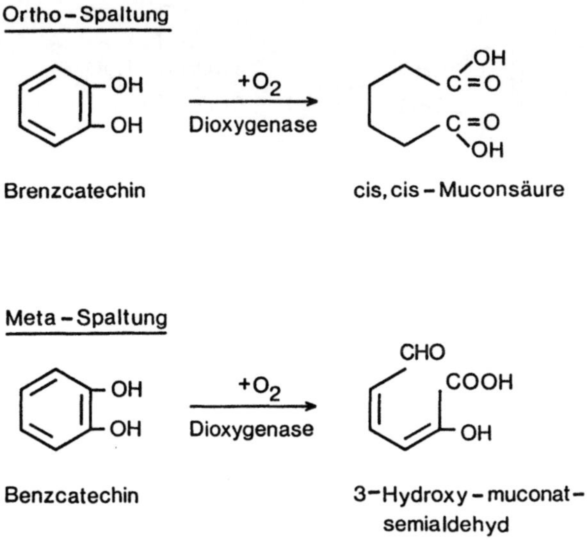

Abb.41. Spaltung des Brenzcatechins zwischen zwei benachbarten Hydroxygruppen (Ortho-Spaltung) oder zwischen einem hydroxylierten und einem benachbarten nicht-hydroxylierten C-Atom (Metha-Spaltung).

14.2 Abbau von heterocyklischen Verbindungen

Mehr als ein Drittel der bekannten organischen Verbindungen gehört zur Gruppe der Heterocyclen. Die Stabilität dieser Verbindungen variiert beträchtlich; einige können durch einfache Hydrolyse gespalten werden (z.B. Valerolacton in Hydroxyvaleriansäure). Andere heterocyclische Verbindungen müssen erst durch Einführung von einer oder von mehreren Hydroxylgruppen in Hydroxylderivate umgewandelt werden, bevor die Ringspaltung erfolgen kann. Die Hydroxylierung erfolgt ohne molekularen Sauerstoff und ohne Reduktionsäquivalente; sie erfolgt durch das Sauerstoffatom des Wassers. Im Gegensatz zu der Hydroxylierung des Benzolringes werden die freiwerdenden Elektronen nicht auf Enzyme, sondern auf Cytochrome übertragen.

Abb.42 zeigt beispielhaft den Abbau des Pyridins zur Bernsteinsäure, zur Ameisensäure und zum Ammoniak. Im ersten Schritt erfolgt eine Hydrolyse des Heterocyclus, dem sich eine Oxidation anschließt. Dem folgt eine Hydrolyse zu Bernsteinsäuresemialdehyd und Formamid. Während das Formamid durch die Formamid-Hydrolase in Ammoniak und Ameisensäure umgewandelt wird, wird das Bernsteinsäuresemialdehyd zur Bernsteinsäure oxidiert.

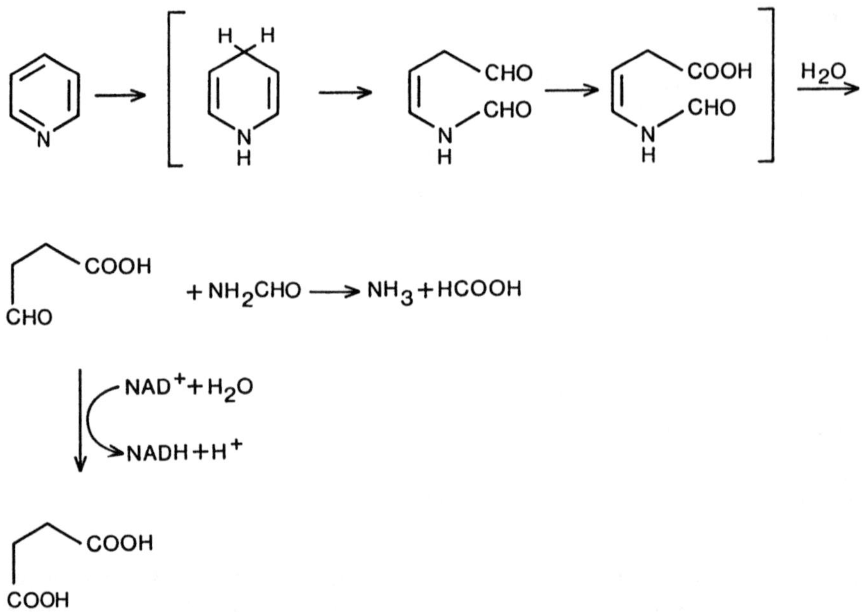

Abb.42. Abbau des Pyridins zu Bernsteinsäure, Ameisensäure und Ammoniak. Die in eckige Klammern gesetzten Strukturformeln sind hypothetische Zwischenprodukte.

14.3 Degradative Plasmide

Degradative Plasmide codieren für die Oxidation von Toluol (TOL-Plasmide), Naphthalin (NAH-Plasmide), 2,4-Dichlorphenoxyessigsäure (2,4-D-Plasmide), n-Alkane (OCT-Plasmide), Salicylat (SAL-Plasmide), Terpene (CAM-Plasmide) und Nicotin (NIC-Plasmide). Genetisch genauer untersucht sind TOL-, NAH- und 2,4-D-Plasmide.

14.3.1 TOL-Plasmide

TOL-Plasmide enthalten Gene, die für den regulierten Abbau von Toluol und einige substituierte Derivate codieren. Der Archetyp der TOL-Plasmide ist pWW0. Es wurde in den 50er Jahren in Japan aus dem Stamm *Pseudomonas putida* mt-2 isoliert. pWW0 hat eine Größe von 115 kb, ist konjugativ, verfügt über einen großen Wirtsbereich und codiert für den Abbau der Substanzen Toluol, m- und p-Xylol, 3-Ethyltoluol, 1,2,4-Trimethylbenzol und ihre Alkohol-, Aldehyd- und Carboxylsäure-Derivate.

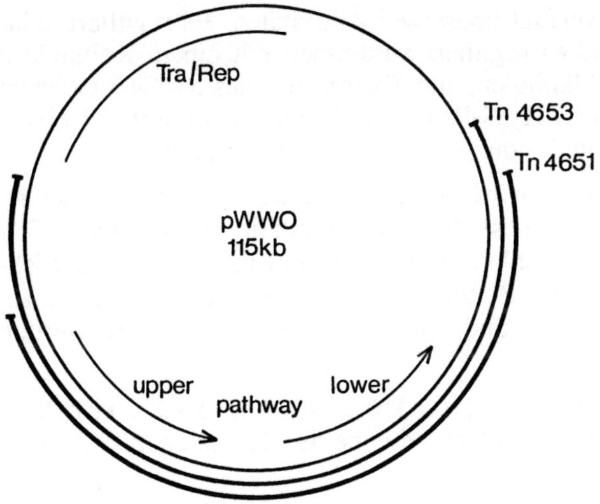

Abb.43. Physikalische und genetische Karte des Plasmids pWW0. Die schematische Darstellung zeigt die Lage der beiden Transposons Tn*4653* und Tn*4651*, die der Transfer- und Replikationsregion (Tra/Rep-Region) und die beiden Operons, die für den upper und lower pathway codieren.

Die degradativen Gene sind in zwei Operons organisiert, die als Upper- und Lower-pathway-Operons (Abb.43) bezeichnet werden. Das Upper-pathway-Operon enthält die Gene *xylCAB*, die für die Umwandlung des Kohlenwasserstoffs in die entsprechenden aromatischen Säuren durch sukzessive Oxidationen codieren. Der Lower-pathway (auch Meta-pathway genannt) enthält die Gene *xylDLEGFJIH*, die für den Abbau der aromatischen Säure codieren (Abb.43). Beide Operons sind durch ein etwa 10-kb-Fragment mit unbekannten Funktionen getrennt.

Alle *xyl*-Gene liegen auf zwei Transposons unterschiedlicher Größe, wobei das kleinere vollständig im größeren enthalten ist (Abb.43). Tn*4653* hat eine Größe von 70 kb, transponiert über eine Kointegratstruktur und benötigt dazu das *tnpA*-Produkt, dessen Gen an dem einen Ende des Transposons kartiert. Zur Auflösung der Kointegratstruktur wird eine Funktion des zweiten Transposons benötigt. Dieses (Tn*4651* genannt) hat eine Größe von 56 kb, transponiert ebenfalls über ein Kointegrat, codiert aber für eine eigene Transposase.

Zur genetischen Regulation der *xyl*-Operons wurden folgende Beobachtungen gemacht:

(1) Toluol, Xylol und ihre Alkohole induzieren beide Operons.

(2) Benzoat und Toluat induzieren nur die Synthese der Enzyme des lower-pathway.

(3) Die Produkte der Gene *xylS* und *xylR* wirken als positive Regulatoren.

Das XylR-Protein (67 kda) verfügt über zwei Aktivitäten. Es reguliert seine eigene Synthese negativ, und es reguliert zusammen mit einem Koinduktor (Toluol, Xylol oder ihren Alkoholen) die Expression des *xylCAB*-Operons und des *xylS*-Gens positiv. Das XylS-Protein (36 kda) interagiert mit einem Produkt des Upper-pathway und induziert dann den Lower-pathway.

Die Expression der *xyl*-Operons wird durch die Mengen an zwei verschiedenen Regulatoren kontrolliert. Diese doppelte Regulation ist für den effizienten Abbau der aromatischen Kohlenwasserstoffe und ihrer Alkohole wichtig, da einige Intermediate, wie z.B. Benzaldehyd und m-Toluolaldehyd toxisch für die Bakterienzelle sind und daher schnell metabolisiert werden müssen.

Weitere TOL-Plasmide sind pWW53 (105 kb) und pWW15 (250 kb); letzteres enthält zwei nicht-homologe Gene, die beide für Catechol-2,3-Oxygenasen codieren.

14.3.2 NAH-Plasmide

Das selbst-transmissible 83-kb-Plasmid NAH7 aus *P. putida* codiert für Enzyme, die diesem Stamm Wachstum auf Naphthalin oder Salicylat als alleiniger C- und Energiequelle erlaubt. Die Gene sind in zwei Operons organisiert. Das *nah*-Operon umfaßt die Gene *nahABCDEF*, die am Metabolismus von Naphthalin zu Salicylat beteiligt sind. Das *sal*-Operon enthält die Gene *nahGHINLJK*, die für die Oxidation des Salicylat zu Pyruvat und Acetaldehyd codieren. Die koordinierte Expression beider Operons wird durch Salicylat 20fach stimuliert. Eine Katabolit-Repression findet nicht statt, da weder Glucose noch Succinat die Expression der beiden Operons beeinflussen.

Das Gen *nahR* codiert für ein Regulatorprotein, das für die Induktion und volle Expression der beiden Operons essentiell ist. Die koordinierte Induktion beider Operons durch Salicylat erfolgt auf Transkriptionsebene und benötigt das *nahR*-Produkt, ein Salicylat-abhängiger Aktivator der Transkription beider Operons.

Analyse und Vergleich der Nucleotidsequenzen der *nah*- und *sal*-Promotoren führte zur Entdeckung einer Sequenz mit starker Homologie (17 von 21 bp identisch) zwischen -80 und -60 bp vor dem Transkriptionsstart; an diese beiden Sequenzen bindet vermutlich das NahR-Protein (36 kda). Der Abbauweg des Naphthalins zu Pyruvat und Acetaldehyd ist in Abb.44 dargestellt.

Das IncP9-Plasmid pWW60-1 codiert für die Metabolisierung von Naphthalin zu Catechol; der weitere Abbau erfolgt über einen chromosomal-codierten Orthoweg. Eine spontane Mutante mit einer Deletion von 1,2-1,5 kb zwischen den Genen *nahG* und *nahH* erlaubt die Expression eines voher genetisch inaktiven Metaweges.

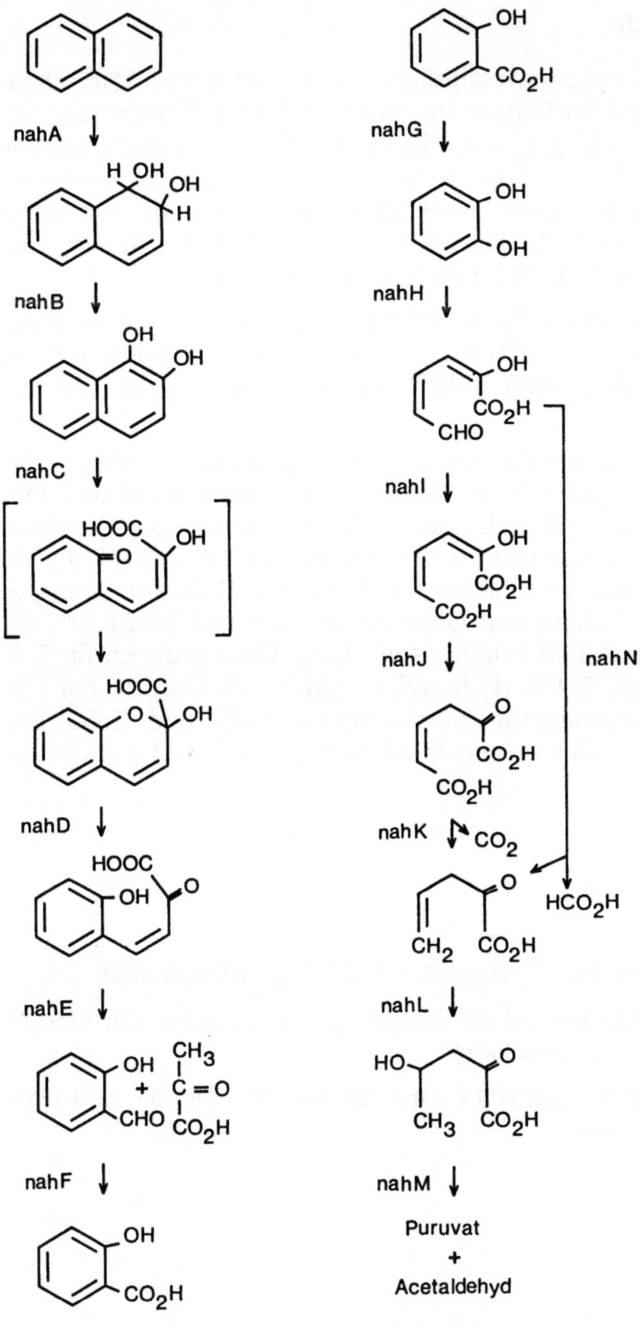

Abb.44. Abbauweg von Naphthalin zu Pyruvat und Acetaldehyd. Die Gene des *nah*-Operons (*nahABCDEF*) codieren für Enzyme, die Naphthalin in Salicylsäure umwandeln. Die Gene des *sal*-Operons (*nahGHIJKLMN*) bewirken die Oxidation der Salicylsäure zu Pyruvat und Acetaldehyd.

14.3.3 2,4-D-Plasmide

Das Herbizid 2,4-Dichlorphenoxyessigsäure (2,4-D) wird von Mikroorganismen, die im Boden und im Wasser anwesend sind, schnell abgebaut. Der erste Hinweis auf die Beteiligung von Plasmiden bei dieser Biodegradation stammt aus dem Jahr 1977. Es wurde ein Stamm von *Alcaligenes paradoxus*, einem ubiquitären saprophytischen Bodenbakterium, isoliert, der ein transmissibles IncP1-Plasmid enthielt. Dieses Plasmid befähigt den Stamm zum Abbau von 2,4-D und von 2-Methyl-4-chlorphenoxyessigsäure.

Inzwischen wurden eine ganze Reihe solcher Plasmide aus Stämmen der Gattungen *Acinetobacter*, *Alcaligenes*, *Arthrobacter*, *Corynebacterium*, *Pseudomonas* und *Flavobacterium* isoliert, deren Größe zwischen 80 und 120 kb liegt.

Als Modellsystem zum Studium der genetischen Organisation wurde das 80-kb-IncP1-Plasmid pJP4 ausgewählt, welches selbst-transmissibel ist und über einen weiten Wirtsbereich verfügt. Es codiert für Resistenz gegen Quecksilberionen und Quecksilberacetat und für den Abbau von 2,4-D, 2-Methyl-4-chlorphenoxyessigsäure und 3-Chlorbenzoat (3CB). Mit Hilfe von Transposon-Mutagenese wurden bislang fünf Gene auf dem Plasmid lokalisiert, die beim Abbau von 2,4-D und 3CB beteiligt sind. Diese Gene codieren für 2,4-D-Monooxygenase (*tfdA*), 2,4-D-Hydroxylase (*tfdB*), Dichlorcatechol-1,2-Dioxygenase (*tfdC*), Chlormuconat-Cycloisomerase (*tfdD*) und Chlordienlacton-Hydroxylase (*tfdE*). Der vermutete Abbauweg von 2,4-D zu Succinat ist in Abb.45 dargestellt.

Literatur

J.M. Pemberton (1983), Internat. Rev. Cytology 84, 155-183. Degradative plasmids

D. Ghosal, I.-S. You, D.K. Chatterjee, A.M. Chakrabarty (1985), Science 228, 135-228. Microbial degradation of halogenated compounds

R.S. Burlage, S.W. Hopper, G.S. Sayler (1989), Appl. Environ. Microbiol. 55, 1323-1328. The TOL (pWWO) catabolic plasmid

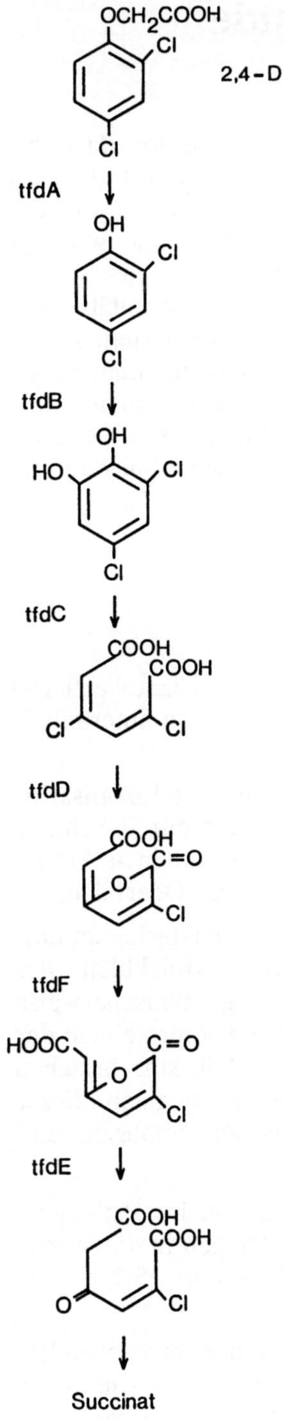

Abb.45.

Vorgeschlagener Abbauweg für 2,4-Dichlorphenoxyessigsäure (2,4-D). Zur Bezeichnung der von den Genen codierten Enzyme siehe Text.

15 Medizinisch relevante Plasmide

Der tierische und menschliche Organismus haben eine Reihe von Barrieren gegen das Eindringen, die Vermehrung und die zerstörerische Tätigkeit der Bakterien errichtet. Neben der mechanischen Barriere Haut spielen vor allen Dingen das Immunsystem sowie Komponenten des Blutes eine wichtige Rolle. Im Gegenzug haben Bakterien Faktoren entwickelt, die ihnen diese Barrieren überwinden helfen. Diese Faktoren werden als Pathogenitäts- oder Virulenzfaktoren bezeichnet. Sie befähigen die pathogenen Bakterien, sich in Wirtsorganismen anzusiedeln (ihn zu kolonisieren) und ggf. in seine Zellen einzudringen. Viele dieser Pathogenitätsfaktoren sind Plasmid-codiert und tragen dadurch zu ihrer raschen Verbreitung bei. Sie werden in fünf Gruppen eingeteilt: Kolonisierungsfaktoren, Cytotoxine, Enterotoxine und physiologische Faktoren.

15.1 Kolonisierungsfaktoren

Die bakterielle Besiedelung (Kolonisierung) einer Schleimhautoberfläche (Mucosa) im Darm, Urogenitaltrakt oder in den Bronchien wird unterteilt in Assoziation, Adhäsion und Invasion.

Unter Assoziation versteht man die reversible Anheftung oder Lokalisation der Bakterien in der Nachbarschaft einer Mucosa; sie wird durch Schleim oder Exudat hervorgerufen und führt zur Etablierung einer kleinen Anzahl nicht-kovalenter Bindungen zwischen bakterieller und Mucosa-Oberfläche.

Adhäsion ist definiert als stabile, irreversible Bindung der Bakterien an eine Oberfläche und verlangt eine Interaktion zwischen Molekülen des Bakteriums und der Mucosa. Diese Interaktion erfolgt typischerweise zwischen Proteinen der bakteriellen Oberfläche und Glykoproteinen der eukaryontischen Membran, der Glykokalyx. Bakterielle Adhäsine bestehen aus Protein, Polysacchariden, Lipoteichonsäuren oder Konjugaten dieser Komponenten. Aufgrund der Morphologie wird zwischen Fimbrien und Adhäsinen unterschieden.

Invasion bedeutet das Eindringen in Wirtszellen. Intrazelluläre Pathogene müssen daher über Mechanismen verfügen, die ein Eindringen in die Wirtszellen ermöglichen. Details der Invasion werden im Abschnitt 15.2 behandelt.

Fimbrien oder Pili (beide Bezeichnungen werden meist synonym verwendet) bezeichnen filamentöse Anhängsel der bakteriellen Oberfläche. Sie sind polar oder peritrich angeordnet, bis zu 4000 nm lang, haben einen Durchmesser von 2-7 nm, sind starr oder flexibel und kommen in einigen wenigen bis zu mehreren Hundert Exemplaren pro Bakterienzelle vor. Durch Behandlung der Bakterien in einem hochtourigen Mixer können die Fimbrien "abgestreift" werden. Chemisch gesehen stellen sie Polymere aus Protein-Untereinheiten dar. Die Untereinheit heißt Fimbrin und besitzt eine molare Masse von 15-26 kda. Die Fimbrien können durch Phosphat, Phospholipid und Zucker modifiziert sein.

Adhäsinen fehlt eine direkte morphologische Struktur. Es handelt sich hier um Proteine der äußeren Membran oder um sekretorische Proteine, die mit der bakteriellen Oberfläche assoziiert bleiben. Als Beispiel sei *Bordetella pertussis*, der Erreger des Keuchhustens, angeführt. Dieses Bakterium sekretiert zwei Proteine, die die Adhäsion an die Cilien des respiratorischen Epithels bewirken. Das eine Protein heißt filamentöses Hämagglutinin, das andere ist toxisch und löst den Keuchhusten aus. Beide Proteine bilden eine Brücke zwischen den Cilien und dem Bakterium.

Kommen wir zu den Fimbrien zurück, die sich morphologisch und serologisch voneinander unterscheiden lassen. Tabelle 12 enthält die wichtigsten und in ihrer Biologie bestuntersuchten Kolonisierungsfaktoren.

Tabelle 12. Verbreitung von Fimbrien

Fimbrium	Wirt	Fimbrin (kda)	Plasmid (kb)
K88	Schwein	26	75
K99	Schwein, Kalb, Lamm	18,2	87
987P	Schwein	20,5	Chromosom
F41	Schwein, Kalb, Lamm	29,5	Chromosom
CFA/I	Mensch	14,5	90
CFA/II	Mensch	?	90
FY	Kalb	?	?
AFR-1	Kaninchen	?	?
Typ I	viele	14-22	Chromosom

Bezüglich der Expression der Fimbriengene werden zwei Mechanismen unterschieden: Phasen-Variation und quantitative Variation.

Die Bildung von 987P- und Typ-I-Fimbrien unterliegt der Phasen-Variation. Betrachtet man Zellen einer Kultur, dann bildet ein Teil dieser Zellen Fimbrien, während der andere Teil keine bildet. Zu den Faktoren, die diesen Prozeß beeinflussen, gehört der Sauerstoff. Wachsen die Bakterien unter aeroben Bedingungen, dann bilden sie in der Regel keine Fimbrien. Die gegenteilige Beobachtung wird bei Bakterien gemacht, die unter anaeroben Bedingungen inkubiert werden. Der für die Phasen-Variation verantwortliche

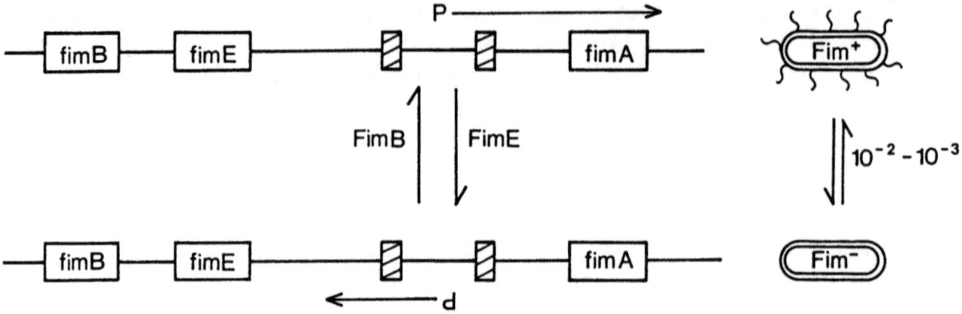

Abb.46. Schematische Darstellung der Phasenvariation bei *E. coli*. Die Transkription des Gens *fimA*, welches für die Typ-I-Fimbrien codiert, erfolgt von dem Promotor P, der Teil einer invertierbaren 314-bp-Region ist. Der Inversionsprozeß wird durch die Produkte der Gene *fimE* und *fimB* katalysiert.

Mechanismus ist die DNA-Inversion. Im Falle von *E.-coli*-Zellen, die Typ-I-Fimbrien bilden, liegt der für die Expression verantwortliche Promotor auf einer invertierbaren 314-bp-Region, während das Fimbriengen außerhalb dieser Region liegt (Abb.46). In der einen Orientierung der 314-bp-Region kommt es zur Expression des Fimbringens, in der alternativen Orientierung wird dies verhindert (Abb.46).

Der quantitativen Variation unterliegen die Fimbrien K88, K99 und CFA/I. Hier wird die Produktion der Fimbrien durch physiologische Faktoren beeinflußt: Belüftung, Glucose- und L-Alanin-Konzentration, Wachstumsrate und Temperatur.

Die Bildung der Fimbrien kann in die Synthese der Untereinheit und in den Zusammenbau der Fimbrien unterteilt werden. Die genetische und biochemische Analyse dieser Prozesse ist noch wenig erforscht. Abb.47 zeigt den genetischen Aufbau der K99-Determinante. Während die gesamte DNA-Region bereits sequenziert und aus der Sequenz offene Leseraster für diverse Proteine abgeleitet wurden, kennt man erst die Funktion des Gens *fanC*, welches für das Fimbrin codiert. Bei den Produkten der Gene *fanA* (11 kda) und *fanB* (etwa 11 kda) könnte es sich um Regulatorproteine handeln, die die Expression des *fanC*-Gens positiv regulieren.

Abb.47. Genetischer Aufbau der K99-Determinante. Die Karte zeigt die Lage der *fan*-Strukturgene, wobei die schwarzen Blöcke am Beginn der Gene Signalpeptide anzeigen. Bei P_A, P_B und P_C handelt es sich um Promotoren, bei T um Terminatoren.

Aufgrund ihrer Rezeptorspezifität werden die Fimbrien in drei Gruppen eingeteilt: die Zucker-hemmbaren (z.B. durch D-Galaktoside oder D-Mannose), die Glykolipid-hemmbaren (z.B. durch Digalaktoside wie Gm1 und Gm2) und die Glykopeptid-hemmbaren (z.B. durch N-Acetyl-Glukosamin). Die Rezeptorspezifität der Fimbrien und damit der Bakterien hat zur Folge, daß die Bakterien nur bestimmte Zellen, Gewebe oder Organe kolonisieren und auch nur bestimmte Tierspezies bzw. nur den Mensch (siehe Tabelle 12).

15.2 Invasine

Manche Bakterien sind zum aktiven Eindringen in Epithelzellen der Darmschleimhaut befähigt. Dies beruht auf einer genetischen Information, die zum Teil von Plasmiden codiert wird. Diese genetische Information führt zur Synthese von Zellwandoberflächenantigenen (Membranproteine), die aufgrund ihrer stark hydrophoben Ladung eine aktive Pinozytose veranlassen. Die Invasion ist in der Regel Zell- und Gewebe-spezifisch und verläuft über Wechselwirkungen zwischen Bakterien- und Wirtszelle. So z.B. können Shigellen nur in Epithelzellen des Dickdarms eindringen.

Über die genetische und biochemische Wirkungsweise dieser Invasine ist noch wenig bekannt. Bei einem humanpathogenen Stamm von *Shigella flexneri* ist neben chromosomalen Determinanten ein 230-kb-Plasmid (mit der Bezeichnung pMYSH6000) für die Invasion von Darmepithelzellen notwendig. Dieses Plasmid enthält mindestens sieben Virulenz-assoziierte genetische Regionen. Eines der Vir-Proteine, das *virG*-Produkt, hat eine molare Masse von 130 kda und ist an der bakteriellen Oberfläche exponiert.

Von dem 210 kb Plasmid pWR100 ist eine 37-kb-Region für enteroinvasives Wachstum ausreichend. Innerhalb dieser Region wurden bislang vier *ipa*-Gene (invasive plasmid antigen) identifiziert. Die Produkte dieser Gene *ipaA* (140 und 78 kda), *ipaB* (62 kda), *ipaC* (42 kda) und *ipaD* (37 kda) lösen eine immunologische Antwort aus und müssen daher auf der Zelloberfläche exponiert sein. Die Gene werden bei 37°C exprimiert, während sie bei 30°C reprimiert sind (keine mRNA nachweisbar).

Literatur

T.L. Hale, S.B. Formal (1986), Microbial Pathogenesis 1, 511-518. Genetics of virulence in *Shigella*

15.3 Cytotoxine

Cytotoxine sind Proteine mit der Fähigkeit zur Zerstörung von Zellen und Geweben. Solche Toxine erkennen entweder bestimmte Zellwandstrukturen (z.B. N-Acetyl-Glycosamin), bauen diese ab und zerstören auf diese Weise die Zellwand, oder integrieren in die Zellmembran und bilden Poren, was dann zur Lyse dieser Zelle führt. Solche Toxine werden Cytolysine genannt. Aus der Vielzahl der Cytotoxine soll hier das besonders gut untersuchte Hämolysin behandelt werden.

Bereits um die Jahrhundertwende beschrieben französische und deutsche Forschergruppen die Fähigkeit von Stämmen der Spezies *Staphylococcus*, *Streptococcus* und *E. coli*, Erythrozyten zu lysieren. Der Nachweis der hämolytischen Aktivität erfolgt auf Blutagarplatten; Hämolysin-produzierende Bakterienkolonien sind von einem Hof umgeben, der aufgrund lysierter Erythrozyten entsteht.

Inzwischen kennt man sehr viel mehr Hämolysin-produzierende Bakterien, von denen in Tabelle 13 eine repräsentative Auswahl zusammengestellt ist.

Tabelle 13. Hämolysin-bildende Bakterienspezies

Bakterienspezies	Bezeichnung der hämolytischen Aktivität
Escherichia coli	Hämolysin
Proteus spec.	Hämolysin
Bordetella pertussis	Hämolysin
Pseudomonas aeruginosa	Phospholipase C
Streptococcus pyogenes	Streptolysin S
Streptococcus faecalis	β-Hämolysin
Streptococcus pneumoniae	Pneumolysin
Bacillus cereus	Cereolysin
Clostridium tetani	Tetanolysin
Listeria monocytogenes	Listeriolysin
Aeromonas hydrophila	Aerolysin

Am besten untersucht sind hämolysierende *E.-coli*-Stämme. Die normale Darmflora unserer Haustiere (Kühe, Schweine, Schafe) enthält bis zu 50% Hämolysin-produzierender (Hly^+) Kolibakterien. Von den *E.-coli*-Stämmen, die eine Dysenterie auslösen, sind nahezu 100% Hly^+. Die normale menschliche Darmflora enthält nur 4-15% Hly^+-Stämme. Sie stellen ein Reservoir für Urogenitalinfektionen dar, so z.B. Cystiditis (Blasenentzündung; 30-40% der Stämme sind Hly^+) und Pyelonephritis (Nierenbeckenentzündung; bis zu 60% der Stämme Hly^+).

Die genetischen Hly-Determinanten sind bei animalen *E.-coli*-Stämmen zu 10% und bei menschlichen *E.-coli*-Stämmen zu 5% plasmidcodiert (von sog. Hly-Plasmiden). Da chromosomal und plasmidal codierte Hly-Determinanten auf DNA-Ebene einen hohen Grad an Homologie aufweisen, müssen sie miteinander verwandt und könnten daher Bestandteile eines Transposons sein.

Der Aufbau einer Hly-Determinante soll am Beispiel des Plasmids pHly152 dargestellt werden (Abb.48). Diese Determinante wird von zwei unterschiedlichen IS-Elementen flankiert, die die Hypothese von einem möglichen Transposon-Charakter der Hly-Determinante unterstützen. Die Determinante selbst besteht aus vier Strukturgenen, die für die Produktion des Hämolysins notwendig sind. Mutanten, die nach Transposon-Mutagenese erhalten wurden, fallen in zwei Klassen: Bakterien mit Mutationen in den Genen *hlyC* und *hlyA* zeigen keine Hämolysin-Synthese, während in solchen mit Mutationen in den Genen *hlyB* und *hlyD* noch Synthese, aber kein Transport aus den Zellen nachweisbar ist. Daher ist die Bildung von Hämolysin in eine Synthese- und in eine Transport-Phase zu unterteilen.

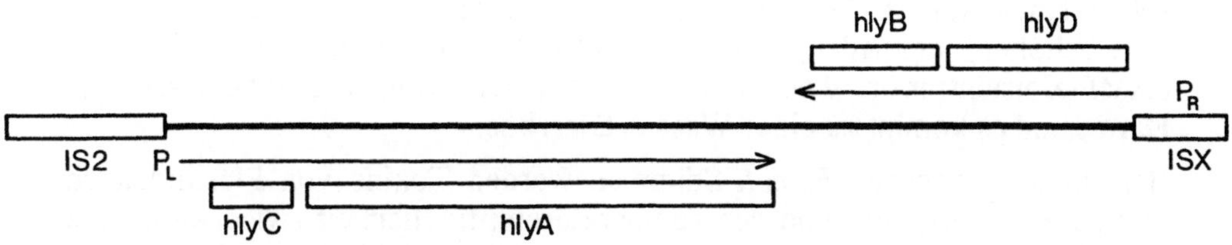

Abb.48. Genetischer Aufbau der Hly-Determinante des Plasmids pHly152. Die Hly-Determinante wird von den IS-Elementen IS2 und IS*X* flankiert. Die Expression der Gene *hlyC* und *hlyA* erfolgt von dem Promotor P_L, die der Gene *hlyB* und *hlyD* von P_R aus.

Folgende Funktionen wurden den einzelnen Genprodukten zugeordnet: Das Gen *hlyA* codiert für das Hämolysin mit einer molaren Masse von 106 kda. Die Funktion des HlyC-Produkts bei der Synthese von aktivem Hämolysin ist unbekannt. Frühere Beobachtungen einer Prozessierung des Hämolysins zu einem verkürzten aktiven Protein durch das HlyC-Produkt konnten nicht bestätigt werden, da das Hämolysin keine Signalsequenz besitzt und als primäres Translationsprodukt die Bakterienzelle verläßt.

Für den Transport werden die Produkte der beiden Gene *hlyB* und *hlyD*, sowie die 53 C-terminalen Aminosäuren des Hämolysins benötigt. Bei den HlyB- und HlyD-Proteinen handelt es sich um Membranproteine, die vermutlich kooperieren und eine Pore ausbilden, die beide Membranen umfaßt. Außerdem besitzt das HlyB-Protein eine potentielle ATP-Bindungsdomäne, die als Hinweis auf eine Energetisierung des Translokationsprozesses gewertet wird.

Der Transport des Hämolysins durch die äußere Membran mit Hilfe von Transportproteinen erinnert an den Transport der Microcine (siehe unter 12.8), der auch durch Transportproteine vermittelt wird. Hier ist es interessant herauszufinden, ob die Transportproteine der beiden Systeme untereinander Homologie aufweisen.

15.4 Enterotoxine

Bakterielle Enterotoxine üben ihren toxischen Effekt im Magen-Darm-Trakt aus. Die vorherrschenden klinischen Manifestationen sind Diarrhöe und Erbrechen. Aufgrund ihrer Wirkungsweise unterscheidet man bei den Enterotoxinen zwei Gruppen: cytotoxische und cytotonische Enterotoxine. Während cytotoxische Enterotoxine eukaryontische Zellen abtöten (z.B. durch Hemmung der Proteinbiosynthese), interferieren cytotonische Enterotoxine mit dem Zellmetabolismus (z.B. durch Erhöhung der Konzentration an zyklischen Nucleotiden). Das chromosomal codierte Cholera-Toxin verursacht eine Erhöhung der Adenylat-Cyclase-Aktivität und damit einen Anstieg der cAMP-Konzentration. Dies führt zu einer Änderung des Ionenflusses im Darm, und es kommt zu einer Wasser-Diarrhöe.

Bei humanpathogenen *E.-coli*-Stämmen werden Toxine von Plasmiden codiert. Dabei wird aufgrund der Temperaturempfindlichkeit zwischen hitzelabilen (LT = labile toxin) und hitzestabilen (ST = stable toxin) Toxinen unterschieden. Die hitzelabilen Toxine sind mit dem Cholera-Toxin eng verwandt; sie zeigen Ähnlichkeiten in der Struktur ihrer Untereinheiten, ihrer Aktivität und ihrer antigenen Determinanten. Auch auf der Ebene der DNA zeigen ihre Gene Homologie.

Das hitzelabile Toxin wird von zwei Genen codiert, die auf pEnt-Plasmiden liegen. Dabei codiert das Gen *eltA* für die α-Untereinheit mit einer molaren Masse von 25,5 kda, das Gen *eltB* für die β-Untereinheit (11,5 kda). Das Holotoxin hat die Zusammensetzung $\alpha\beta_{4\text{-}5}$. Beide Proteine werden mit einer Signalsequenz synthetisiert, die beim Durchtritt durch die innere Membran abgespalten wird. Im Periplasma erfolgt der Zusammenbau zum Holoenzym. Wie das Holoenzym dann die äußere Membran passiert, ist noch unbekannt.

Zur Wirkungsweise des LT ist folgendes bekannt: Die β-Untereinheit bindet an Glykolipid-Rezeptoren (Ganglioside GM_1) in der Cytoplasmamembran der Mucosa. Dann durchdringt die α-Untereinheit die Membran und aktiviert die Adenylat-Cyclase. Dadurch steigt die Konzentration an cAMP und bewirkt eine Sekretion von Wasser und Elektrolyten.

LT-Gene können von direkten oder invertierten Wiederholungen flankiert sein. Eine Transposition dieser Gene konnte bislang nicht nachgewiesen werden.

Die hitzestabilen Enterotoxine umfassen eine heterogene Gruppe von Proteinen mit einer molaren Masse kleiner 10 kda. Sie werden in zwei Subklassen unterteilt: STI sind löslich in Methanol und toxisch für Kleinkinder und junge Tiere. STII sind unlöslich in Methanol und toxisch für adulte Tiere.

Ein Beispiel für ein STI-Gen ist das Tn*1681*. Dieses Transposon besteht aus zwei IS*1*-Elementen in direkter Orientierung, die das STI-Gen flankieren. Während das STI-Gen für ein Protein mit 72 Aminosäuren codiert, besteht das aus dem Kulturmedium isolierte reife Toxin nur aus 18 Aminosäuren. Es bindet an seine Zielzellen, aktiviert die Guanylat-Cyclase und erhöht dadurch die Konzentration an cGMP.

Über die Enterotoxine der Subklasse STII ist noch wenig bekannt. Sie bewirken weder eine Erhöhung der Konzentration an cAMP noch der an cGMP. Bei dem Plasmid pCG86 wird das STII-Gen von zwei invertierten Wiederholungen flankiert, bei dem Plasmid pP307 ist es mit einem 9 kb Transposon assoziiert.

15.5 Physiologische Faktoren

Die Fähigkeit, aktiv Eisenionen (Fe^{3+}) aus der Umgebung aufnehmen zu können, ist eine wichtige Eigenschaft invasiver Bakterien. Die Eisenaufnahme-Systeme bestehen aus der Sekretion einer Eisen-chelierenden Siderophore, die um das Eisen konkurriert, das an Wirtsprotein (Transferrin) gebunden ist. Eines dieser Siderophore ist Aerobactin, welches von Stämmen der Enterobacteriaceen *Enterobacter*, *E. coli*, *Shigella*, *Salmonella*, *Yersinia* und *Klebsiella* produziert wird. Aufgrund seines chemischen und biologischen Charakters ist Aerobactin besonders geeignet, um dem Transferrin Eisen zu entreißen.

Die biosynthetischen Gene für Aerobactin und für den in der äußeren Membran lokalisierten Rezeptor wurden sowohl auf Plasmiden als auch auf dem Chromosom nachgewiesen. Ein plasmidcodiertes Eisenaufnahmesystem ist das Siderophor Aerobactin, dessen Synthese und Transport bei dem Plasmid pColV-K30 eingehend analysiert wurde. Der genetische Aufbau der Determinante und der Syntheseweg sind in Abb.49 dargestellt. Die gesamte genetische Information zur Synthese des Aerobactins und für den Rezeptor liegt auf einem 8,3-kb-Fragment. Die Synthesegene werden mit *iucABCD* (iron uptake chelate), das Rezeptorgen mit *iut* (iron uptake transport) bezeichnet. Bei der Biosynthese des Aerobactins katalysiert zunächst das *iucD*-Produkt, eine Hydroxylase, die Oxidation des L-Lysins zum L-Hydroxylysin. Dann erfolgt eine Acetylierung an der 6-Aminogruppe durch das *iucB*-Produkt mit Acetyl-Coenzym A als Kofaktor. Das *iucA*-Produkt koppelt Citrat an das N-Acetyl-N-Hydroxylysin, und im letzten Biosyntheseschritt hängt das *iucC*-

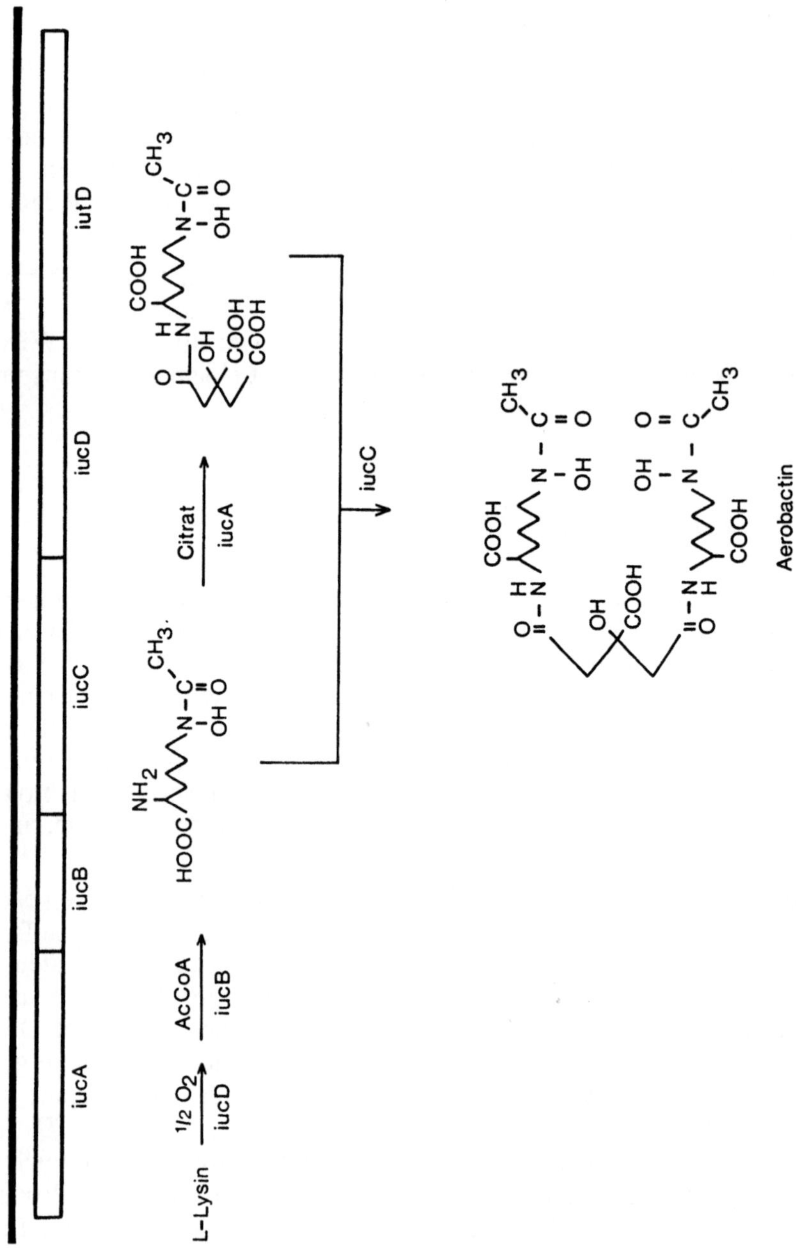

Abb.49. Genetischer Aufbau der Aerobactin-Determinante (oben) und Biosynthese des Aerobactins (unten).

Produkt eine zweite Seitenkette an das Vorläuferprodukt unter Bildung des Aerobactins (Abb.49). Das Aerobactin verläßt die Zelle, bindet zunächst Eisenionen (Bindungskonstante 10^{-20}), dann an den Aerobactin-Rezeptor, das *iut*-Produkt, läd die Eisenionen in der Zelle ab und verläßt dann den Rezeptor, bereit zur Aufnahme neuer Eisenionen.

Inkubiert man Gram-negative Bakterien mit menschlichem oder tierischem Serum, dann verlieren viele Stämme ihre Lebensfähigkeit oder werden sogar lysiert. Diese bakterizide oder bakteriolytische Aktivität des Serums kann durch Erhitzen auf 56°C zerstört werden. Träger der bakteriziden Aktivität sind das Komplementsystem und Lysozym. Dabei wird das Komplementsystem durch Bindung von Antikörper der IgM-Fraktion an bakterielle Oberflächenantigene oder durch Besonderheiten der bakteriellen Oberfläche aktiviert.

Um diesem Komplementsystem zu entkommen, codieren einige Plasmide für Serum-Resistenz. Sie wird z.B. von den Plasmiden ColV, R1, R100 und R6-5 vermittelt. Bei dem Plasmid R6-5 konnte als genetische Determinante das *traT*-Produkt identifiziert werden. Dieses Protein ist in etwa 21 000 Kopien pro Zelle in der äußeren Membran vorhanden und ist auch für den Oberflächen-Ausschluß verantwortlich (siehe Abschnitt 3.1.1.4.4). Es wird vermutet, daß das TraT-Protein auch die Interaktion des Komplementsystems mit den Bakterien verhindert.

Literatur

J.H. Crosa (1987), Bacterial iron metabolism, plasmids and other virulence factors. In J.J. Bullen, E. Griffiths, Iron and Infection; John Wileys, New York

P.W. Taylor (1983), Microbiol. Rev. 47, 46-83. Bactericidal and bacteriolytic activity of serum against Gram-negative bacteria

B.B. Finlay, S. Falkow (1989) Microbiol. Rev. 53, 210-230. Common themes in microbial pathogenicity

16 Plasmid-codierte Antibiotika-Resistenzen

In Japan wurden bis Anfang der 50er Jahre bakterielle Dysenterien erfolgreich mit Sulfonamiden behandelt. Dann tauchten die ersten resistenten *Shigella*-Stämme auf, und als Alternative kamen die Antibiotika Tetracyclin, Streptomycin und Chloramphenicol zum Einsatz. 1957 waren bereits 2% der Shigellen gegen eines oder mehrere dieser Antibiotika resistent, drei Jahre später waren es 13%, wobei 9% der Isolate Resistenz gegen alle vier Antibiotika zeigten.

Der erste Hinweis auf Plasmid-codierte Antibiotika-Resistenz kam durch die Beobachtung, daß resistente und sensitive Stämme aus einem Patienten isoliert werden konnten. Manche Patienten schieden neben resistenten Shigellen auch resistente *E. coli* aus. Daher vermuteten T. Akiba und K. Ochiai, daß eine Übertragung der Resistenzgene von einer Spezies auf die andere stattfindet.

1957 wurde dann der erste konjugative R-Faktor in Japan nachgewiesen, dem weitere Entdeckungen in anderen Ländern folgten. Inzwischen wurden solche R-Plasmide bei allen Gram-negativen und -positiven Spezies nachgewiesen, die für Mensch und Tier pathogen sind. In gehäuftem Maße kommen sie bei Enterobacteriaceen und bei *Staphylococcus* vor.

Die rasche Ausbreitung der Antibiotika-Resistenzen beruht auf zwei Faktoren:

(1) Viele Antibiotikum-Resistenzgene werden von konjugativen Plasmiden codiert;

(2) zusätzlich sind viele Antibiotikum-Resistenzgene Bestandteile von Transposons.

Während die Mechanismen der Konjugation bereits im Kapitel 3 ausführlich behandelt wurden, werden im nachfolgenden Abschnitt zunächst die Eigenschaften von Transposons beschrieben.

16.1 Transposons

Transposons gehören zur Gruppe der mobilen DNA-Sequenzen, die für mindestens ein Markergen, in der Regel ein Antibiotikum-Resistenzgen, codieren. Entdeckt wurden die Transposons 1974 von R.W. Hedges und A.E. Jacob in London. Sie beobachteten, daß ein kleiner Teil von RP4 (siehe Abschnitt 9.1), welcher für Ampicillin-Resistenz codiert, in andere Plasmide übertragen werden kann. Da keine nachweisbare Homologie zwischen RP4 und den Rezipienten-Plasmiden bestand, und die Übertragung auch in *recA*⁻ Zellen von *E. coli* ablief, schlossen die beiden Wissenschaftler, daß der Transfer durch Transposition erfolgt.

In den folgenden Jahren wurden viele Antibiotika-Resistenzgene als Bestandteile von Transposons nachgewiesen, und die Transposons ihrerseits bei vielen Gram-negativen und -positiven Bakterien. Ihre Einteilung erfolgt in einfache und zusammengesetzte Transposons. Die zusammengesetzten Transposons enthalten an den Enden IS-Elemente, mobile DNA-Sequenzen ohne ein Markergen, die auch unabhängig vom Markergen transponieren können. Beim Transpositionsprozeß kann es zu einer Verdoppelung des Transposons kommen, wobei die Kopie in der Regel in ein zweites, in der Zelle vorhandenes Replicon integriert. Dabei kann es zu einer vorübergehenden kovalenten Verbindung der Replicons kommen, eine Struktur, die Kointegrat genannt wird.

Der Aufbau eines einfachen Transposons soll hier am Beispiel des Tn*3* dargestellt werden (Abb.50a). Dieses Transposon codiert für die drei Gene *tnpA*, *tnpR* und *bla*, die von 38 bp langen umgekehrten Wiederholungen flankiert werden. Das *tnpA*-Gen codiert für die Transposase, ein Protein, welches an die Enden des Transposons bindet und die Transposition katalysiert. Das TnpR-Protein hat drei verschiedene Funktionen. Auf der Ebene der Transkription reguliert es sowohl die Expression des *tnpA*-Gens negativ als auch seine eigene Synthese (Autoregulation). Die dritte Aktivität besteht

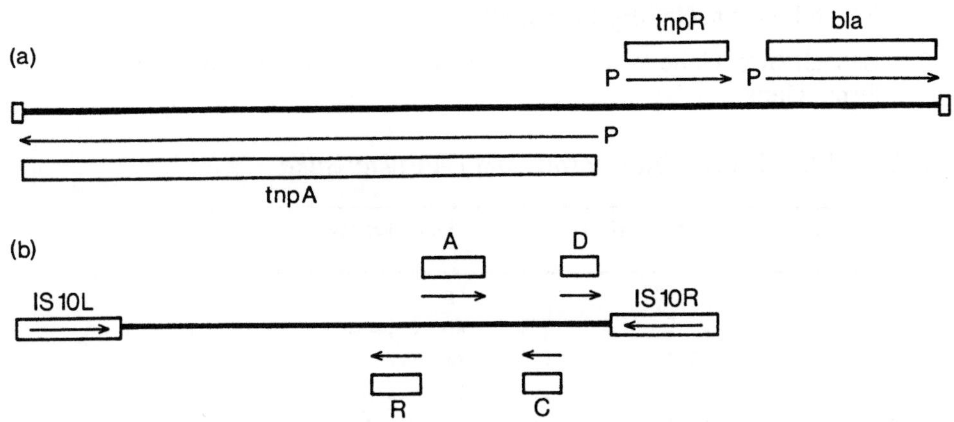

Abb.50. Genetischer Aufbau eines einfachen und eines zusammengesetzten Transposons. a) Tn*3*. Dieses einfache Transposon enthält die Gene *tnpA* (Transposase), *tnpR* (Repressor/Resolvase) und *bla* (Ampicillin-Resistenz). b) Tn*10*. Dieses zusammengesetzte Transposon wird von zwei IS-Elementen der Größe 1,4 kb (IS*10*L und IS*10*R) in umgekehrter Orientierung flankiert; der zentrale Teil enthält die Gene *tetR* (Repressor), *tetA* (Resistenzprotein), *tetC* und *tetD* (beide mit unbekannter Funktion).

in der Auflösung der Kointegrat-Struktur durch Rekombination im Bereich der beiden *res*-Sequenzen (Resolvase-Aktivität).

Der Aufbau und die Wirkungsweise eines zusammengesetzten Transposons soll am Beispiel des Tn*10* erläutert werden. Dieses Transposon besteht aus den beiden IS-Elementen IS*10*L und IS*10*R mit je 1,4 kb Länge, die einen zentralen Teil von 6,5 kb flankieren (Abb.50b). Der zentrale Teil enthält die Tetracyclin-Resistenzdeterminante, die im Abschnitt 16.3.3 näher erläutert wird. Die Transposase wird von den IS*10*-Elementen codiert, wobei allerdings nur die von IS*10*R voll funktionsfähig ist.

Tabelle 14 gibt einen Überblick über wichtige einfache und zusammengesetzte Transposons.

Die Analyse von R-Faktoren mit multiplen Resistenzen hat gezeigt, daß in vielen Fällen die Resistenzgene in enger Nachbarschaft zueinander liegen. Dies wird dadurch erklärt, daß Transposons bevorzugt in der Nähe bereits vorhandener Transposons oder sogar in diese integrieren. Abb.51 zeigt einen Ausschnitt aus der DNA des R-Faktors R1. Hier ist das Transposon Tn*3* in Tn*4* integriert, welches seinerseits von zwei IS*1*-Elementen in direkter Orientierung flankiert wird. Transponieren können das Tn*3*, das Tn*4* oder die gesamten Resistenzgene mit Hilfe der IS*1*-Elemente.

Als mögliche Gründe für diese Konzentrierung von Resistenzgenen wird diskutiert:

(1) Große Teile des Plasmids enthalten essentielle (Replikation) oder wichtige (Transfer) Gene. Der Einbau eines Transposons in diese Bereiche ist letal oder nachteilig für das Plasmid.

(2) Benachbarte Gene werden eher en bloc weitergegeben als weiter entfernte Gene.

Tabelle 14. Wichtige Transposons und Charakteristika

Transposon	Größe (kb)	Resistenz(en)
Tn3	4,957	Ap
Tn4	23,5	Ap, Sm, Su
Tn5	5,4	Km
Tn10	9,3	Tc
Tn21	19,6	Sm, Su, Ap
Tn551	5,3	Ery
Tn916	0,0	MLS
Tn917	5,3	Ery

Ap, Ampicillin; Ery, Erythromycin; Km, Kanamycin; MLS, Macrolid, Lincosamin, Streptogramin B; Sm, Streptomycin; Su, Sulfonamide; Tc, Tetracyclin

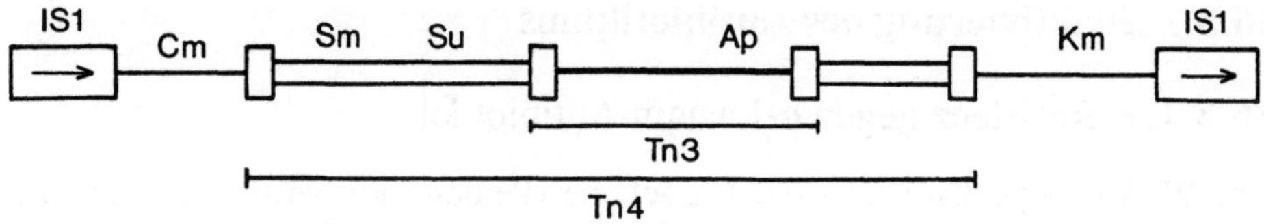

Abb.51. Ausschnitt aus der DNA des Plasmids R1 mit multiplen Antibiotika-Resistenzen, die von *IS1*-Elementen in direkter Orientierung flankiert werden. Cm, Chloramphenicol; Sm, Streptomycin; Su, Sulfonamide; Ap, Ampicillin; Km, Kanamycin.

16.2 Umstrukturierungen von R-Plasmiden

In *E. coli* identifizierte konjugative R-Plasmide können in andere Enterobacteriaceen übertragen werden, zeigen dort aber nicht immer die gleiche Stabilität. Die Wirtszelle kann die Kopienzahl, die spontane Verlustrate oder die molekulare Struktur beeinflussen. Dies soll am Beispiel des Plasmids R100 illustriert werden.

R100 mit einer Größe von etwa 90 kb hat in *E. coli* eine Kopienzahl von 1 bis 3, in *Proteus mirabilis* beträgt sie 5. In der letzteren Spezies beträgt die Größe des Plasmids 90 oder 70 kb. Das 70-kb-Plasmid enthält alle Gene, die für Replikation und Konjugation notwendig sind, aber nur ein Antibiotikum-Resistenzgen, und wird daher auch als RTF (resistance transfer factor) bezeichnet. Die restlichen Resistenzgene liegen auf dem fehlenden 20-kb-Fragment, welches auch R-Determinante genannt wird. Gelegentlich findet man auch R-Plasmide, die die gesamte R-Determinante in mehreren Kopien enthalten. Außerdem kann die gesamte R-Determinante in ein anderes Replicon transponieren.

16.3 Strategien der Antibiotikum-Resistenz

Eine Analyse vieler Antibiotikum-Resistenzen hat gezeigt, daß sie auf vier verschiedenen Mechanismen beruhen:

(1) Inaktivierung des Antibiotikums durch Spaltung oder Modifikation;

(2) Änderung der Angriffsstelle (Target-Stelle) des Antibiotikums;

(3) herabgesetzte Akkumulierung des Antibiotikums im Cytoplasma der Zelle;

(4) Bypass-Mechanismus, d.h. Ersetzen des durch das Antibiotikum inaktivierten Enzyms durch ein anderes, unempfindliches.

16.3.1 Inaktivierung des Antibiotikums

16.3.1.1 Resistenz gegen β-Lactam-Antibiotika

Der Wirkungsmechanismus der β-Lactame (Penicilline) beruht auf einer Inaktivierung der Enzyme, die die Zellwandsynthese katalysieren. Diese Enzyme werden daher auch Penicillin-Bindeproteine (PBP) genannt, und sie sind integraler Bestandteil der inneren Membran.

Zahlreiche Gram-negative Bakterien sind insensitiv gegenüber einer Vielzahl von β-Lactamen, da diese nicht durch die Poren der äußeren Membran in das Periplasma gelangen können. Bezüglich der Resistenz unterscheidet man zwei grundverschiedene Arten:

(1) Resistenz gegen geringe Mengen (10 μg/ml) aufgrund von chromosomalen Mutationen. Durch diese wird die Affinität oder die Menge der PBP geändert oder die Impermeabilität der äußeren Membran erhöht.

(2) Resistenz gegen hohe Mengen (100-1000 μg/ml), verursacht durch eine Plasmid-codierte β-Lactamase.

Die Klassifizierung der β-Lactamasen erfolgt aufgrund von biochemischen Eigenschaften (isoelektrischer Punkt; Substrat-Spezifität; Inhibitor) oder aufgrund ihrer Herkunft (TEM-β-Lactamasen werden von RTEM-Plasmiden codiert). Die β-Lactamase (*bla*)-Gene werden konstitutiv exprimiert, die Enzyme befinden sich im Periplasma (Gram-negative) oder im Außenmedium (Gram-positive).

Bekannte Derivate des Penicillins mit ihrer Strukturformel sind in Abb.52 dargestellt. Die Inaktivierung des β-Lactams erfolgt durch eine Spaltung des β-Lactamringes (Abb.52).

Bezüglich der Regulation der Expression der β-Lactamasegene kennt man verschiedene Möglichkeiten:

(1) Die Expression der Plasmid-codierten *bla*-Gene erfolgt konstitutiv. Dabei ist die Menge an β-Lactamase mit der Anzahl der *bla*-Gene pro Zelle korreliert (Gendosis-Effekt). Diese Eigenschaft kann zur Isolierung von Mutanten mit erhöhter Kopienzahl (Copy-number-Mutanten) ausgenutzt werden (siehe Abschnitt 2.6).

(2) Bei *Pseudomonas aeruginosa* ist eine induzierbare β-Lactamase beschrieben, wobei der zugrundeliegende Mechanismus noch unverstanden ist.

(3) Bei *Staphylococcus aureus* kennt man Plasmid-codierte konstitutive und induzierbare Synthese von β-Lactamasen, wobei letztere durch das *penI*-Gen negativ reguliert wird.

(a)

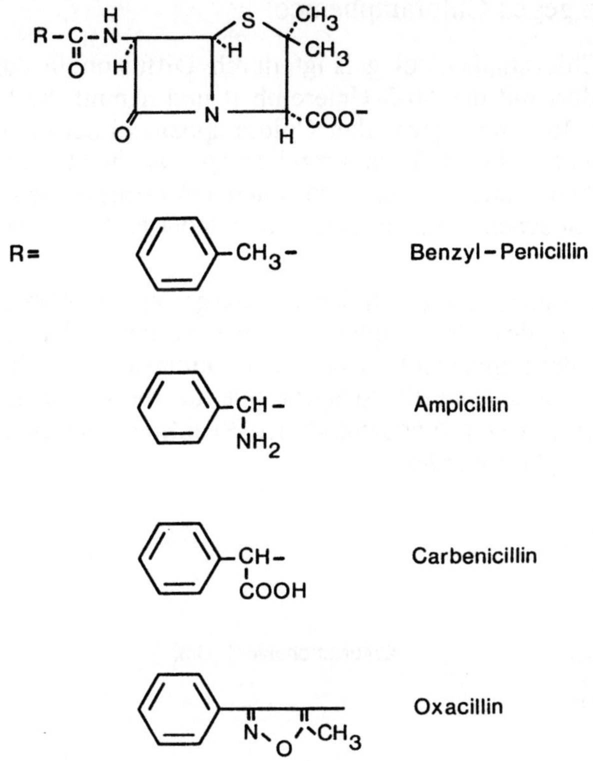

(b)

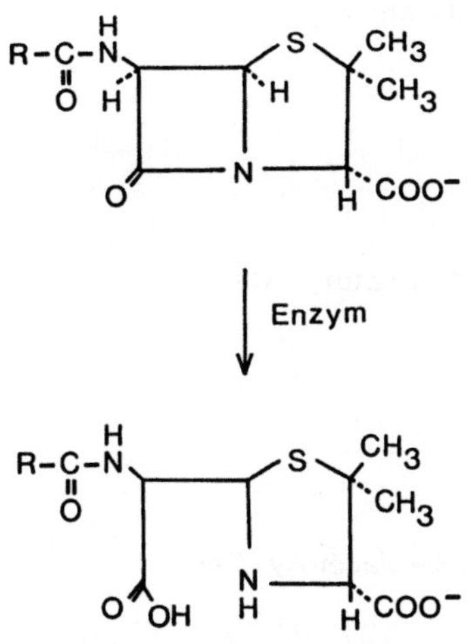

Abb.52. Penicillin und seine Inaktivierung.
a) Strukturformel des Penicillins und einiger bekannter Derivate.
b) Spaltung des β-Lactamringes durch β-Lactamase.

16.3.1.2 Resistenz gegen Chloramphenicol

Das Antibiotikum Chloramphenicol gelangt durch Diffusion in das Cytoplasma, interagiert dort mit der 50-S-Untereinheit und hemmt die Peptidyltransferase-Reaktion. Resistenz gegenüber Chloramphenicol beruht auf einer Inaktivierung des Antibiotikums durch Acetylierung. Das inaktivierende Enzym, die Chloramphenicolacetyltransferase, auch CAT-Enyzm genannt, ist ein Tetramer mit identischen Untereinheiten einer molaren Masse von 23-25 kda.

Der Reaktionsmechanismus der Inaktivierung, dargestellt in Abb.53, beinhaltet eine Acetylierung des Chloramphenicols in Position C_3. Das dabei gebildete 3-Acetoxy-Chloramphenicol ist bereits wirkungslos. Durch eine intramolekulare Umlagerung kann die Acetylgruppe auf die C_1-Position übertragen werden. In einer weiteren enzymatischen Reaktion kann dann die C_3-Position nochmals acetyliert werden.

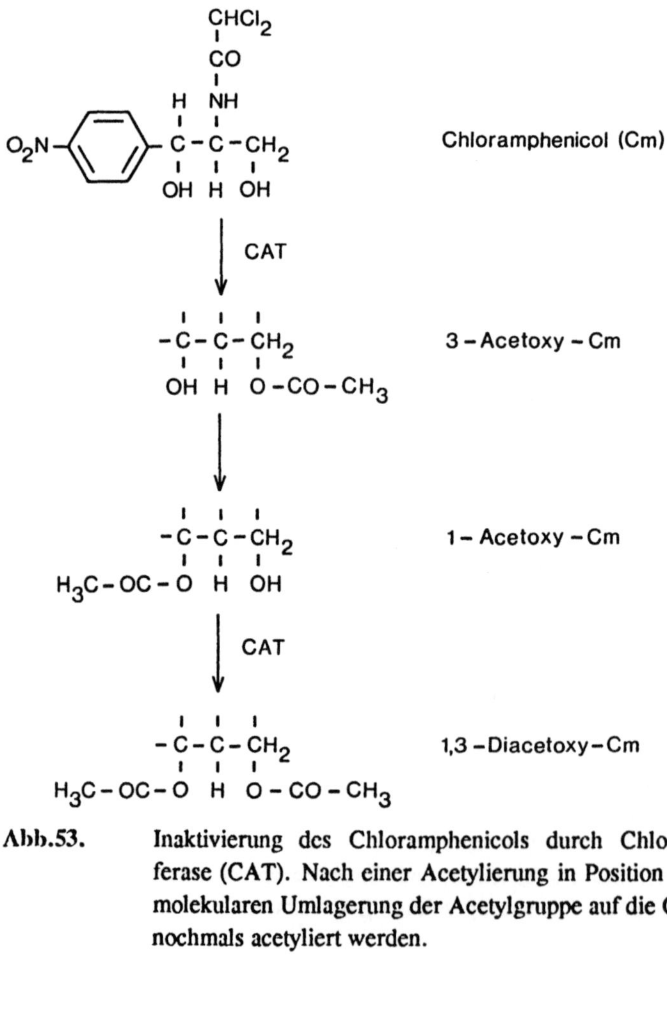

Abb.53. Inaktivierung des Chloramphenicols durch Chloramphenicol-acetyl-Transferase (CAT). Nach einer Acetylierung in Position C_3 kann nach einer intramolekularen Umlagerung der Acetylgruppe auf die C_1-Position die C_3-Position nochmals acetyliert werden.

Bei *E. coli* wird das *cat*-Gen konstitutiv exprimiert, unterliegt aber der Katabolit-Repression. Daher findet man in einem Minimalmedium mit Glycerin eine höhere Synthese als in einem Minimalmedium mit Glucose.

Bei *S. aureus* ist die CAT-Synthese induzierbar und beruht primär auf der Kontrolle der Translation. Der zugrundeliegende Mechanismus, der als Translations-Attenuation bezeichnet wird, ist durch die Arbeitsgruppen von P. Lovett und H. Matzura gut untersucht und soll im nachfolgenden dargestellt werden. Als Modellsysteme dienen die Gene *cat*-86 (chromosomales Resistenzgen aus *Bacillus pumilus*) und pUB112*cat*.

Ein Vergleich der Nucleotidsequenz dieser beiden sowie zweier weiterer *cat*-Gene, codiert von den Plasmiden pC194 und pC221, ergab, daß die *cat*-Gene untereinander keine oder kaum Homologie zeigen, während die Region vor den Strukturgenen hoch konserviert ist. Sie wird in die beiden Regulatordomänen A und B eingeteilt, die in Abb.54a dargestellt sind.

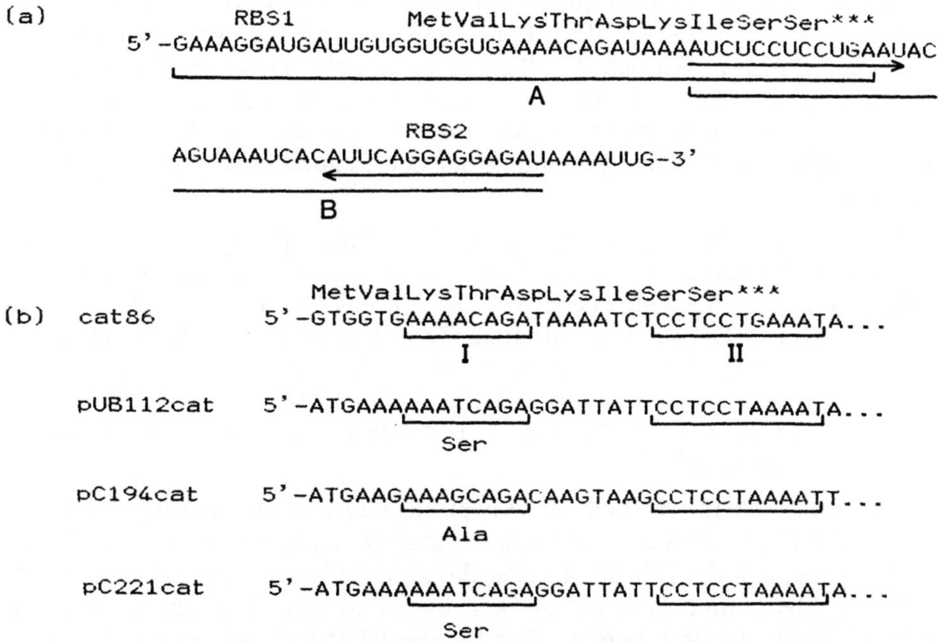

Abb.54. Regulation der Expression des Chloramphenicol-acetyl-Transferasegens (*cat*-Gen). a) Die Regulatorregion vor dem Strukturgen besteht aus den beiden Domänen A und B. Dabei enthält die Domäne A eine Ribosomenbindungsstelle (RBS1) und ein kurzes offenes Leseraster. Die Domäne B, die mit der Domäne A partiell überlappt, besteht aus einer umgekehrten Wiederholung (durch Pfeile dargestellt) und der RBS2 für das *cat*-Gen. b) Vergleich der DNA-Sequenzen im Bereich der Domäne A bei vier verschiedenen *cat*-Genen. Sie enthalten zwei hoch-konservierte Bereiche (mit I und II bezeichnet), die durch jeweils acht Basenpaare voneinander getrennt sind.

Dabei besteht die Domäne A aus der RBS1 (Ribosomen-Bindungsstelle), gefolgt von einem kurzen offenen Leseraster, welches für ein Peptid, bestehend aus neun Aminosäuren, codiert. Die Domäne A endet in der Domäne B, die wiederum aus einer umgekehrten Wiederholung und aus der RBS2 besteht.

Gemäß einer Modellvorstellung bildet die mRNA in Abwesenheit von Chloramphenicol mit Hilfe der umgekehrten Wiederholungen eine Stem-loop-Struktur aus. Dabei wird RBS2 Teil der Stem-Struktur und somit für die Bindung von Ribosomen nicht zugänglich, und das *cat*-Gen kann nicht translatiert werden. In Anwesenheit von Chloramphenicol werden die Ribosomen im Bereich des offenen Leserasters (auch Leader-Sequenz genannt) arretiert, was wiederum zur Entfaltung der Stem-loop-Struktur führt. Dadurch können die Ribosomen an die RBS2 binden, und es kommt zur Expression des *cat*-Gens.

Ein Vergleich der DNA-Sequenzen im Bereich der Domäne A von vier verschiedenen *cat*-Genen untereinander führte zum Nachweis zweier hoch-konservierter Bereiche (Abb.540b). Bereich I hat eine Länge von 8 bp mit einer variablen Position, Bereich II enthält 10 bp mit ebenfalls einer variablen Position. Auch der Abstand zwischen beiden Bereichen ist mit 8 bp konserviert. Wenn diese beiden Bereiche so hoch konserviert sind, dann ist zu vermuten, daß sie eine funktionelle Bedeutung bei der Regulation der *cat*-Expression ausüben.

Wie testet man die Hypothese, daß die Translation der Leader-Sequenz für die Induzierbarkeit essentiell ist? Dazu wurde das dritte Codon AAA im Bereich der Leader-Sequenz (siehe Abb.54a) in das Ochre-Codon UAA umgewandelt. Dieses Derivat hatte die Induzierbarkeit verloren. Wurde das Derivat mit dem Stop-Codon in einem *B.-subtilis*-Stamm mit einem Ochre-Suppressor getestet, dann war die Induzierbarkeit wiederhergestellt. Dieses Experiment bewies, daß die Translation der Leader-Sequenz für die Induzierbarkeit notwendig ist.

Im nächsten Schritt war nun nachzuweisen, daß eine Arretierung der Ribosomen die Expression des *cat*-Gens begünstigt. Dazu nutzte man die Beobachtung aus, daß die Ribosomen von Bakterienzellen mit einer Auxotrophie, z.B. für Methionin, nach Hungern in einem Methionin-freien Medium an AUG-Codons arretiert werden. Der Stamm BR151 ist auxotroph für Lysin und Tryptophan. Wurden diese Zellen in Tryptophan-freiem Medium gehungert, dann wurde keine Aktivierung der CAT-Expression beobachtet (Tryptophan kommt im Leader-Peptid nicht vor). Wurden die Zellen dagegen in Lysin-freiem Medium gehungert, dann wurde ein zweifacher Anstieg der CAT-Aktivität gemessen (das Leader-Peptid enthält zwei Lysinreste). In einem dritten Experiment mit einem Threonin-auxotrophen Stamm (ein Threoninrest im Leader-Peptid) konnte hingegen keine Aktivierung nachgewiesen werden. Diese Ergebnisse ließen vermuten, daß ein bestimmtes Codon eine Rolle bei der Induktion spielt, und zwar eines der beiden Lysin-Codons.

Die Umwandlung des Lysin-Codons in Position 3 in das Threonin-Codon ACA bewirkte keine Aktivierung in Threonin-gehungerten Zellen. Wurde dagegen das Lysin-Codon in Position 6 in das Tyrosin-Codon TAT umgewandelt, dann konnte eine Aktivierung in Tyrosin-gehungerten Zellen nachgewiesen werden. Aus diesen Ergebnissen wurde gefolgert, daß das Codon an Position 6 für die Induktion notwendig ist. Die Arretierung der Ribosomen an genau dieser Position bewirkt offensichtlich eine Destabilisierung der Stem-loop-Struktur. Und daraus wiederum folgt, daß ein exakter Abstand zwischen arretierten Ribosomen und der Stem-loop-Struktur gegeben sein muß.

Wo werden die Ribosomen in Gegenwart von Chloramphenicol arretiert? Diese Frage ist noch unbeantwortet. Aufgrund der geschilderten Experimente mit gehungerten Zellen wird vermutet, daß die Arretierung im Bereich I der Domäne A erfolgt.

16.3.1.3 Resistenz gegen Aminoglycosid-Antibiotika

Die Aminoglycosid-Antibiotika bestehen aus zwei und mehr Zuckerresten. Die einfachste Verbindung ist das Disaccharid Trehalosamin. Bekannte Trisaccharide sind Streptomycin, Kanamycin und Gentamycin. Sie hemmen das Zellwachstum durch Bindung an die Ribosomen und inhibieren dadurch die Translation. Zwei verschiedene Resistenz-Mechanismen wurden beschrieben:

(1) Reduktion der Bindung an die Ribosomen;

(2) Inaktivierung des Antibiotikums.

Das bekannteste Beispiel für eine ribosomale Resistenz ist die Streptomycin-Resistenz bei *E. coli*. Sie beruht auf einer Mutation im Gen *rpsL*, welches für das ribosomale Protein S12 codiert. Eine Mutation im *rpsL*-Gen verhindert die Bindung von Streptomycin an die Ribosomen.

Der zweite Resistenz-Mechanismus beruht auf einer Modifikation der Antibiotikum-Moleküle im Cytoplasma. Dies kann durch N-Acetylierung (mit Acetyl-CoA als Kofaktor), O-Phosphorylierung oder O-Adenylierung (in beiden Fällen ATP oder andere Nucleotide als Substrat) erfolgen. Die Modifikation kann an einer von verschiedenen Amino- oder Hydroxylgruppen ausgeführt werden (in Abb.55 ist dies am Beispiel des Kanamycin gezeigt), und es werden daher mindestens 12 verschiedene Enzymtypen unterschieden (ein bestimmtes Plasmid-codiertes Enzym führt nur eine bestimmte Modifikation aus).

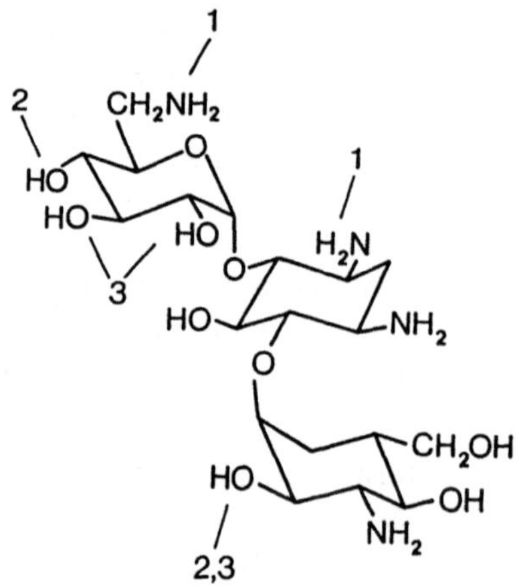

Abb.55. Strukturformel des Kanamycins und Möglichkeiten der Inaktivierung durch Modifikation. 1, Acetylierung; 2, Adenylierung; 3, Phosphorylierung.

16.3.2 Änderung der Angriffsstelle des Antibiotikums

Dieser Resistenz-Mechanismus wird durch Antibiotika der MLS-Gruppe verursacht. Als MLS-Antibiotika bezeichnet man eine Gruppe von strukturell unterschiedlichen Antibiotika, die einen bakteriostatischen Effekt durch Bindung an die 50-S-Untereinheit der Ribosomen hervorrufen. Dabei steht M für Macrolid (z.B. Erythromycin, Leukomycin), L für Lincomycin und S für Streptogramin B.

Die MLS-Resistenz ist bei Gram-positiven Bakterien verbreitet und beruht auf der spezifischen Dimethylierung von zwei Adeninresten in der 23-S-rRNA. Die vom Plasmid pE194 codierte Methylase benötigt S-Adenosylmethionin als Kofaktor und methyliert *in vitro* freie 23-S-rRNA und die 50-S-Untereinheit, nicht aber die 70-S-Ribosomen.

Viele MLS-Resistenzdeterminanten sind induzierbar. Auch hier beruht die Induktion auf dem Mechanismus der Translations-Attenuation, wie er bereits für die Induktion der Chloramphenicol-Resistenz beschrieben wurde, und soll daher nur in komprimierter Form dargestellt werden. Er wurde eingehend am Beispiel des *ermC*-Gens von pE194 in den Arbeitsgruppen von D. Dubnau und B. Weisblum untersucht.

Vor dem Strukturgen für Erythromycin-Resistenz liegt eine Kontrollregion mit sechs wiederholten Sequenzen und der codierenden Region für ein Leader-Peptid mit einer Länge von 19 Aminosäuren (Abb.56). In Abwesenheit von Erythromycin erfolgt die Translation der Leader-Sequenz, und es bildet sich eine Stem-loop-Struktur aus, wobei die SD2, die für die Translation der Methylase notwendig ist, Teil der Stem-Struktur wird. Dadurch steht diese SD für die Bindung der Ribosomen nicht zur Verfügung.

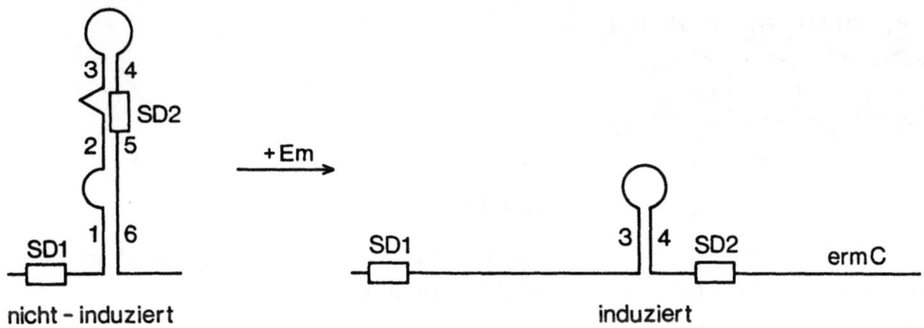

Abb.56. Induktion der Erythromycin- (EM-) Resistenz. In Abwesenheit von Em binden die Ribosomen an die Shine-Dalgarno-Sequenz 1 (SD1), und es kommt zur Translation eines Leader-Peptids mit einer Länge von 19 Aminosäuren. Dabei bildet sich durch Basenpaarung zwischen den Sequenzen 1 und 6, 2 und 5 und 3 und 4 eine Sekundärstruktur aus, bei der ein Teil der SD2, von der aus die Translation des Strukturgens *ermC* startet, dem basengepaarten Bereich angehört. In Anwesenheit von Em werden die Ribosomen im Bereich der codierenden Region für das Leader-Peptid arretiert, es kommt zur Basenpaarung zwischen den Regionen 3 und 4, und dadurch bleibt die SD2 frei zugänglich für die Ribosomen.

In Anwesenheit von Erythromycin werden die Ribosomen im Bereich der codierenden Region für das Leader-Peptid arretiert, es bildet sich eine alternative Stem-loop-Struktur aus, und die SD2 ist für die Ribosomen frei zugänglich. Wenn genügend Ribosomen methyliert sind, dann findet keine Arretierung im Bereich der Leader-Sequenz mehr statt, es bildet sich wieder die anfängliche Stem-loop-Struktur aus, und es kommt dadurch zum Abschalten der Translation des *ermC*-Gens. Auf diese Art und Weise reguliert das System seine eigene Expression.

16.3.3 Herabgesetzte Akkumulierung des Antibiotikums

Dieser Resistenz-Mechanismus wird durch Tetracyclin und seine Derivate verursacht. Tetracyclin besteht aus einem vierfachen Tetrazenring mit polaren Seitengruppen (Abb.57); es wirkt in geringer Konzentration bakteriostatisch, in hoher Konzentration bakterizid und bindet zweiwertige Kationen (besonders gut Mg^{2+}). Tetracyclin hemmt die Proteinbiosynthese, indem es die Bindung der Aminoacyl-tRNA an die A-Stelle des Ribosoms verhindert.

Die Aufnahme von Tetracyclin erfolgt bei *E. coli* biphasisch. Die erste Phase ist Energie-unabhängig und beinhaltet Bindung und Diffusion durch die äußere Membran, wobei hauptsächlich die vom OmpF-Protein gebildete Pore benutzt wird. Die zweite Phase ist Energie-abhängig, bedeutet Transport durch die innere Membran und benötigt ein Membranpotential.

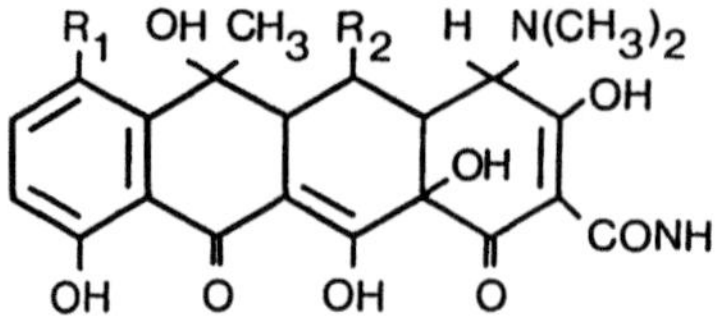

	R_1	R_2
Tetracyclin	H	H
Oxytetracyclin	H	OH
Chlortetracyclin	Cl	H

Abb.57.

Chemische Grundstruktur der Tetracycline und dreier wichtiger Derivate.

Tetracyclin-Resistenz ist bei Gram-negativen und -positiven Bakterien weit verbreitet, ist meist Plasmid-codiert und induzierbar. Der Resistenz-Mechanismus beruht auf einem aktiven, Energie-abhängigen Transportsystem, welches das Antibiotikum aus den Zellen pumpt.

Am besten untersucht ist die Tetracyclin-Resistenzdeterminante bei dem Transposon Tn*10* (Abb.58). Das Gen *tetR* codiert für einen Repressor, der die Expression des *tetA*-Gens auf der Ebene der Transkription negativ reguliert. *TetA* codiert für ein hydrophobes Protein, welches in die innere Membran eingebaut wird und die Tetracyclin-Resistenz vermittelt. In Abwesenheit von Tetracyclin erfolgt nur eine schwache Expression des *tetA*-Gens. In Anwesenheit des Antibiotikums bindet dieses an den TetR-Repressor, bewirkt dadurch eine Konformationsänderung, so daß er nicht mehr an seinen Operator binden kann, und es kommt zur starken Expression des *tetA*-Gens.

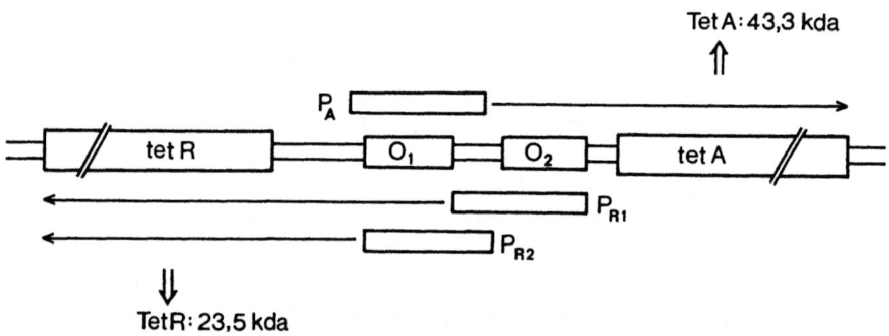

Abb.58. Genetische Organisation der Tetracyclin-Resistenzdeterminante des Transposons Tn*10*. Die Gene *tetR* und *tetA* codieren für den Repressor und für das Resistenzprotein. Der Tet-Repressor bindet an die beiden Operatoren O_1 und O_2 und reguliert damit seine eigene Synthese und die des *tetA*-Gens negativ. Während das *tetR*-Gen von den beiden Promotoren P_{R1} und P_{R2} exprimiert werden kann, gibt es für das *tetA*-Gen nur einen Promotor (P_A).

16.3.4 Bypass-Mechanismus

Diese vierte Strategie der Antibiotikum-Resistenz beruht darauf, daß ein durch das Antibiotikum gehemmtes Enzym durch ein Plasmid-codiertes Enyzm ersetzt wird, welches unempfindlich gegenüber dem Antibiotikum ist.

16.3.4.1 Resistenz gegen Sulfonamide

Sulfonamide gelangen durch Diffusion in die Bakterienzelle und hemmen das Wachstum durch kompetitive Hemmung der Dihydropteroat-Synthetase (DHPS). Dieses Enzym katalysiert die Kondensation zwischen p-Aminobenzoesäure und Dihydropteridin. Die Hemmung des Enzyms beruht darauf, daß die Sulfonamide Strukturanaloga der p-Aminobenzoesäure darstellen.

Resistenz gegen Sulfonamide wird durch Plasmid-codierte Enzyme verursacht, die auch in Gegenwart hoher Konzentrationen an Sulfonamiden aktiv sind. Man kennt zwei verschiedene DHPS, die sich bezüglich ihrer Hitzestabilität unterscheiden. Die beiden Gene zeigen keine Homologie untereinander.

Typ I wird u.a. von den IncFII-Plasmiden R1 und R6 und von dem IncW-Plasmid R388 codiert; diese Enzyme sind extrem hitzelabil. Typ II wird u.a. von den Plasmiden RSF1010 und pJP1 codiert und ist hitzestabil.

16.3.4.2 Resistenz gegen Trimethoprim

Trimethoprim hemmt die chromosomal codierte Dihydrofolat-Reduktase (DHFR; reduziert Di- zu Tetrahydrofolat) und ist ein Strukturanalogon des natürlichen Substrats Dihydrofolat. Es bindet 1000fach stärker an die aktive Stelle des Enzyms verglichen mit dem natürlichen Substrat. In der Therapie von bakteriellen Infektionen werden Sulfonamid und Trimethoprim oft gleichzeitig eingesetzt, da sie synergistisch wirken.

Die Plasmid-codierte Resistenz beruht auf einer Trimethoprim-resistenten DHFR-Aktivität. Es sind drei distinkte Enzyme bekannt, die sich aufgrund der Parameter pH-Optimum, Stabilität, Empfindlichkeit gegenüber Inhibitoren, Struktur ihrer Untereinheiten und immunologische Kreuzreaktion unterscheiden.

Typ I wird von Tn*7* (auf R483; zwei identische Untereinheiten mit einer molaren Masse von je 18 kda) und Typ II von den Plasmiden R67 und R751::Tn*402* (vier identische Untereinheiten mit je 8,5 kda) codiert. Beide Enzym-Typen vermitteln eine hohe Trimethoprim-Resistenz (2000 μg/ml); im Gegensatz dazu verleiht der Enzym-Typ III nur eine geringe Resistenz (200 μg/ml).

Literatur

T.J.Foster (1983), Microbiol. Rev. 47, 361-409. Plasmid-determined resistance to antimicrobial drugs and toxic metal ions in bacteria

B.R. Lyon, R. Skurray (1987), Microbiol. Rev. 51, 88-134. Antimicrobial resistance of *Staphylococcus aureus*

17 Plasmid-codierte Schwermetall-Resistenzen

Als Schwermetalle ist eine Gruppe von 40 Elementen mit einer spezifischen Dichte >5 definiert. Viele dieser Elemente sind für das Bakterienwachstum in extrem geringen Konzentrationen essentiell, in höheren Konzentrationen hingegen wirken sie durch Inaktivierung bestimmter Proteine toxisch. Schwermetall-Resistenz ist genetisch determiniert, und die Resistenzgene liegen in der Regel auf Plasmiden. Viele dieser Plasmide sind konjugativ, und eine genauere Analyse solcher Plasmide hat gezeigt, daß viele von ihnen auch Antibiotikum-Resistenzgene enthalten.

Bakterien mit Schwermetall-Resistenzgenen können aus Böden isoliert werden, die mit Schwermetallen kontaminiert sind. Solche Bakterien gehören sowohl den Gram-negativen als auch den Gram-positiven an. Bezüglich der Resistenz-Mechanismen unterscheidet man vier verschiedene Strategien:

(1) Inaktivierung des Schwermetalls; Beispiel Hg

(2) reduzierte Akkumulierung durch erhöhten Efflux; Beispiele As, Sb und Cd

(3) reduzierte Aufnahme; Beispiele Cr und Ag

(4) Bindung an ein Protein; Beispiele Cd und Cu

Zusätzlich können weitere physikalische, chemische und biologische Faktoren die Ausprägung der Metallresistenz beeinflussen.

17.1 Resistenz gegen Quecksilber und organische Quecksilberverbindungen

Die Toxizität von Hg-Ionen beruht auf ihrer Bindung an Sulfhydrylgruppen. Da viele Enzyme kritische Thiolgruppen enthalten, wird durch Bindung von Hg-Ionen ihre enzymatische Aktivität gehemmt.

Die Resistenz gegen Hg-Ionen beruht auf einer enzymatischen Reduktion von Hg^{2+} zu Hg^0. Metallisches Quecksilber ist unlöslich in Wasser und aufgrund seines hohen Dampfdrucks flüchtig. Die Entgiftung der Hg-Ionen beruht zunächst auf ihrer Bindung an ein Transportprotein, welches in der inneren Membran sitzt (Abb.59a). Die Reduktase, ein FAD-enthaltendes Enzym, interagiert mit dem Transportprotein und kann die Hg-Ionen direkt reduzieren. Alternativ kann ein weiteres Protein zunächst die Hg-Ionen binden und ein Addukt bilden (Abb.59b); erst dann erfolgt die Reduktion. Die Entgiftung

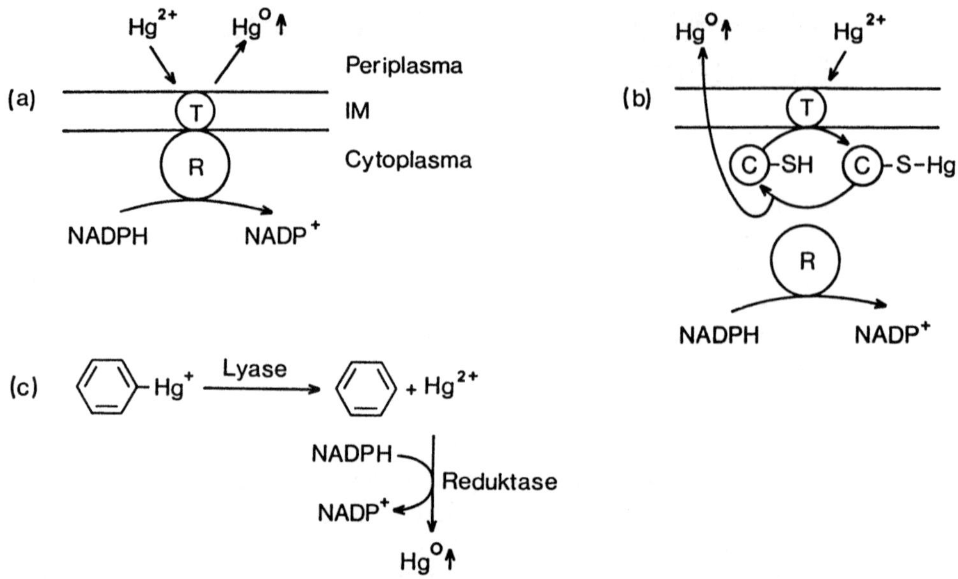

Abb.59. Resistenz-Mechanismen gegen Quecksilber-Ionen. a) Bindung der Hg^{2+}-Ionen an ein Transportprotein (T), welches ein integrales Membranprotein darstellt; anschließend erfolgt direkte Reduktion der Ionen zu flüchtigem metallischen Quecksilber durch eine Reduktase (R). b) Nach der Bindung an ein Transportprotein übernimmt ein weiteres Protein (C) die Hg^{2+}-Ionen, und dann erfolgt die Reduktion. c) Bei organischen Hg-Verbindungen spaltet zunächst eine Lyase die C-Hg-Bindung, dann erfolgt die Reduktion zu metallischem Quecksilber.

organischer Hg-Verbindungen erfolgt durch eine Lyase, die zunächst die C-Hg-Bindung spaltet (Abb.59c).

Bakterienstämme, die nur für eine Reduktase codieren, besitzen ein enges Resistenz-Spektrum, solche, die für eine Reduktase und eine Lyase codieren, ein breites Resistenz-Spektrum.

Bezüglich ihrer genetischen Organisation sind die Quecksilber-Determinanten der Transposons Tn*21* (Teil des Plasmids R100) und Tn*501*, sowie die des Plasmids pDU1358 sequenziert und analysiert. Die Determinanten der beiden Transposons zeigen 85% Homologie auf DNA-Ebene. Die genetische Organisation der drei Determinanten ist in Abb.60 dargestellt.

Das Gen *merR* codiert für einen Regulator (144 Aminosäuren), der auf Aminosäureebene 85% Homologie zwischen allen drei Determinanten aufweist; gegen die Regulatorproteine gerichtete Antikörper zeigen Kreuzkomplementarität. Das Gen *merT* codiert für ein 116 Aminosäuren langes, sehr hydrophobes integrales Membranprotein. Es exponiert zwei Cysteinreste an der

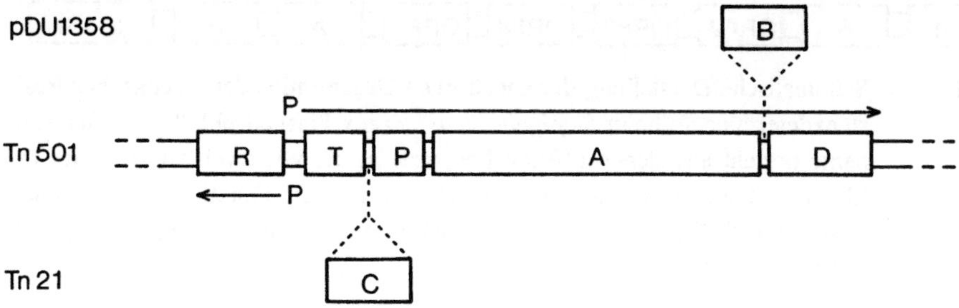

Abb.60. Genetische Organisation der Quecksilber-Resistenzdeterminante dreier Elemente aus Gram-negativen Bakterien. Der zentrale Teil zeigt den Aufbau der Resistenz-Determinante bei dem Transposon Tn*501* mit den Genen ***merC*** (Regulator; 16 kda), ***merT*** (Transportprotein; 12,4 kda), ***merP*** (periplasmatisches Protein; 9,4 kda), ***merA*** (Reduktase; 59 kda) und ***merD*** (unbekannte Funktion; 13 kda). Das Plasmid pDU1358 enthält zusätzlich ***merB*** (Lyase; 23 kda), das Transposon Tn*21* ***merC*** (unbekannte Funktion; 15 kda).

Membranaußenseite und zwei weitere an der Innenseite. Dieses Protein könnte für den Transport der Hg-Ionen verantwortlich sein.

Bei dem *merP*-Produkt handelt es sich um ein 91 Aminosäuren langes periplasmatisches Hg-Bindeprotein mit einem Cysteinpaar, welches Hg-Ionen binden könnte. Das Gen *merC* kommt nur bei R100 vor; aufgrund der Aminosäuresequenz könnte es sich um ein Membranprotein handeln. Seine Funktion ist unbekannt; da es beim Tn*501* und bei dem Plasmid pDU1358 abwesend ist, ist es vermutlich nicht-essentiell.

Die Reduktase wird von dem Gen *merA* codiert; das katalytische Zentrum ist 15 Aminosäuren lang, enthält zwei Cysteine und ist bei allen drei Reduktasen identisch. Die Funktion des *merD*-Gens ist unbekannt. Da es sowohl auf DNA- als auch auf Aminosäureebene signifikante Sequenz-Homologien gibt, könnte es sich hier ebenfalls um ein Regulatorprotein handeln. Das Gen *merB* codiert für eine Lyase und kommt nur bei dem Plasmid pDU1358 vor.

Bei Gram-positiven Bakterien liegen Informationen über die *mer*-Determinante des *Staphylococcus aureus* Plasmids pI258 vor, dessen genetische Struktur in Abb.61 dargestellt ist. Diese Determinante wird von zwei Kopien des Elements IS*431* flankiert und enthält sieben offene Leseraster. Da die Deletion des ORF1 zu einer konstitutiven Expression des *mer*-Operons führt, könnte es sich hier um ein Regulatorgen (*merR*) handeln. ORF2 codiert für ein 135 Aminosäure langes lösliches Protein unbekannter Funktion. Das Produkt des ORF3 ist ein Protein mit potentieller Leader-Sequenz; es könnte exkretiert werden und Hg-Ionen.im Medium binden. Das ORF4-Produkt ist

Abb.61. Schematische Darstellung der genetischen Organisation der Quecksilber-Resistenzdeterminante beim *Staphylococcus aureus* Plasmid pI258. Die Determinante besteht aus sieben offenen Leserastern, die von zwei Kopien eines IS-Elements flankiert werden. Bislang wurden nur die Funktionen der offenen Leseraster (ORF) 1 (*merR* = Regulator), 6 (*merA* = Reduktase) und 7 (*merB* = Lyase) identifiziert.

ein sehr hydrophobes Protein, welches ebenfalls am Transport beteiligt sein könnte. Auch das 128 Aminosäure lange ORF5-Produkt weist eine große zentrale hydrophobe Region auf und könnte daher beim Transport durch die Membran beteiligt sein. Das Gen *merA* codiert für die Reduktase, die insgesamt nur 44% Homologie auf Aminosäureebene mit den Reduktasen aus Gram-negativen Bakterien aufweist, aber >90% Homologie in den Bereichen, von denen man annimmt, daß sie spezifischen Kontakt mit FAD und NADH ausbilden. Somit scheinen essentielle Bereiche dieses Enzyms während der Evolution der Gram-negativen und -positiven Bakterien konserviert worden zu sein. Das Gen *merB* codiert für die Lyase.

Beide Determinanten codieren für eine Reduktase-Untereinheit mit einer molaren Masse von etwa 60 kda, und jede Untereinheit enthält ein gebundenes FAD-Molekül. Während die Tn*501*-codierte aktive Reduktase ein Dimer darstellt, ist die R100-codierte Reduktase ein Trimer.

Hinweise auf ein Hg^{2+}-spezifisches Transportsystem ergaben sich durch den Befund, daß Mutanten mit einem inaktiven Reduktasegen hypersensitiv gegenüber Hg-Ionen sind, also sensitiver als Bakterien ohne Hg-Determinanten. Warum gibt es überhaupt ein Transportsystem für toxische Metallionen? Ein Grund könnte darin bestehen, daß es in Abwesenheit eines Hg-Ionen bindenden Systems zu einer Inaktivierung periplasmatischer und Membran-gebundener Enzyme kommt.

Aufgrund einer genetischen Analyse und aufgrund von Sequenzierungsdaten wurden in der *mer*-Region von R100 und Tn*501* bislang fünf Gene nachgewiesen (Abb.60). Das MerR-Protein ist ein Regulatorprotein, reprimiert seine eigene Synthese, und in Anwesenheit subtoxischer Mengen an Hg^{2+} wirkt es als Aktivator des *mer*-Operons.

17.2 Resistenz gegen Arsen und Antimon

Resistenz gegen Arsenat, Arsenit und Antimon(III) wurde bei *E. coli* und bei *S. aureus* beschrieben und wird durch As^{3+}, As^{5+}, Sb^{3+} und Bi^{3+} induziert.

Der Resistenz-Mechanismus beruht auf einer reduzierten Akkumulierung von Arsenat. Die Aufnahme erfolgt durch die zellulären Systeme für Phosphat-Transport, dem Pit-System (geringe Affinität für Phosphat) und dem Pst-System (hohe Affinität). Die Anwesenheit eines Resistenzplasmids ändert nicht die kinetischen Parameter der zellulären Phosphat-Transportsysteme, sondern es beschleunigt einen Energie-abhängigen Efflux. Dieser Efflux für Arsenat beruht auf einem ATPase-Transportsystem, welches aber kein Phosphat exkretieren kann.

Arsenationen sind Phosphat-Analoga und hemmen dadurch Enyzme wie Kinasen. Außerdem hydrolysieren arsenylierte Zucker spontan, was zu einem Verlust an freier Energie während der Glykolyse führt.

Eine genetische und biochemische Analyse des Resistenzmechanismus am *ars*-Operon von R773 führte zur Identifizierung der drei Strukturgene *arsA*, *arsB*, und *arsC*. Während das ArsA-Protein (583 Aminosäuren) Membran-assoziiert ist, handelt es sich bei dem ArsB-Protein (429 Amonosäuren) um ein integrales Membranprotein. Das ArsC-Protein (141 Aminosäuren) bestimmt die Substratspezifität. Inaktivierung dieses Gens führt zum Verlust der Arsenat-Resistenz, während die gegen Arsenit und Antimon(III) erhalten bleibt.

Die *arsA*-Sequenz entstand vermutlich durch Verdoppelung einer etwa 900-bp-DNA-Sequenz; die erste Hälfte des Gens zeigt auf DNA-Ebene 44% und auf Aminosäure-Ebene 25% Identität mit der zweiten Hälfte. Beide Teile enthalten ATP-Bindungssequenzen, die Homologie mit vielen chromosomal-codierten ATPasen aufweisen. Daher entspricht dieses Protein vermutlich der für den Efflux verantwortlichen ATPase. Dies wurde durch die Reinigung des ArsA-Proteins und seine biochemische Charakterisierung bestätigt. Es bindet ATP, und die ATPase-Aktivität wird durch Arsenit stimuliert.

17.3 Resistenz gegen Tellur

Tellur-Verbindungen kommen in der Film- und Gummi-Industrie und bei der Herstellung von Batterien zur Anwendung. Außerdem sind sie im menschlichen Körper nachweisbar. K_2TeO_3 ist für die meisten Mikroorganismen toxisch, und hier besonders für Gram-negative Bakterien, vermutlich aufgrund der starken oxidativen Fähigkeit.

Einige Gram-positive Bakterien einschließlich *Corynebacterium diphtheriae*, *Streptococcus faecalis* und die meisten Stämme von *S. aureus* sind natürlicherweise resistent gegen Kaliumtellurit. Wachsen diese Bakterien auf einem Medium, welches Tellurit enthält, dann bilden sie schwarze Kolonien. Eine elektronenmikroskopische Analyse hat gezeigt, daß diese Bakterien intrazelluläre Kristalle, die aus metallischem Tellur bestehen, enthalten.

E. coli nimmt vermutlich Tellurit über eines der Transportsysteme für Phosphat auf, und nicht-plasmidale Tellurit-Resistenz könnte auf einem Defekt im Phosphat-Transport beruhen.

Aus einem *Alcaligenes*-Plasmid wurde eine Resistenzdeterminante auf einem 3,6-kb-Fragment isoliert und sequenziert. Die fünf offenen Leseraster codieren für Proteine einer molaren Masse von 41 kda (ORF1), 15,5 kda (ORF2), 38,2 kda (ORF3), 22 kda (ORF4) und 23 kda (ORF5).

Das Plasmid RP4 codiert für eine kryptische Tellur-Resistenz, die auf dem 4,5-kb-Transposon Tn*521* liegt (siehe Abschnitt 9.1.2), und die zur Resistenz mutieren kann.

17.4 Resistenz gegen Cadmium

Hier hat man sechs verschiedene Resistenz-Mechanismen gefunden:

(1) Das *cadA*-System beruht auf einem Efflux von Cd^{2+}- und Zn^{2+}-Ionen.

(2) Das *cadB*-System führt zu einer Bindung der Cd^{2+}-Ionen an ein Resistenzprotein.

(3) Das dritte System bewirkt ebenfalls einen Cd^{2+}-, aber keinen Zn^{2+}-Efflux.

(4) Das vierte System ist durch eine chromosomale Mutante bei *B. subtilis* charakterisiert, die zu einer Änderung im Transportsystem für Mn^{2+} führt.

(5) Synthese eines Cd^{2+}-bindenden Proteins.

(6) Ein 9,1-kb-Fragment aus einem *A. eutrophus* Plasmid verleiht gleichzeitig Resistenz gegen Cd^{2+}, Zn^{2+} und Co^{2+}. Der Mechanismus ist unbekannt.

Das *cadA*-Resistenzsystem der *Staphylococcus aureus* Plasmide ist auf eine bestimmte Gruppe von Plasmiden Gram-positiver Bakterien beschränkt. Cd^{2+}-Ionen gelangen über das chromosomal-codierte Mn^{2+}-Transportsystem in *S. aureus*. Für den Efflux ist das *cadA*-Produkt (727 Aminosäuren) verantwortlich. Es gehört zur Klasse der E1E2-Kationen-translozierenden ATPasen und ist somit ein integrales Membranprotein.

17.5 Resistenz gegen Kupfer

Der Resistenz-Mechanismus beruht wahrscheinlich auf einer Bindung der Kupfer-Ionen an Proteine. Dies wurde aus der Beobachtung gefolgert, daß

Bakterien in Gegenwart hoher Cu-Konzentrationen blau werden. Cu-Ionen hemmen bei *E. coli* die Atmungskette.

Kupfer-resistente Bakterien wurden aus Schweinen isoliert, die mit Kupfersulfat als Wachstumsstimulans gefüttert wurden (*E. coli*) und aus Pflanzen, die mit Kupfer als antibiotischem Agens behandelt wurden (*P. syringae*).

Eine Kupfer-Resistenzdeterminante wurde aus *P. syringae* kloniert und sequenziert. Sie besteht aus vier offenen Leserastern, von denen die ersten beiden für die Ausprägung der Kupfer-Resistenz essentiell sind. Die Proteine der ersten beiden ORFs enthalten das Protein-Octamer Asp-His-Gly/Ser-X-Met-X-X-Met vier- bzw. fünfmal. Hierbei könnte es sich um die Bindungsstellen für Kupfer handeln.

17.6 Resistenz gegen Silber

Silbersalze fallen bei der industriellen Produktion (Silberbergwerke, photographische Filme) und im Krankenhaus (Behandlung von Verbrennungen mit Silbersalzen als antimikrobielles Agens) an. Der Resistenzmechanismus beruht auf einer auf der Zelloberfläche der Bakterien lokalisierten Funktion, die die Bioakkumulation von unlöslichen Silbersalzen verhindert. Dieser Mechanismus verhindert aber nicht die Aufnahme löslicher Silbersalze.

Zur Wirkungsweise der Silbersalze ist anzumerken, daß sie mit der Atmung und mit Zelloberflächenfunktionen interferieren.

17.7 Weitere Schwermetall-Resistenzen

Neben den bislang beschriebenen Resistenzen sind weitere Schwermetall-Resistenzen in der Literatur erwähnt: Molybdän, Chrom, Thallium, Wolfram, Uran, Plutonium, Bismut, Bor, Cobalt, Blei und Nickel.

Resistenz gegen Chromat beruht auf einer reduzierten Aufnahme; auf einen Efflux gibt es bislang keine Hinweise. Die Aufnahme erfolgt über das Sulfat-Transportsystem.

Resistenz gegen Blei beruht auf einer Immobilisierung der Blei-Ionen durch Einlagerung in die Zellwand und in die Membran. Diese Bioakkumulierung führt zu einer Anreicherung in der Nahrungskette.

Literatur

J.T.Trevors et al. (1985), FEMS Microbiol. Rev. 32, 39-54. Metal resistance in bacteria

S. Silver, T.K. Misra (1988), Ann. Rev. Microbiol. 42, 717-743. Plasmid-mediated heavy metal resistances

S. Silver, G. Nucifora, L. Chu, T.K. Misra (1989), Trends in Biochem. 14, 76-80. Bacterial resistance ATPases: primary pumps for exporting toxic cations and anions

18 Weitere Plasmid-codierte Eigenschaften

18.1 Sym-Plasmide bei Rhizobien

Bakterien der Gattung *Rhizobium* sind in der Lage, in symbiontischer Assoziation mit Leguminosen atmosphärischen Stickstoff zu fixieren. Die Ausbildung dieser Symbiose ist ein komplexer, vielstufiger Prozeß, der die Induktion mehrerer Rhizobien-Gene verlangt. Die meisten dieser Gene wurden auf großen Plasmiden lokalisiert, die Symbiose-Plasmide (pSym) genannt wurden. Ihre Größe bewegt sich zwischen 180 kb (bei *R. trifolii*) und 1600 kb (*R. meliloti*). Die Anzahl der pSym-codierenden Gene, die für die Ausbildung der Stickstoff-fixierenden Symbiose notwendig sind, ist bislang unbekannt. Neue Gene und sogar neue Regionen, die für die Stickstoff-Fixierung essentiell sind, werden laufend entdeckt.

pSym-Plasmide enthalten drei Gruppen von Genen, deren Produkte an der Stickstoff-Fixierung beteiligt sind: *nif-*, *fix-* und *nod*-Gene. *Nif*-Gene wurden zuerst bei *Klebsiella pneumoniae*, einem frei-lebenden, Stickstoff-fixierenden Bakterium, entdeckt. Bislang kennt man 17 *nif*-Gene, die in acht Transkriptionseinheiten organisiert sind. Bei den verschiedenen Rhizobien-Stämmen hat man folgende *nif*-homologen Gene nachgewiesen: *nifHDK*, *nifA*, *nifB*, *nifE* und *nifN*.

Zusätzlich zu diesen *nif*-Genen enthalten die Rhizobien weitere für die Stickstoff-Fixierung notwendige Gene, die als *fix*-Gene bezeichnet werden. In verschiedenen Spezies von *Rhizobium* enthalten die pSym-Plasmide funktionelle Wiederholungen der *nif-* und *fix*-Gene.

Die etwa zehn verschiedenen *nod*-Gene sind für die Knöllchen-Bildung verantwortlich. Ihre Expression wird durch Ausscheidungen der Pflanzenwurzeln induziert und verlangt das Produkt des *nodD*-Gens. Als induzierende Faktoren wurden bestimmte Flavonoide identifiziert. Ein kommerziell erhältliches Flavonoid, Naringenin genannt, verursacht eine effiziente Induk-

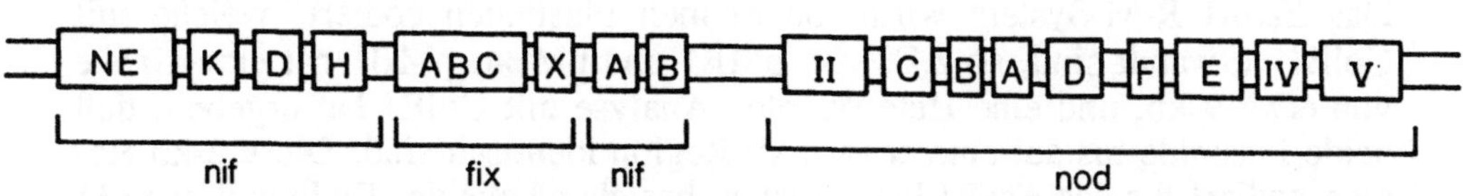

Abb.62. Lage der für die Stickstoff-Fixierung notwendigen Gene auf dem *Rhizobium meliloti* Plasmid pRt843a. Diese Gene werden in drei Gruppen eingeteilt: *nif*, *fix* und *nod*.

tion der *nod*-Promotoren und wird daher zur Analyse der Genregulation der *nod*-Gene verwendet.

Abb.62 zeigt einen Ausschnitt aus dem *R. trifolii* Plasmid pRt843a mit der Lage der für die Stickstoff-Fixierung notwendigen, bislang identifizierten Gene.

Nach Infektion von *Medicago sativa* mit einem bestimmten *Rhizobium-meliloti*-Stamm kann in den Knöllchen eine Opin-ähnliche Substanz nachgewiesen werden, die als L-3-O-Methyl-scyllo-inosamin (3-O-MSI) identifiziert wurde. Die Synthese dieser Substanz, die den übergeordneten Begriff Rhizopin erhalten hat, um sie von den *Agrobacterium*-codierten Opinen zu unterscheiden, steht unter der Kontrolle der *mos*-Gene, während der Katabolismus von 3-O-MSI von den *moc*-Genen codiert wird. Beide Loci sind eng gekoppelt, was auf eine Koevolution hinweist. Der Promotor des *mos*-Locus wird durch das *nifA*-Produkt reguliert. Diese koordinierte Regulation der *mos*- und *nif*-Gene läßt vermuten, daß der *mos*-Locus eine wichtige Rolle bei der Symbiose spielt. Die Bildung von Rhizopin könnte ein Überleben des bakteriellen Partners in der Symbiose erhöhen.

18.2 Restriktions- und Modifikationssyteme

Restriktions- und Modifikationssysteme (R-M-Systeme) bestehen aus zwei enzymatischen Aktivitäten, die an der gleichen DNA-Sequenz aktiv sind: eine endonucleolytische Aktivität und eine Methyltransferase-Aktivität, die Adenin in der N-6- oder Cytosin meist in der N-5- und selten in der N-4-Position methyliert. Diese Adenin- und Cytosinreste sind Teil der Erkennungssequenz des jeweiligen R-M-Systems. Die Endonuclease hydrolysiert nur solche DNA-Moleküle, in denen die Erkennungssequenz nicht die korrekte Methylierung enthält. R-M-Systeme sind bei Bakterien weit verbreitet und schützen diese vor eindringender fremder DNA, indem sie diese abbauen. Sie werden daher auch als "Immunsystem" der Bakterien bezeichnet.

R-M-Systeme sind meist chromosomal, gelegentlich aber auch plasmidal codiert. Folgende R-M-Systeme konnten auf Plasmiden lokalisiert werden: *Eco*RI, *Eco*RII, *Eco*RV, *Pvu*II und *Pae*R7.

Das *Eco*RI R-M-System wird von kleinen Plasmiden codiert, welche mit ColE1 verwandt sind, so z.B. von pMB1 und pMB4. pMB1 hat eine Größe von etwa 9 kb, und eine Heteroduplex-Analyse mit ColE1 hat ergeben, daß beide Plasmide bis auf eine etwa 2-kb-Region identisch sind. Diese 2-kb-Region codiert für das *Eco*RI R-M-System bestehend aus der Endonuclease (31 kda) und der Methylase (38 kda). Das Plasmid pMB4 (11,5 kb) codiert nicht für Colicin, sondern für Ampicillin-Resistenz. Die R-M-Systeme beider Plasmide wurde sequenziert und sind vollkommen identisch.

Das *Eco*RII R-M-System wird von dem Plasmid N3 codiert, welches außerdem Resistenzdeterminanten für Tetracyclin, Streptomycin und Sulfonamide enthält. Das Plasmid pLB1 (6,2 kb) codiert für das *Eco*RV R-M-System, und die beiden Gene (Endonuclease: 29 kda; Methylase: 35 kda) werden von einer 310-bp-Region divergent transkribiert.

Das Plasmid pPvu1 (4,84 kb) codiert für das *Pvu*II R-M-System; auch hier sind beide Gene benachbart und werden divergent transkribiert. Das *Pae*R7 System liegt auf dem Plasmid pMG7 (42 kb); hier sind beide Gene in einem Operon angeordnet. Die Endonuclease hat eine molare Masse von 27 280 da, die der Methylase beträgt 59 260 da.

18.3 Plasmid-codierte Resistenz gegen DNA-Schäden

Eine weitere Gruppe von Plasmiden verleiht den Wirtszellen einen erhöhten Schutz gegenüber der letalen Wirkung von UV-Licht und verschiedenen alkylierenden Chemikalien. Dieser Schutzmechanismus ist allerdings mit einer erhöhten Mutationsrate verbunden. Der Schutzmechanismus soll am Beispiel des *Pseudomonas-aeruginosa*-Plasmids pMG2 verdeutlicht werden, welches u.a. für Resistenz gegen Gentamycin, Streptomycin, Sulfonamide und Quecksilber codiert.

Wie aus Tabelle 15 ersichtlich, codiert dieses Plasmid zusätzlich für Funktionen, die die Frequenz der Überlebenden des Stammes PAOI nach UV-Bestrahlung um den Faktor 50 erhöht. Bei Behandlung der Bakterien mit den alkylierenden Substanzen Methylmethansulfonat oder Nitrosoguanidin erhöht sich die Anzahl der Überlebenden um den Faktor zwei. Der Schutzmechanismus beruht auf der Synthese einer neuen Polymerase-Aktivität.

Tabelle 15. Einfluß des Plasmids pMG2 auf das Überleben des P.-aeruginosa-Stammes PAOI nach Behandlung mit UV und alkylierenden Substanzen

		Überlebende (%)		
Stamm	Plasmid	UV-Dosis[a]	MMS[b]	NG[c]
PAOI	-	<1	40	35
PAOI	pMG2	50	80	70

a, 60 Jxm^{-2}; b, Methylmethansulfonat 0.4%, 30 min; c, Nitrosoguanidin 20 µg/ml, 30 min

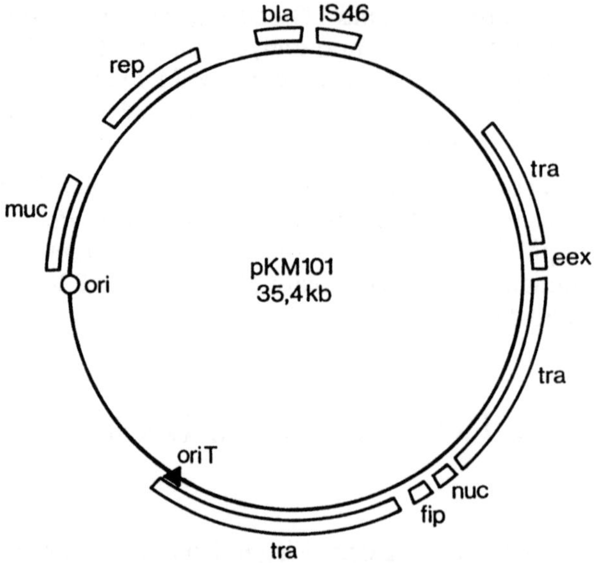

Abb.63. Physikalische und genetische Karte des Plasmids pKM101. Die Abkürzungen bedeuten folgendes: *bla*, β-Lactamase; IS*46*, Insertionselement; *tra*, Transfergene; *eex*, entry exclusion (verhindert ein Eindringen einer weiteren Kopie von pKM101 in eine Bakterienzelle); *nuc*, periplasmatische Endonuclease; *fip*, fertility inhibition von IncP-Plasmiden (hemmt den Transfer von Plasmiden der IncP-Gruppe); *muc*, Resistenz gegen DNA-Schäden; *oriT*, Ursprung des Plasmidtransfers; *ori*, Replikationsursprung.

Das bestuntersuchte Plasmid aus dieser Gruppe ist das 35,4 kb große konjugative IncN-Plasmid pKM101. Es stellt ein spontanes Deletionsderivat des R-Faktors R64 (klinisches Isolat) dar und ist aus diesem durch eine 14-kb-Deletion hervorgegangen. Diese Deletion ist vermutlich durch die Insertionssequenz IS*46* entstanden und hat zum Verlust der R64-codierten Antibiotika- und Schwermetall-Resistenzen mit Ausnahme der Ampicillin-Resistenz geführt. Die genetische Organisation dieses Plasmids ist gut untersucht und hat z.B. erbracht, daß die *tra*-Gene auf drei Regionen mit jeweils 3 bis 4 kb Länge verteilt sind (Abb.63); bislang wurden elf Komplementationsgruppen identifiziert. Weitere Gene und deren Produkte sind der Legende zu Abb.63 zu entnehmen.

Die am besten untersuchten Gene von pKM101 sind die Gene *mucA* und *mucB*, die in einem gemeinsamen Operon liegen. Sie allein sind für die Plasmid-codierte Resistenz gegen DNA-Schäden verantwortlich. Beide Gene können Mutationen in den chromosomalen *E.-coli*-Genen *umuDC* komplementieren, und die Expression der beiden Operons wird durch den LexA-Repressor negativ reguliert. Ein Vergleich der Sequenzen der Gene *mucAB* mit denen von *umuDC* ergab eine Homologie von etwa 50%. Ein höherer Homologiegrad zeigt die C-terminale Domäne des MucA-Proteins mit der der Proteine UmuC, LexA und den Repressoren der Phagen Lambda, 434 und P22. Allen diesen Proteinen ist gemeinsam, daß sie von dem aktivierten RecA-Protein gespalten werden.

Trifft dies auch für das MucA-Protein zu? Ein direkter biochemischer Beweis liegt noch nicht vor, aber folgendes Experiment stützt diese Hypothese. Innerhalb des Homologiebereichs gibt es eine potentielle RecA-Spaltstelle Ala-Gly. Nach Austausch des Gly- gegen einen Glu-Rest konnte das *mucAB*-Operon nicht mehr aktiviert werden.

Zusammenfassend ist festzustellen, daß Plasmid-codierte Resistenz gegen DNA-Schäden auf der Synthese von Reparaturenzymen beruht.

18.4 BT-Toxine

Bacillus thuringiensis ist ein typisches Bodenbakterium, das sich von den nahe verwandten Spezies *B. cereus* und *B. anthracis* durch die Ausbildung von großen Einschlußkörpern unterscheidet, die gewöhnlich 2-3 Stunden nach Beendigung der exponentiellen Wachstumsphase, d.h. nach Bildung des Vorsporen-Septums, synthetisiert werden. Diese Einschlußkörper besitzen insektizide Wirkung. Das erste Bakterium dieser Gruppe wurde 1901 von S. Ishiwata aus einer toten Seidenraupenlarve isoliert und wurde zunächst *B. sotto* und wird in der heutigen Nomenklatur *B. thuringiensis* subsp. *sotto* genannt. Die Bezeichnung *B. thuringiensis* (abgekürzt BT) stammt von E. Berliner, der solche Bakterien 1911 aus toten Mehlmottenraupen isolierte.

BT produziert verschiedene Toxine: α-Exotoxin (hitzelabiles Exotoxin; wahrscheinlich Lecithinase C), β-Exotoxin (hitzestabiles Exotoxin; Adeninnucleotid, welches die RNA-Synthese bei Insekten und einigen Vertebraten hemmt) und δ-Endotoxin (kristallines Protein). Während α- und β-Exotoxin für viele Insektengruppen toxisch wirken, haben die δ-Endotoxine einen engen Wirtsbereich. Alle BT-Subspezies enthalten Plasmide, die für die Bildung der δ-Endotoxine codieren. Wie aus Tabelle 16 hervorgeht, schwankt die Anzahl der Plasmide pro Subspezies zwischen 2 und 12 mit einer Größe von 2,2 bis 220 kb. Daß Plasmide die Toxin-Determinanten enthalten, wurde durch Kurieren der Plasmide (Zellen zeigen einen Cry^--Phänotyp = kristallnegativ) und durch Übertragung der Plasmide in Stämme, die kein δ-Endotoxin produzieren, und die dann als Transkonjuganten einen Cry^+-Phänotyp zeigen. Diese Experimente ergaben außerdem, daß die Plasmide mit den Toxin-Determinanten eine Größe von 66-200 kb aufweisen.

Die Toxine werden als Protoxine in den Bakterien synthetisiert und entweder als definierte Kristalle oder als amorphe Partikel gelagert. Nach Aufnahme

Tabelle 16. Eigenschaften von BT-Toxinen, die gegen vier Insektengruppen gerichtet sind

	Lepidopteren	Dipteren	Mosquito-Faktor	Coleopteren
Kristallform	bipyramidal	amorph	kubisch	quadratisch,flach
Anzahl der Polypeptide	1-3	3	1	1
molare Masse der Proteine (kda)	130-160	130,65,27	65	64
Bezeichnung der Subspezies	viele	israelensis thuringiensis kenyae tolworthi	kurstaki	tenebrionis

der Bakterien oder ihrer Sporen durch Insektenlarven (*Lepidoptera, Diptera, Coleoptera*) kommt es innerhalb von Minuten zu einer Lähmung der Mundwerkzeuge und des Darmes und dadurch zu keiner weiteren Nahrungsaufnahme. Diese Reaktionen werden durch das Protoxin ausgelöst. Im alkalischen Milieu des mittleren Darmtraktes wird das Protoxin zunächst gelöst und dann durch anwesende Proteasen in aktives Toxin umgewandelt, das an Rezeptoren der Epithelzellen bindet. Die weiteren Symptome sind ein Anschwellen der Microvilli und der Epithelzellen, Veränderungen im endoplasmatischen Retikulum und in den Mitochondrien, eine Unterbrechung des Ionen- und Glucose-Transports und der Sauerstoffaufnahme, ein Verlust von ATP aus den Darmzellen, ein Ablösen dieser Zellen von der Basalmembran und ihr Aufplatzen in das Lumen des Darmes. Als Rezeptoren für die Toxine fungieren Glycoproteine oder Phospholipide.

Die große Anzahl von natürlichen BT-Stämmen wird aufgrund ihrer Flagellen-Antigene, der immunologischen Eigenschaften der δ-Endotoxine und der insektiziden Aktivitäten unterschieden. Aufgrund ihrer Flagellen-Serotypen unterscheidet man 21 verschiedene BT-Subspezies. Diese Subspezies können aufgrund der Insektengruppe, für die sie toxisch sind, in vier Gruppen eingeteilt werden (Tabelle 16).

Die Synthese der BT-Protoxine beginnt im Stadium II oder III der Sporulation, und die Einschlußkörper können die Größe der Spore erreichen. Dies bedeutet, daß 30-40% der Synthesekapazität der Bakterienzelle zur Translation der BT-Protoxine benötigt wird. Daraus wiederum folgt, daß die Toxingene über Regulationssignale verfügen müssen, die die Produktion des Protoxins zu einem definierten Zeitpunkt und in den erforderlichen Mengen gewährleisten. Nach Übertragung von Protoxin-codierenden Plasmiden in *E. coli* wurde dort nur 1% und in *B. subtilis* auch nur 10% der Mengen des Ausgangsstammes synthetisiert. Über die Regulation der Expression der Protoxingene ist noch wenig bekannt. Es gibt Hinweise, daß Plasmide, die keine Protoxin-Determinanten enthalten, an der Regulation der Protoxin-Synthese beteiligt sind.

Protoxingene wurden in den meisten Fällen auf Plasmiden größer 45 kb lokalisiert; es gibt aber auch Beispiele für chromosomal codierte Protoxine und für mehr als ein Gen pro Subspezies auf verschiedenen Plasmiden. Manche Protoxingene werden von IS-Elementen flankiert, die an einer Verbreitung dieser Gene mittels Transposition beteiligt sein könnten.

Was könnte die biologische Bedeutung der ökologischen Nische Insektenlarve für BT sein? Da die Bakterien sich in der Hämolymphe ihrer Wirte ausgezeichnet vermehren und dort zu hohen Zelldichten heranwachsen, könnte unter diesen Bedingungen die Möglichkeit zu einem genetischen Austausch gegeben sein, eine Möglichkeit, die im Boden aufgrund der geringen Zelldichte nicht gegeben ist.

Kommerzielle Präparationen von BT, in den USA mit Dipel, in der Schweiz mit Turicid und in der UdSSR mit Entomobatin und Dendrobacillin bezeichnet, werden seit vielen Jahren als mikrobielles Insektizid zur Bekämpfung von Lepidopteren und Dipteren eingesetzt. Diese Stämme produzieren kein β-Exotoxin mehr, welches für einige Vertebraten toxisch wirkt. 1986 waren in den USA 410 registrierte BT-Stämme zum Einsatz gegen Insekten zugelassen. Die δ-Endotoxine zeigen ein hohe Spezifität für bestimmte Insektenlarven, haben keinen bekannten Einfluß auf andere Organismen und sind biologisch abbaubar.

Literatur

A.I. Aronson, W. Beckman, P. Dunn (1986), Microbiol. Rev. 50, 1-24. *Bacillus thringiensis* and related insect pathogens

H.R. Whiteley, H.E. Schnepf (1986), Ann. Rev. Microbiol. 40, 549-576. The molecular biology of parasporal crystal body formation in *Bacillus thuringiensis*

H. Hoefke, H.R. Whiteley (1989), Microbiol. Rev. 53, 242-255

19 Evolution der Plasmide

Plasmide kommen bei sehr vielen, vermutlich bei allen Bakterienspezies vor. Allerdings kann man von jeder Spezies auch Plasmid-freie Bakterien isolieren (entweder direkt aus der Natur oder durch Kurieren des Plasmids; Ausnahmen stellen die Bakterien dar, in denen ein Kurieren von Megaplasmiden bislang nicht gelungen ist). Dieser Befund läßt auf eine enge Assoziation zwischen Bakterien und Plasmiden schließen, die oft auch als Symbiose bezeichnet wird. Das Plasmid stellt Genprodukte zur Verfügung, die der Bakterienzelle ein Überleben durch die Verfügbarmachung bestimmter Substrate oder ein Überleben überhaupt ermöglichen.

Diese Zusammenhänge scheinen relativ verständlich, weniger einfach sind Antworten auf Fragen nach der Entstehung der Plasmide und nach den Mechanismen zu finden, die eine stabile Etablierung in einer bakteriellen Population bewirken. Wenden wir uns daher im folgenden Abschnitt zunächst der Frage nach der möglichen Entstehung autonom replizierender Einheiten und der Kontrolle ihrer Replikation zu.

19.1 Möglichkeiten der Entstehung autonom replizierender Plasmide

Wie sind Plasmide entstanden? Die minimale Voraussetzung für ein Plasmid ist ein Replikationsursprung (*ori*), eine Region von einigen Hundert Basenpaaren, an der die Replikation uni- oder bidirektional startet. Ein Beispiel für ein solches "einfaches" Plasmid ist ColE1 (siehe Abschnitt 5.2). Es benötigt keine Plasmid-codierte Funktion zur Replikation und ist daher vollständig von Wirtsproteinen abhängig. Viele Plasmid-*oris* sind dadurch identifiziert und isoliert worden, daß die DNA mit Restriktionsenzymen in kleine Fragmente zerlegt wurde, diese mit einem Markergen ligiert und dann in einen geeigneten Bakterienstamm transformiert wurden (siehe Abschnitt 5.1).

Wie könnten plasmidale *oris* entstanden sein? Zwei Wege sind denkbar. Zum einen können sie sich *de novo* gebildet haben, zum anderen aus chromosomalen oder viralen *oris* hervorgegangen sein. Da es über die *De-novo*-Entstehung eines *ori* bislang keine konkreten Vorstellungen gibt, soll an dieser Stelle auch nicht darüber spekuliert werden.

Wie kann man sich die Entstehung eines Plasmid-*ori* (und damit eines Plasmids) z.B. aus einem chromosomalen vorstellen? Mindestens zwei verschiedene Wege sind denkbar. Viele transponierbare Elemente sind zur Kotransposition befähigt. Unter Kotransposition versteht man die Übertragung von

DNA, z.B. chromosomaler DNA, durch zwei Kopien eines mobilen Elements, die dann die fremde DNA flankieren. Zusammengesetzte Transposons (siehe Abschnitt 16.1) sind vermutlich durch einen solchen Prozeß entstanden, den man experimentell nachvollziehen kann. Flankieren nun zwei solcher Kopien einen *ori*, dann kann es beim Transpositionsprozeß zur Ausbildung einer zirkularen Struktur, z.B. durch Rekombination zwischen den beiden Kopien des Elements, kommen. Da die so entstandene zirkulare Struktur einen *ori* enthält, kann sie auch repliziert werden. Allerdings taucht sofort das Problem der Inkompatibilität (siehe Kapitel 8) auf. Hier gibt es zwei Überlebensstrategien: Etablierung einer Inkompatibilitäts-Mutante oder Mobilisierung in eine andere Spezies.

Die zweite Möglichkeit der Entstehung einer Plasmidstruktur aus einem chromosomalen *ori* benötigt einen *oriT* in der Nähe eines vegetativen *ori* und Transfer-Funktionen. Letztere katalysieren die Übertragung von chromosomaler DNA einschließlich des *ori* in eine andere Bakterienspezies, in der es nicht zur Rekombination mit dem Chromosom der Wirtszelle, sondern zur Zirkularisierung kommt. Ausgehend von einem *E.-coli*-Hfr-Stamm mit einem in der Nähe des *ori* integrierten F-Faktors ist über den Mechanismus des ungenauen Ausschneidens, der zur Entstehung eines F'-Faktors führt (siehe Abschnitt 3.1.1.2), bei dem der *ori* des F-Faktors durch den *oriC* des *E.-coli*-Chromosoms ersetzt ist, vorstellbar.

Da erst wenige bakterielle und nicht mehr als ein paar Dutzend plasmidale *oris* in ihrer Primärsequenz aufgeklärt sind, kann die Entstehung eines plasmidalen aus einem chromosomalen zum jetzigen Zeitpunkt nicht belegt werden.

Ein *ori* allein gewährleistet noch keine stabile Replikation, diese muß durch mindestens ein plasmidales Genprodukt reguliert werden können. Dieses Genprodukt reguliert die Initiation der Replikation und stellt im einfachsten Fall ein RNA-Molekül dar, welches im Fall von ColE1 die Verfügbarkeit eines Primer-Moleküls reguliert (siehe Abschnitt 6.2.1)

Viele Plasmide kontrollieren die Initiation der Replikation mittels eines Proteins, welches als Aktivator fungiert. Da der *ori* und das Aktivatorgen häufig benachbart sind, könnten beide Elemente en bloc aus einer chromosomalen DNA "ausgeschert" sein. Beim *E.-coli*-Chromosom sind der *oriC* und das *dnaA*-Gen, welches eine essentielle Rolle bei der Initiation der Replikation spielt, unmittelbar benachbart.

Soviel zur möglichen Entstehung von Plasmiden aus einem chromosomalen *ori*. Ähnliche Mechanismen sind natürlich auch für die Requirierung eines viralen *ori* denkbar. Allerdings wäre ein Plasmid, das nur aus einem *ori* und einem Regulatorgen besteht, nicht in einer bakteriellen Population etablierbar. Das Plasmid muß zusätzlich für einen Mechanismus codieren, der eine relative Stabilität in einer bakteriellen Population gewährleistet.

19.2 Das Problem der Stabilität

Zwei unterschiedliche Beobachtungen müssen auf einen gemeinsamen Nenner gebracht werden. Die eine Beobachtung besagt, daß die meisten Plasmide instabil sind. Als Beispiel sollen hier die R-Faktoren angeführt werden, die rasch aus der Darmflora eines Menschen verschwinden (oder die sie enthaltenden Bakterien), wenn dieser nicht mehr mit Antibiotika therapiert wird. Als plausible Erklärung wird die "excess baggage"-Hypothese angeführt, die davon ausgeht, daß die Fitness eines Wirtsbakteriums mit Plasmid gegenüber einem solchen ohne Plasmid reduziert ist. Fitness ist hier definiert als das Durchsetzungsvermögen eines Bakterienstammes über einen anderen, wenn beide gemeinsam in einem Chemostaten in einem synthetischen Medium (bestehend aus anorganischen Salzen) mit einer limitierten Glucosemenge inkubiert werden.

Die gegenteilige Beobachtung lautet, daß Plasmide nicht so instabil sind, daß sie völlig verschwinden. Wie sind diese beiden widersprüchlichen Beobachtungen zu vereinbaren? Gibt es in einer bakteriellen Population einige wenige Bakterien, die die Plasmide absolut stabil vererben und daher als Reservoir für die Plasmide dienen?

Ein 1988 publiziertes Experiment ist mit einer solchen Reservoir-Hypothese vereinbar. Das mit *In-vitro*-Methoden konstruierte Derivat pACYC184 des kryptischen, nicht-konjugativen Plasmids p15A ist in Anwesenheit von selektivem Druck relativ instabil. Dieses Plasmid wurde in einen *E.-coli*-B-Stamm transformiert und über etwa 500 Generationen in Anwesenheit von selektivem Druck vermehrt. Dann konnte ein Stamm isoliert werden, der pACYC184 auch in Abwesenheit von selektivem Druck stabil vermehrt, und bei diesem ist zusätzlich die Fitness erhöht. Dieser Stamm hatte mindestens eine chromosomale Mutation erworben. Der der Stabilisierung zugrundeliegende Mechanismus ist unbekannt. Dieses Beispiel zeigt aber, daß instabile Plasmide durch einen Adaptationsprozeß der Wirtszelle stabilisiert werden können, eine Erkenntnis, die auch für die Anwendung von rekombinanten Plasmiden in der Gentechnik von Bedeutung ist.

Eine weitere Beobachtung besagt, daß praktisch jedes Plasmid in das Bakterienchromosom integriert werden kann. Dies eröffnet die Möglichkeit der stabilen Vererbung als Teil des bakteriellen Chromosoms. Weitere, bislang unentdeckte Möglichkeiten der stabilen Vererbung in einigen wenigen, ausgesuchten Bakterien einer Population können nicht ausgeschlossen werden.

Diese Beispiele illustrieren bislang noch unbekannte Mechanismen, die von der Wirtszelle entwickelt wurden, um stabile Vererbung von Plasmiden zu gewährleisten. Umgekehrt ist es natürlich auch denkbar, daß die Plasmide selbst für einen solchen Mechanismus codieren. Gerade die Plasmide mit einer niedrigen Kopienzahl sind von einer Segregations-Instabilität besonders betroffen. Falls diese Stabilität nicht durch die Wirtszelle gewährleistet ist, müssen sie eine Überlebensstrategie entwickelt haben, die die stabile Weitergabe an die beiden Tochterzellen (vertikaler Transfer) bei der Zellteilung gewährleistet (Segregations-Strategie). Mechanismen dieser Segregations-Strategie wurden erst bei einigen wenigen Plasmiden untersucht (siehe Abschnitte 7.2, 7.3 und 7.4). Plasmide mit hoher Kopienzahl können darauf hoffen, daß die zufällige Verteilung der Plasmidkopien auf die beiden Tochterzellen ausreicht, um ihre stabile Vererbung in einer Bakterienpopulation zu gewährleisten. Allerdings haben diese Plasmide mit einem anderen Problem zu kämpfen. Durch homologe Rekombination (von Wirtsproteinen katalysiert) entstehen in der Bakterienzelle aus monomeren multimere Plasmidkopien (Dimere, Trimere, etc.). Dieser Prozeß führt zu einer Erniedrigung der Kopienzahl, da er den Plasmid-codierten Mechanismus der Kontrolle der Kopienzahl unterläuft. Dieser Mechanismus hält nicht die Anzahl der Plasmidkopien pro Chromosom, sondern die Anzahl der *oris* pro Chromosom konstant, kann also nicht zwischen ihrer Verteilung auf viele Monomere oder wenige Multimere unterscheiden. Um dieser Instabilität zu entgehen, haben die entsprechenden Plasmide (besonders gut untersucht bei ColE1; siehe Abschnitt 11.1) ein Rekombinationssystem entwickelt, daß die Auflösung der Multimere in Monomere katalysiert. Hier steuert das Plasmid nur die Rekombinationsstelle (bei ColE1 *cer* genannt), das Bakterienchromosom die Proteine bei.

Die Frage nach der biologischen Bedeutung der Plasmide läßt sich weniger spekulativ beantworten. Aus zahlreichen Experimenten wissen wir, welche Bedeutung viele Plasmide, und hier ist besonders die Gruppe der konjugativen, natürlichen Vektoren zu nennen, für die Ausbreitung genetischer Information beim horizontalen Gentranfer darstellen.

Da ist zunächst die Übertragung der Plasmide selbst zu nennen, wobei über die Transferrate in der Natur bislang keine Daten vorliegen. Evident wird dieser Prozeß, wenn Selektion mit im Spiel ist. Das Paradebeispiel für die Ausbreitung einer bestimmten Gruppe von Plasmiden, den R-Faktoren, liefert die Antibiotikum-Therapie. In den 30er Jahren begann die Behandlung der Gonorrhö mit Sulfonamiden, und gegen Ende der 40er Jahre waren bereits mehr als 80% der Stämme von *Neisseria gonorrhoeae* resistent gegenüber diesem Antibiotikum. Die Penicillin-Therapie begann in den 40er Jahren. 1946 waren bereits 14%, 1947 38% und 1949 59% der klinischen Stämme von *Staphylococcus aureus* Penicillin-resistent. Diese beiden Beispiele sollen zum einen die schnelle Ausbreitung genetischer Information unter bestimmten Umweltbedingungen (hier durch Anwendung von Antibiotika) und zum anderen die durch eine unkontrollierte Anwendung resultierenden Probleme illustrieren.

Neben dem direkten Austausch genetischer Information durch konjugative Plasmide findet auch ein Austausch zwischen Chromosom und Plasmid statt, der über die Bildung von Prime-Faktoren und über mobile Elemente erfolgt. Die Bedeutung dieser Prozesse für die Evolution der Mikroorganismen ist zum jetzigen Zeitpunkt nicht quantifizierbar.

19.3 Horizontaler Transfer von Plasmiden

Unter horizontalem Transfer versteht man die Übertragung eines Plasmids von einer Zelle in eine andere der gleichen oder einer anderen Spezies. Dieser Transfer kann über die Mechanismen der Transduktion, Transformation oder Konjugation erfolgen. Welche Rolle in der Natur Transduktion und Transformation beim horizontalen Transfer von Plasmiden spielen, ist unbekannt, und auch unter Laborbedingungen gibt es keine systematischen Untersuchungen. In beiden Fällen kann die Übertragung ohne besondere Signalsequenzen erfolgen, die von den Plasmiden codiert werden. Andererseits kann aber nicht ausgeschlossen werden, daß in einigen Fällen solche Signalsequenzen für die Verpackung in Phagen-Partikel oder für die Aufnahme durch kompetente Zellen notwendig sind oder die Transferrate steigern.

Im Gegensatz dazu ist der Prozeß der Konjugation von plasmidalen Sequenzen abhängig und bislang am ausführlichsten bei den Enterobacteriaceen untersucht. Drei Komponenten sind für die konjugative Übertragung notwendig: der *oriT*, die Mob- und die für die Pilus-Synthese verantwortlichen Tra-Proteine. Keine dieser Komponenten wurde bislang als Bestandteil von bakteriellen Chromosomen nachgewiesen. Sind sie daher *de novo* entstanden?

Der konjugative Transfer erfolgt über den Rolling-circle-Mechanismus, und diese Art der Replikation ist von vielen Phagen bekannt. Daher kann zumindestens eine funktionelle Verwandtschaft zwischen dem *oriT* und den *oris* der Phagen gefolgert werden, die über den Rolling-circle-Mechanismus replizieren. In beiden Fällen erkennen ein oder zwei verschiedene Proteine eine bestimmte DNA-Sequenz und hydrolysieren innerhalb dieser Sequenz eine Phosphodiesterbindung. Dabei kann es zu einer kovalenten Bindung zwischen dem freien 5'-Ende und dem Mob- (oder Replikations-) Protein kommen.

Für die Tra-Funktionen, die an der Pilus-Synthese beteiligt sind, ist keine Ähnlichkeit mit chromosomalen oder Phagen-codierten Proteinen bekannt. Daher sieht es zum jetzigen Zeitpunkt so aus, daß diese Gene nur zu diesem einen Zweck entstanden sind.

Die biologische Bedeutung der Konjugation für den Austausch von genetischer Information zwischen Bakterienstämmen, -spezies und -genera liegt auf der Hand. Allerdings gibt es auch hier wenig Daten darüber, welche Bedeutung dieser Prozeß in der Natur hat. Man kann nur aus der Tatsache, daß ein identisches Plasmid bei verschiedenen Bakterienspezies nachgewiesen wurde, folgern, daß eine weltweite Verbreitung stattgefunden hat. Außerdem sind konjugative und mobilisierbare Plasmide wichtige Vektoren beim horizontalen Transfer von mobilen Elementen.

Es soll zum Abschluß nochmals darauf hingewiesen werden, daß fast alle Plasmide entweder konjugativ sind oder über ein Mobilisierungssystem verfügen.

19.4 Phänotypische Funktionen

Plasmide bestehen aus zwei verschiedenen Elementen, die als separate Einheiten evolvieren können: (1) der essentiellen Replikationsregion (Replikationsursprung und alle Gene und Regulatorsequenzen, die für Replikation und Segregation notwendig sind, die sog. Plasmid-inhärenten Funktionen); (2) zusätzliche Funktionen, die der Wirtszelle Vorteile bringen können, die sog. phänotypischen Funktionen. Eine Ausnahme bilden bislang die kryptischen Plasmide, aber auch hier darf vermutet werden, daß sie für Funktionen codieren, die nur bislang noch nicht nachgewiesen werden konnten.

Nach welchem Prinzip werden phänotypischen Funktionen zwischen dem Chromosom und den Plasmiden aufgeteilt? Warum findet man bestimmte Gene nur im Chromosom (z.B. die Gene für die Synthese von Aminosäuren, Vitamine und Nucleotide, die sog. Housekeeping-Gene), während andere nur bei Plasmiden nachgewiesen wurden (z.B. Gene für Bacteriocin-Produktion)? Alle Plasmid-codierten phänotypischen Funktionen sind für das Überleben der Wirtszelle im allgemeinen nicht essentiell. Auf dieser Beobachtung basiert ein Teil der Definition für ein Plasmid.

Was würde passieren, wenn man z.B. das *dnaA*-Gen von *E. coli* aus dem Chromosom deletiert und in ein Plasmid einbaut? Würde das Gen nach einer bestimmten Zeit wieder im Chromosom zu finden sein, z.B. durch Integration des gesamten Plasmids oder durch einen anderen Mechanismus (Abwesenheit von selektivem Druck für das Plasmid vorausgesetzt)? Was würde bei dem reziproken Experiment passieren, z.B. nach Einbau der Colicin-E1-Determinante (Gene *cea*, *kil* und *imm*) als Einheit in das *E.-coli*-Chromosom und Transformation dieser Zellen mit einem Plasmid, das keinerlei Homologie mit der Colicin-E1-Determinante aufweist? Würde die Determinante nach einer gewissen Zeit in das Plasmid übergewechselt sein?

Solche Experimente könnten Aufschluß geben über die Mechanismen, die die offensichtlich strikte Aufteilung der Gene zwischen Chromosom und Plasmid kontrollieren.

19.5 Verwandtschaft der Plasmide untereinander

Plasmide lassen sich ebenso wie Pro- und Eukaryonten klassifizieren, und es sollte auch möglich sein Stammbäume zu konstruieren. Vorher muß man sich aber darüber im klaren sein, welche Merkmale zur Klassifizierung herangezogen werden sollen. Die Plasmid-inhärenten, die phänotypischen oder beide? Aufgrund der hohen Instabilität der Plasmide (gemeint ist hier der strukturelle Wandel, der durch mobile Elemente verursacht wird) sind diese DNA-Moleküle häufigen Veränderungen unterworfen, die ihre Diversifikation beschleunigen. Daher werden die Kriterien der Klassifizierung, die bei Pro- und Eukaryonten zur Anwendung kommen, hier versagen, und es muß ein neues Klassifizierungs-Schema geschaffen werden, das dem ständigen Wandel der Plasmide (relativ zu dem der Pro- und Eukaryonten) Rechnung trägt. Da phänotypische Funktionen dem stärksten Wandel ausgesetzt sind, sollten die Plasmid-inhärenten Funktionen zur Klassifizierung herangezogen werden und hier die Funktionen im Vordergrund stehen, die die Replikation und Stabilität der Plasmide betreffen.

Bislang gilt die Zugehörigkeit zu Inc-Gruppen als verwandtschaftliches Merkmal. So zeigen z.B. die Plasmide der IncF-Gruppe (siehe Tabelle 1) untereinander Homologie auf DNA-Ebene im Bereich ihrer Leading-Regionen. Die Einteilung in Inc-Gruppen muß allerdings nicht zwangsläufig bedeuten, daß Plasmide, die unterschiedlichen Inc-Gruppen angehören, nicht miteinander verwandt sind. So gehören z.B. die *S.-aureus*-Plasmide pT181, pC221, pS194, pC223 und pUB112 verschiedenen Inc-Gruppen an (siehe Abschnitt 5.6), zeigen aber Homologie auf DNA-Ebene und vergleichbaren funktionellen Aufbau. Die *trans*-aktiven Replikationsproteine weisen untereinander mindestens 63% Homologie auf.

Dieses Beispiel zeigt, daß die Einteilung der Plasmide in Inc-Gruppen noch keine sichere Aussage über verwandtschaftliche Beziehungen erlaubt. Wissen wir doch, daß bereits eine Punktmutation an der richtigen Stelle einen neuen Inc-Typ hervorrufen kann. Daher kann eine sinnvolle Klassifizierung erst durch einen Vergleich der Replikations-Determinanten nach Sequenzierung erfolgen und wird vielleicht eines Tages eine stammbaumartige Anordnung der Plasmide erlauben.

Erwähnt werden sollen in diesem Zusammenhang Colicin-Determinanten, die nicht nur bei reinen Colicin-Plasmiden (ColE1, ColE2, CloDF13, um nur einige Beispiele zu nennen), sondern auch bei großen konjugativen Plasmiden vorkommen können. Da Colicin-Determinanten bislang nicht als Bestandteile von transponierbaren Elementen nachgewiesen wurden, ist deren Ausbreitung unklar.

Eine exakte Klassifizierung der Plasmide auch innerhalb der einzelnen Inc-Gruppen ist erst nach Sequenzierung der Inc-Determinanten und ihrem Vergleich untereinander möglich.

Für die Verwandtschaft von phänotypischen Merkmalen gibt es zahlreiche Beispiele, wobei transponierbare Elemente nicht erwähnt werden sollen. So sind z.B. die Nucleotidsequenzen für die Immunitätsgene, die Lyse-Gene einschließlich der intergenischen Region der beiden Plasmide ColE5-099 und ColE9-J praktisch identisch, nicht aber die der Colicine E5 und E9.

In der Heteroduplex-Analyse zeigen die Plasmide ColE1 (6,7 kb), pMB1 und pMB4 (beide 9 kb) über einen Bereich von 5 kb Identität. Während ColE1 und pMB1 für Colicin codieren, enthält pMB4 ein Ampicillin-Resistenzgen. Außerdem codieren pMB1 und pMB4 für ein Restriktions-Modifikationssystem, welches auf DNA-Ebene 100% Homologie zeigt.

Diese beiden ausgewählten Beispiele lassen erkennen, daß phänotypische Funktionen für die Klassifizierung von untergeordneter Bedeutung sind, da sie beliebig austauschbar erscheinen.

20 Glossar

Adhäsionsstellen

auch Bayersche Brücken genannt, sind Kontaktstellen zwischen der äußeren und der inneren Membran; es gibt 200-400 solcher Stellen pro Bakterienzelle

Aktivator

ein Protein, das stromaufwärts eines Gen oder eines Operons an die DNA bindet und dadurch die Transkription dieses Gens aktiviert

Allel

alternative Formen eines Gens; die normale Form eines Gens wird als Wildtyp-Allel bezeichnet; jede Mutation innerhalb des Gens führt zu einem anderen Allel und erhält zu ihrer Charakterisierung eine Nummer, die sog. Allel-Nummer

Antiterminator

ein Protein, das bewirkt, daß die → RNA-Polymerase bestimmte → Terminatoren "überliest"

Auxotrophie, auxotroph

ein Organismus ist auxotroph, wenn er auf einem reinen Salzmedium nicht wachsen kann; diesem Medium muß mindestens eine Aminosäure, ein Vitamin oder ein Nucleotid zugesetzt werden; Gegenteil → Prototrophie

Basenpaar

ein A-T- oder G-C-Paar in der DNA-Doppelhelix

bp

Abkürzung für → Basenpaar; oft als Einheit für DNA-Längenmessungen benutzt

CCC-Form

Abkürzung für circular covalently closed; bezeichnet die superhelikale Form der Plasmid-DNA

Chromosom

Teil des → Genoms mit vielen Genen; Bakterien verfügen in der Regel über ein zirkulares Chromosom

Codon

Nucleotidtriplett, das eine Aminosäure oder ein Terminationssignal (Stopcodon) codiert

da

Abkürzung für Dalton und Einheit für die Molekülmasse; 1 da entspricht annähernd der Masse eines Wasserstoff-Atoms

Deletion

Mutationstyp, der zum Verlust eines Teils (von einem → bp bis zu vielen hundert → kb) eines DNA-Moleküls führt

Denaturierung

Zerstörung der Sekundär- und/oder Tertiärstruktur eines Proteins oder einer Nucleinsäure; dies kann auf chemischem oder physikalischem Weg erreicht werden

DNA-Gyrase

Enzym aus der Gruppe der → Topoisomerasen vom Typ II, die superhelikale Windungen in DNA-Moleküle unter ATP-Verbrauch einführen können

DNA-Ligase

Enzym, das DNA-Moleküle miteinander verbinden kann; es katalysiert die Bildung einer Phosphodiester-Bindung zwischen zwei benachbarten Nucleotiden mit einer freien 5'-Phosphat- und einer freien 3'-Hydroxylgruppe

DNA-Polymerase

Enzym, das die Synthese von DNA katalysiert

DNase

Abkürzung für Desoxyribonuclease; Bezeichnung für alle Enzyme, die DNA abbauen; DNasen werden unterteilt in Endonucleasen und Exonucleasen (siehe unter → exonucleolytischer Abbau)

Donation

Mobilisierung eines nicht-konjugativen Plasmids mit Hilfe eines konjugativen, ohne daß es zu einer physikalischen Interaktion zwischen den beiden Plasmiden kommt

e.o.p.

efficiency of plating = Plattierungseffizienz eines Phagenlysats auf verschiedenen Indikatorstämmen; dabei wird die e.o.p. auf dem Stamm, der den höchsten Titer ergibt, gleich 1 (= 100%) gesetzt, und die anderen Titer relativ dazu angegeben; sie sind dann immer <1

Exkonjugant

siehe unter → Transkonjugant

exonucleolytischer Abbau

Abbau eines linearen DNA-Moleküls von den Enden her durch eine Exonuclease, ein Enzym aus der Gruppe der → DNasen

Exonuclease III

Enzym aus E. coli, das doppelsträngige DNA spezifisch in 3' → 5'-Richtung hydrolysiert

Exzision

Ausschneiden einer DNA-Sequenz aus einem DNA-Molekül

F'-Faktor

F-Faktor, der chromosomale DNA enthält

Gendosis

Anzahl identischer Kopien eines bestimmten Gens in einer Zelle

Genfusion

auch Translationsfusion genannt; hier werden Teile zweier verschiedener Gene im → Leseraster miteinander fusioniert; die Expression dieses Hybridgens führt zur Synthese eines Fusionsproteins

Genom

Gesamtheit der Gene einer Zelle

Haarnadel-Schleife

doppelsträngige Nucleinsäurestruktur, die sich durch Basenpaarung zwischen selbst-komplementären Sequenzen desselben DNA- oder RNA-Stranges ausbildet

Helicase

Bezeichnung für ein Enzym, welches doppelsträngige DNA entwindet

Helix-Turn-Helix-Motif

Abfolge bestimmter Aminosäuren in DNA-bindenden Proteinen, die eine bestimmte Sequenz der DNA (→ Operator genannt) erkennen und an diese Sequenz binden

Heteroduplex-Analyse

elektronenmikroskopische Analyse eines doppelsträngigen DNA-Moleküls, das durch → Hybridisierung von zwei einzelsträngigen DNA-Molekülen unterschiedlicher Herkunft entsteht; Bereiche, in denen die beiden Einzelstränge nicht komplementär sind, bleiben als Einzelstrang-Regionen erhalten; diese Methode dient dem Aufspüren nicht-homologer Bereiche in verwandten DNA-Molekülen

Hybridisieren

Ausbildung eines stabilen Doppelstranges zwischen komplementären Nucleotidsequenzen; es können sich DNA/DNA-, DNA/RNA- und RNA/RNA-Hybride ausbilden

IHF

integration host factor; heterodimeres Protein mit einer molaren Masse von 20 kda; es handelt sich um ein sequenzspezifisches DNA-bindendes Protein, welches eine Krümmung der DNA bewirkt und dadurch verschiedene Reaktionen begünstigt

Inkompatibilität

Unfähigkeit zweier verschiedener Plasmide in der gleichen Bakterienzelle in Abwesenheit von selektivem Druck stabil zu koexistieren

Insertion

Einbau einer DNA-Sequenz in ein → Replicon

Insertionssequenz

abgekürzt IS; kleine DNA-Sequenz (200-1500 bp) ohne → Markergen, die ihre eigene → Transposition katalysiert

Integration

siehe → Insertion

integrative Suppression

Suppression eines letalen Phänotyps durch die → Insertion eines Plasmids in das Bakterienchromosom

kb

Abkürzung für Kilobase = 1000 → bp

kda

Abkürzung für Kilodalton = 1000 → da

Klenow-Enzym

auch Klenow-Fragment genannt; das größere der beiden Fragmente, die bei der Spaltung von DNA-Polymerase I mit Subtilisin entstehen; das Klenow-Fragment enthält die Polymerase- und die 3'-5'-Exonuclease-Aktivität der DNA-Polymerase

Kointegrat

Verschmelzung zweier → Replicons; diese Verschmelzung kann in vitro (z.B. zweier Plasmid-Replicons über eine gemeinsame Restriktionsenzymschnittstelle) oder in vivo durch → Transposition oder Rekombination erfolgen

Komplementation

Fähigkeit unabhängiger Gene, diffundierbare Produkte herzustellen; führt in einer → merodiploiden Zelle phänotypisch zum Wildtyp

Konduktion

Übertragung eines Plasmids mit Hilfe eines zweiten von einer in eine andere Bakterienzelle als → Kointegrat

Konsensus-Sequenz

eine aus vielen ähnlichen Sequenzen abgeleitete theoretische Sequenz; dabei entspricht jede Base einer Konsensus-Sequenz derjenigen, die man in den wirklichen Sequenzen am häufigsten findet

Kopienzahl

Verhältnis der Anzahl der Plasmid-Kopien zu der Anzahl der bakteriellen → Chromosomen pro Zelle

Kurieren eines Plasmids

Eliminierung eines Plasmids aus einer Bakterienzelle mit physikalischen, chemischen oder genetischen Methoden

Leseraster

mit Hilfe der Ribosomen wird die Nucleotidsequenz einer mRNA in Gruppen von je drei Nucleotiden (→ Codon) in Aminosäuren übersetzt (→ Translation) und zu Proteinen verknüpft; jedem Codon ist eine bestimmte Aminosäure zugeordnet; die Translation beginnt an einem Initiationscodon (meist AUG)

Inversion

chromosomale Umstrukturierung, bei der eine DNA-Sequenz um 180o relativ zu den benachbarten Sequenzen rotiert und dann wieder eingebaut wird

LPS

Abkürzung für Lipopolysaccharid; Bestandteil der Zellwand Gram-negativer Bakterien; das LPS befindet sich an der Außenseite des Mureins

M13-Vektor

Derivate des → Phagen M13, die als Klonierungs- und Sequenzierungsvektoren verwendet werden; M13-Phagen und deren Derivate enthalten Einzelstrang-DNA

Markergen

Gen, das sich phänotypisch leicht nachweisen läßt, so z.B. ein Antibiotikum-Resistenzgen

merodiploide Zelle

die betreffende Zelle ist diploid für ein oder mehrere Gene

Minizell-System

Minizellen entstehen durch untypische Zellteilung und enthalten keine chromosomale DNA, können aber Plasmide enthalten, deren Expression mit dem Minizell-System untersucht wird

Multimer, Multimerisierung

Dearivate eines monomeren Plasmids mit der doppelten (dimeren), dreifachen (trimeren) oder vielfachen Größe; Multimere entstehen durch intramolekulare → Rekombination

Mutagenese

Prozeß, der zur Entstehung von Mutationen führt

Nodulation

Ausbildung von Knöllchen in den Wurzeln von Leguminosen durch eingedrungene Rhizobien

OC-Form

Abkürzung für open circular; diese Form entsteht nach Hydrolyse von mindestens einer Phophodiesterbindung in einem der beiden Stränge eines superhelikalen Moleküls; siehe auch unter → CCC-Form

Operator

Bindungsstelle für ein Regulatorprotein (→ Aktivator oder → Repressor)

Operon

Begriff für eine Funktionseinheit, die aus mindestens zwei Genen besteht, deren Expression gemeinsam reguliert wird

Operonfusion

auch Transkriptionsfusion genannt; Fusion eines Indikatorgens (z.B. lacZ) an einen fremden Promotor, dessen Regulation man studieren möchte

ORF

open reading frame; offenes → Leseraster; hierbei handelt es sich um einen Ausschnitt aus einem DNA-Molekül, der mit einem Startcodon (in der Regel ATG) beginnt und mit einem Stopcodon endet, und der für ein potentielles Protein codiert

Palindrom-Sequenz

bilateral-symmetrische DNA-Sequenz; von der Symmetrieachse ausgehend ergibt sich in beide Richtungen die gleiche Sequenz

Partitioning

Mechanismus, der bei der Zellteilung die gleichmäßige Verteilung von Plasmiden auf die Tochterzellen gewährleistet

Phage

Kurzform für Bakteriophage, d.h. für ein Virus, das Bakterien infiziert

Phänokopie

nicht-vererbbare phänotypische Modifikation, die einen Phänotyp vortäuscht, dem keine Mutation zugrunde liegt

Phosphodiesterase

Phosphorylase, die eine Phosphodiesterbindung hydrolysiert

Präprotein

Protein mit Signalsequenz

Primase

Enzym, das die Synthese eines → Primers katalysiert

Primer

Startersequenz für die DNA-Replikation; meist eine kurze RNA-Sequenz (10-15 Ribonucleotide), die sich mit einem DNA-Strang paart und ein freies 3'-OH-Ende für die → DNA-Polymerase zur Verfügung stellt

Promotor

Bindungsstelle für die RNA-Polymerase, die im Promotorbereich die → Transkription startet

Promotor-up-Mutation

Punktmutation im Bereich des → Promotors, die zu einer verstärkten → Transkription führt

Proprotein

meist inaktive Form eines Proteins; erst durch proteolytische Spaltung der Polypeptidkette entsteht die aktive Form

Prototrophie, prototroph

ein Organismus ist prototroph, wenn er auf einem reinen Salzmedium wachsen kann; Gegenteil → Auxotrophie

Rekombination

physikalische Interaktion zwischen zwei verschiedenen DNA-Molekülen, die in der Regel zu einer Veränderung in der Sequenz der beiden Moleküle führen; man unterscheidet zwischen homologer, sequenzspezifischer und illegitimer R.; homologe R. findet zwischen identischen DNA-Sequenzen zweier Moleküle statt und benötigt bei E. coli das RecA-Protein; sequenzspezifische R. findet ebenfalls zwischen identischen DNA-Sequenzen statt, wird aber von einem oder mehreren Proteinen katalysiert, die nur die entsprechenden Sequenzen erkennen (Beispiel: Integration des Phagen Lambda in das E. coli Chromosom); illegitime R. geschieht zwischen zwei DNA-Spezies in Abwesenheit von identischen DNA-Sequenzen (Beispiel → Transposition)

Relaxierung

Umwandlung eines Plasmids von der superhelikalen (→ CCC) in die entspannte (meist → OC) Form

Relaxosom

Komplex aus oriT und mindestens zwei verschiedenen Proteinen, die die Hydrolyse einer Phosphodiesterbindung im Bereich des oriT an einer spezifischen Position katalysieren

Replicon

DNA-Molekül, welches zur autonomen → Replikation befähigt ist (Chromosom, Plasmid, Virus-DNA oder -RNA)

Replikation

Mechanismus, der zur Verdoppelung eines DNA-Moleküls führt

Repressor

Protein mit einer regulatorischen Funktion, das bestimmte DNA-Sequenzen (→ Operator genannt) erkennt, an diese bindet und dadurch einen meist in unmittelbarer Nachbarschaft liegenden → Promotor blockiert; durch diese Bindung wird die Expression der nachfolgenden Gene verhindert

Restriktionsendonucleasen

auch Restriktionsenzyme genannt; erkennen bestimmte DNA-Sequenzen und spalten das DNA-Molekül etwa 1000 bp entfernt von dieser Erkennungssequenz (Typ I), innerhalb der Sequenz (Typ II) oder in einem bestimmten Abstand von der Sequenz (Typ III)

Restriktionskarte

Anordnung von Erkennungssequenzen für → Restriktionsendonucleasen auf einem DNA-Molekül, z.B. einem Plasmid

Reversion

auch Rückmutation genannt; führt zur Wiederherstellung des Wildtyp-Phänotyps

Revertant

Organismus, der durch → Reversion einer Mutation den Wildtyp-Phänotyp erlangt hat

RNase H

Enzym, das die Hydrolyse von RNA in einem DNA-RNA-Hybrid katalysiert

Rolling-circle-Replikation

Bezeichnung für einen Mechanismus der DNA-Replikation

Schnittstellen

Erkennungssequenzen für → Restriktionsendonucleasen vom Typ II

Screening

Testen einer großen Anzahl von Individuen auf eine gesuchte Enzymaktivität oder einen Phänotyp

Selektion

Herstellung von Bedingungen, unter denen nur Zellen mit dem gewünschten Phänotyp wachsen können

Sequenzierung

Ermittlung der Nucleotidabfolge in einem DNA- oder RNA-Molekül oder der Aminosäureabfolge in einem Protein

Shine-Dalgarno-Sequenz

Polypurinsequenz in der mRNA von Bakterien unmittelbar vor dem Startcodon; zeigt Komplementarität zum 3'-Ende der 16-S-rRNA

SOS-Antwort, SOS-Induktion

wird die DNA einer Bakterienzelle stark geschädigt (z.B. durch Behandlung mit Mitomycin C oder durch Bestrahlung mit UV-Licht), dann kommt es zur Induktion einer Reihe von Genen und Operons, deren Produkte die Schäden reparieren

SSB-Protein

Abkürzung für single-strand-binding Protein; bindet stöchiometrisch an entwundene Einzelstrang-DNA und verhindert dadurch die Ausbildung der Doppelhelix

Stem-loop-Struktur

siehe unter → Haarnadel-Schleife

Stop-Codon

Codon, für das kein korrespondierendes tRNA-Molekül existiert; es führt zum Abbruch der → Translation

Terminator

DNA-Sequenz, die der → RNA-Polymerase das Ende der → Transkription anzeigt

Topoisomerase

Enzym, das superhelikale Windungen in zirkulare Moleküle einführt oder entfernt

Transduktion

Übertragung von bakterieller DNA von einer Bakterienzelle in eine andere mit Hilfe eines → Phagen

Transfektion

→ Transformation mit viraler DNA

Transformation

Übertragung von genetischer Information in eine Bakterienzelle mit Hilfe gereinigter DNA

transgene Pflanzen

Pflanzen mit speziesfremden Genen

Transkriptionsfusion

siehe unter → Operonfusion

Transkonjugant

auch → Exkonjugant genannt, sind Rezipientenzellen, die über den Mechanismus der Konjugation DNA aus einer Donorzelle (chromosomale oder Plasmid-DNA) aufgenommen haben und stabil vererben

Transkript

RNA-Produkt eines Gens, das von der → RNA-Polymerase synthetisiert wird

Transkription

RNA-Synthese an einer DNA-Matrize mit Hilfe der → RNA-Polymerase; führt zu einem → Transkript

Transkriptionsfusion

siehe unter → Operonfusion

Translation

Synthese von Protein an einer mRNA-Matrize

Translationsfusion

siehe unter → Genfusion

Transposition

Rekombinationsvorgang, bei dem ein → Transposon oder eine → Insertionssequenz an eine andere Stelle des gleichen oder eines anderen DNA-Moleküls eingebaut wird; verläuft über den Mechanismus der → illegitimen Rekombination

Transposon

bestimmte DNA-Sequenz, die ihre eigene → Transposition katalysiert, und die in der Regel für mindestens ein Markergen, z.B. eine Antibiotikum-Resistenz codiert

Wirtsbereich

Bezeichnung für verschiedene Bakterienspezies, in denen ein bestimmtes Plasmid (z.B. RP4) oder ein bestimmter Phage (z.B. der RP4-spezifische PRD1) repliziert wird

21 Anhang

Liste natürlich vorkommender Plasmide, deren Totalsequenz ermittelt wurde

Plasmid	Größe (bp)	Herkunft	Referenz
pADB201	1717	M. mycoides	A.D.Bergemann et al.(1989)
pAL5000	4837	My. fortuitum	J.Rauzier et al.(1988)
pC194	2910	S. aureus	S.Horinouchi und B. Weisblum (1982b)
pC221	4557	S. aureus	S.J.Projan et al.(1985)
CloDF13	9957	En. cloacae	H.J.J.Nijkamp et al.(1986)
ColA	6720	C. freundii	J.Morlon et al.(1988)
ColE1	6646	E. coli	P.T.Chan et al.(1985)
pE194	3728	S. aureus	S.Horinouchi und B.Weisblum (1982a)
pGI2	9675	B. thuringiensis	J.Mahillon und J.Seurinck (1988)
pIJ101	8830	St. lividans	K.J.Kendal und S.N.Cohen (1988)
pIM13	2246	B. subtilis	M.Monod et al.(1986)
pLJ1	3292	L. helveticus	R.Takiguchi et al.(1989)
pLS1	4408	Sp. agalactiae	S.A.Lacks et al.(1986)
pNE131	2355	S. epidermidis	B.C.Lampson und J.T.Parisi (1986)
pOX1000	1273	S. aureus	K.G.H.Dyke et al.(1989)
RSF1010	8684	E. coli	P.Scholz et al.(1989)
pS194	4397	S. aureus	S.J.Projan et al.(1988)
pSC101	9263	Sa. panama	A.Bernardi und F.Bernardi (1984)
pSN2	1288	S. aureus	S.A.Khan und R.P.Novick (1983)
pT48	2475	S. aureus	I.Catchpole et al.(1988)
pT181	4437	S. aureus	S.A.Khan und R.P.Novick (1983)
pUB110	4548	S. aureus	T.McKenzie et al.(1986)

B., Bacillus; C., Citrobacter; E., Escherichia; En., Enterobacter; L., Lactobacillus; M., Mycoplasma; My., Mycobacterium; S., Staphylococcus; Sa., Salmonella; Sp., Streptococcus; St., Streptomyces

Literatur

A.D. Bergemann *et al.* (1989), J.Bacteriol. 171, 593-595

A. Bernardi Bergemann *et al.* (1989), J.Bacteriol. 171, 593-595

A. Bernardi und F. Bernardi (1984), Nucleic Acids Res. 12, 9415-9426

P.T. Chan *et al.* (1985), J.Biol.Chem. 260, 8925-8935

I. Catchpole *et al.* (1988), J.Gen.Microbiol. 134, 697-709

K.G.H. Dyke *et al.* (1989), FEMS Microbiol. L. 58, 209-216

S. Horinouchi und B. Weisblum (1982a), J.Bacteriol. 150, 804-814

S. Horinouchi und B. Weisblum (1982b), J.Bacteriol. 150, 815-825

S.A. Khan und R.P. Novick (1982), J.Bacteriol. 149, 642-649

S.A. Khan und R.P. Novick (1983), Plasmid 10, 251-259

K.J. Kendall und S.N. Cohen (1988), J.Bacteriol. 170, 4634-4657

S.A. Lacks *et al.* (1986), J.Mol.Biol. 192, 753-765

B. Lampson und J. Parisi (1986), J.Bacteriol. 167, 888-892

J. Mahillon und J. Seurinck (1988), Nucleic Acids Res. 24, 11827-11828

T. McKenzie *et al.* (1986), Plasmid 15, 93-103

M. Monod *et al.* (1986), J.Bacteriol. 167, 138-147

J. Morlon *et al.* (1988), Mol.Gen.Genet. 211, 231-243

H.J.J. Nijkamp *et al.* (1986), Plasmid 16, 135-160

N. Noguchi *et al.* (1986) FEMS Microbiol. L. 37, 283-288

S.J. Projan *et al.* (1985), Mol.Gen.Genet. 199,452-464

S.J. Projan *et al.* (1988), Nucleic Acids Res. 16, 2179-2187

J. Rauzier *et al.* (1988), Gene 71, 315-321

P. Scholz *et al.* (1989), Gene 75, 271-288

R. Takiguchi *et al.* (1989), Appl.Environ.Microbiol. 35, 592-600

Namen- und Sachwortverzeichnis

GPSR Compliance

The European Union's (EU) General Product Safety Regulation (GPSR) is a set of rules that requires consumer products to be safe and our obligations to ensure this.

If you have any concerns about our products, you can contact us on ProductSafety@springernature.com

In case Publisher is established outside the EU, the EU authorized representative is:

Springer Nature Customer Service Center GmbH
Europaplatz 3
69115 Heidelberg, Germany

Batch number: 10584556

Printed by Printforce, the Netherlands